结构之后的路

哲学论文（1970—1993）与自传性访谈

The Road since Structure

Philosophical Essays,
1970–1993,
with an Autobiographical Interview

［美］托马斯·库恩（Thomas S. Kuhn）／著

邱 慧／译

北京大学出版社
PEKING UNIVERSITY PRESS

著作权合同登记号 图字：01-2021-1437

图书在版编目（CIP）数据

结构之后的路：哲学论文（1970—1993）与自传性访谈 /（美）托马斯·库恩著；邱慧译. —北京：北京大学出版社，2024.1
ISBN 978-7-301-34291-6

Ⅰ.①结… Ⅱ.①托… ②邱… Ⅲ.①科学哲学–研究 Ⅳ.① N02

中国国家版本馆 CIP 数据核字（2023）第 164867 号

The Road since Structure: Philosophical Essays, 1970-1993, with an Autobiographical Interview

Licensed by The University of Chicago Press, Chicago, Illinois, U.S.A.

© 2000 by The University of Chicago. All rights reserved.

书 名	结构之后的路：哲学论文（1970—1993）与自传性访谈
	JIEGOU ZHIHOU DE LU: ZHEXUE LUNWEN（1970—1993）
	YU ZIZHUANXING FANGTAN
著作责任者	[美] 托马斯·库恩（Thomas S. Kuhn）著　邱　慧 译
责任编辑	吴　敏
标准书号	ISBN 978-7-301-34291-6
出版发行	北京大学出版社
地　　址	北京市海淀区成府路 205 号　100871
网　　址	http://www.pup.cn　　新浪微博 @ 北京大学出版社
电子邮箱	编辑部 wsz@pup.cn　　总编室 zpup@pup.cn
电　　话	邮购部 010-62752015　　发行部 010-62750672
	编辑部 010-62757065
印 刷 者	涿州市星河印刷有限公司
经 销 者	新华书店
	880 毫米 ×1230 毫米　A5　15.125 印张　298 千字
	2024 年 1 月第 1 版　2024 年 1 月第 1 次印刷
定　　价	99.00 元

"北京大学科技史与科技哲学丛书"总序

　　科学技术史(简称科技史)与科学技术哲学(简称科技哲学)是两个有着紧密的内在联系的研究领域,均以科学技术为研究对象,都在 20 世纪发展成为独立的学科。科学哲学家拉卡托斯说得好:"没有科学史的科学哲学是空洞的,没有科学哲学的科学史是盲目的。"北京大学从 80 年代开始在这两个专业招收硕士研究生,90 年代招收博士研究生,但两个专业之间的互动不多。如今,专业体制上的整合已经完成,但跟全国同行一样,面临着学科建设的艰巨任务。

　　中国的"科学技术史"学科属于理学一级学科,与国际上通常将科技史列为历史学科的情况不太一样。由于特定的历史原因,我国科技史学科的主要研究力量集中在中国古代科技史,而研究队伍又主要集中在中国科学院下属的自然科学史研究所,因此,在上世纪 80 年代制定学科目录的过程中,很自然地将科技史列为理学学科。这种学科归属还反映了学科发展阶段的整体滞后。从国际科技史学科的发展历史看,科技史经历了一个由"分科史"向"综合史"、由理学性质向史学性质、由"科学家的科学史"向"科学史家的科学史"的转变。西方发达国家大约在上世纪五六十年代完成了这种转变,出现了第一代职业科学史家。而直到上个世纪末,我国科技史界提出了学科再建制的口号,才把上述"转变"提上日程。在外部制度建设方面,再建制的任务主要是将学科阵地由中国科学院自然科学史所向其他机构特别是高等院校扩展;在内部制度建设方面,再建制的任务是由分科史走向综合史,由学科内史走向思想史与社会史,由中国古代科技史走向世界科技史。

科技哲学的学科建设面临的是另一些问题。作为哲学二级学科的"科技哲学"过去叫"自然辩证法",但从目前实际涵盖的研究领域来看,它既不能等同于"科学哲学"(Philosophy of Science),也无法等同于"科学哲学和技术哲学"(Philosophy of Science and of Technology)。事实上,它包罗了各种以"科学技术"为研究对象的学科,比如科学史、科学哲学、科学社会学、科技政策与科研管理、科学传播等等。过去 20 多年来,以这个学科的名义所从事的工作是高度"发散"的:以"科学、技术与社会"(STS)为名,侵入了几乎所有的社会科学领域;以"科学与人文"为名,侵入了几乎所有的人文学科;以"自然科学哲学问题"为名,侵入了几乎所有的理工农医领域。这个奇特的局面也不全是中国特殊国情造成的,首先是世界性的。科技本身的飞速发展带来了许多前所未有但又是紧迫的社会问题、文化问题、哲学问题,因此也催生了这许多边缘学科、交叉学科。承载着多样化的问题领域和研究兴趣的各种新兴学科,一下子找不到合适的地方落户,最终都归到"科技哲学"的门下。虽说它的"庙门"小一些,但它的"户口"最稳定,而在我们中国,"户口"一向都是很重要的,学界也不例外。

研究领域的漫无边际,研究视角的多种多样,使得这个学术群体缺乏一种总体上的学术认同感,同行之间没有同行的感觉。尽管以"科技哲学"的名义有了一个外在的学科建制,但是内在的学术规范迟迟未能建立起来。不少业内业外的人士甚至认为它根本不是一个学科,而只是一个跨学科的、边缘的研究领域。然而,没有学科范式,就不会有严格意义上的学术积累和进步。中国的"科技哲学"界必须意识到:热点问题和现实问题的研究,不能代替学科建设。唯有通过学科建设,我们的学科才能后继有人;唯有加强学科建设,我们的热点问题和现实问题研究才能走向深入。

如何着手"科技哲学"的内在学科建设?从目前的现状看,科技哲学界事实上已经分解成两个群体:一个是哲学群体,一个是社会学群体。前者大体关注自然哲学、科学哲学、技术哲学、科学思想史、自然科学哲学问题等,后者大体关注科学社会学、科技政策与科研管理、科学的社会研究、科学技术与社会(STS)、科学学等。学科建设首先要顺应这一分化的大局,在哲学方向和社会学方向分头进行。

本丛书的设计,体现了我们把西方科学思想史和中国近现代科学社会史作为我们科技史学科建设的主要方向,把"科技哲学"主要作为哲学学科来建设的基本构想。我们将在科学思想史、科学社会史、科学哲学、技术哲学这四个学科方向上,系统积累基本文献,分层次编写教材和参考书,并不断推出研究专著。我们希望本丛书的出版能够有助于推进我国科技史和科技哲学的学科建设,也希望学界同行和读者不吝赐教,帮助我们出好这套丛书。

吴国盛

2006 年 7 月于燕园四院

目 录

前　言

汤姆[①] 在他先前那本文集——1977 年出版的《必要的 vii
张力》——的序言中，对他十五年前出版的《科学革命的结构》
一书的研究历程作了一番叙述，其中包括写作过程和书出版之
后的研究历程。他解释说，由于在他所发表的论文中看不到他
从物理学走向编史学和哲学这样一个经历，因此有必要作一些
自传式的背景说明。在该书序言的结尾，他将目光投向了哲学／
元历史问题。他写道，这些问题"是我目前最关心的，我希望
不久的将来对它们有更多的话可说"。因而在本书的序言中，编
者们有意将每一篇文章都与那些后续问题联系在一起。这再一
次表明了，他们准备出版的是一些处于研究之中的作品。它将
展示给读者的并不是汤姆研究历程的最终目标，而只是他离去
时所处的阶段。

　　本书的书名再一次动用了关于一次旅程的隐喻。本书最
后一部分记录了一次在雅典大学的多人访谈，这相当于另一个
更长、更个人化的自述。令我高兴的是，几位访谈者和最初发

---

　　① 库恩的名字"托马斯"的昵称。——译者注

表该文的《纽西斯》(*Neusis*)杂志编辑部，都惠允在此处重新发表。我出席了那次访谈，十分钦佩这三位同行渊博的学识、敏锐的洞察力和坦率的作风，他们也是我们在雅典的东道主。汤姆和这三位朋友相处得格外自在，他畅谈将来审定谈话记录的设想。然而他再也没有时间了。与其他参与者商议之后，这项任务交给了我。我知道汤姆一定会对这个谈话记录作大量改动，这与其说是出于他的谨慎——这并不是他最大的优点——不如说出于礼貌。我们可以在书中看到，在他的谈话中有一些表达情绪和意见的措词。我敢肯定，他一定会把这些措辞改得更为温和，也许会把它们删掉。但我想，我或其他任何人都不能代表他来修改或删节。出于同样的原因，许多非正式交谈中的语法矛盾和未加修饰的词句也都保留了下来，以作为这次访谈未经审定状态的见证。感谢各位同事和朋友，特别要感谢卡尔·胡夫保尔，他们帮我找到了一些年代上的错误，还有帮助我辨认了一些人名。

　　杰姆斯·科南特和约翰·豪格兰德在他们的导言中已经提到了接受本书编辑任务的详情。我只想补充一点，汤姆完全的信任是他们应得到的最高赞赏。我由衷地感谢他们，也由衷地感谢苏珊·艾布拉姆斯的友谊和她的专业判断力——不论过去还是在编辑本书期间。莎拉、莉莎和纳撒尼尔·库恩作为他们父亲的作品指定遗嘱执行者，一直是我这项任务的支持者。

杰海娜·库恩

编者导言

杰姆斯·科南特，约翰·豪格兰德

转变发生了

众所周知，在《科学革命的结构》中，托马斯·库恩指出，科学史不是渐进的、积累的，而是被一系列或多或少激进的"范式转换"所打断。然而，有一点并不是那么广为人知，那就是，对于如何最好地刻画这些历史事件的特征，库恩本人的理解也曾经历过许多重大的转变。本书所收录的论文再现了他晚年重新思考并拓展他自己的"革命性"假设的一些尝试。

库恩去世前不久，我们曾就本书的内容与他进行过充分的讨论。尽管他不愿意对全部细节进行详细说明，但是对于要把本书出成什么样子，他有十分确定的主张。为了让我们清楚这一点，他制定了一些明确的规定，和我们一起权衡其他情况下的利弊，然后又提出了四条基本方针供我们遵照执行。为了使感兴趣的读者能够了解这些最终的文章是如何选就的，在本文的开始部分，我们将对这些方针做一个简短的概述。

库恩给我们的前三条方针缘于他把本书看作 1977 年出版的《必要的张力》的续集，并以之为模板。在《必要的张力》这本早期论文集中，库恩将范围限定在他认为在哲学上提出了重大问题（尽管总体上是在历史的或编史学思考的语境下）的那些本质性的论文，而不是那些主要考察特定历史案例研究的文章。据此，我们的前三条方针是：只收录与哲学明确相关的论文；只收录库恩在最后二十年里所写的哲学论文[1]；只收录本质性论文，而不是短评或演讲。

第四条方针关系到一些资料，库恩把这些资料看成是他若干年来一直在写的一本书——实际上是他早期的手稿——的重要准备工作。由于那本书的编辑出版，以及对这些资料的恰当使用，也由我们负责，因此，本书将不包含那部分内容。受这一条件限制的有下列三篇重要讲演：《概念变化的本性》（"The Natures of Conceptual Change", *Perspectives in the Philosophy of Science*, University of Notre Dame, 1980），《科学发展和词汇变化》（"Scientific Development and Lexical Change", *The Thalheimer lectures*, Johns Hopkins University, 1984）和《过去科学的在场》（"the Presence of Past Science", *The Shearman lectures*, University College, London, 1987）。尽管这些讲演的打印稿私底下早已广为

---

[1] 库恩明确表示，当初未曾收入《必要的张力》，但与哲学明确相关的论文，如果是由于他的不满意而删除的，这次他也不想收入本书。他特别坚持那篇写于 1963 年的论文《教条在科学研究中的作用》不能收入本书，尽管它被广泛地阅读和引用。

流传，并且偶尔还被某些人在正式出版物中引用和讨论[2]，但库恩仍然不希望它们以目前这种形式出版。

　　总体来说，本书收录的论文提出了四个主题。第一，库恩重申并捍卫了他自《科学革命的结构》（以下简称《结构》）以来的观点，即科学是关于自然的认知经验研究，它展现出其特有的进步，虽然这种进步不能被进一步解释为"越来越逼近实在"。确切地说，进步就是不断提高技术上解谜的能力，它在严格的——尽管总是受到传统束缚的——成败标准之下发生。独独在科学中得到最充分体现的这种进步模式，是那些格外深奥（通常也是昂贵的）的研究——科学研究的特征就是如此——的先决条件，也是它使之成为可能的那些惊人精确而详尽知识的先决条件。

　　第二，库恩再一次回到《结构》，进一步发展了这样的主题，即科学从根本上说是一种社会事业（social undertaking）。这一点在反常（trouble）时期尤为明显，有可能带来或多或少的根本性变化。当个体研究者在一个共同的研究传统中进行研究工作时，他们对共同面对的各种困难的严重程度，往往会做

---

[2]　也许最引人注目的是伊恩·哈金的论文《在新世界中工作：一种分类学的方案》（Ian Hacking: "Working in a New World: The Taxonomic Solution" in *World Changes: Thomas Kuhn and the Nature of Science,* ed. Paul Horwich ［Cambridge, MA: Bradford / MIT Press, 1993］)，在这篇论文中，哈金详细阐述并试图提炼那次舍尔曼讲演（the Shearman lectures）的中心论点。

出不同的判断。正因为如此，他们中的一些人会单独转向研究其他（常常似乎是荒谬的——正如库恩常强调的那样）可能性，而另一些人则仍将在现有的框架里顽强地解谜题。

当这类困难首次出现时，后一部分人占大多数。这对于科学实践的增长来说至关重要。因为，问题**通常**是能够解决的，并且最终确实得到了解决。如果缺乏必要的坚持不懈的精神去寻找那些解决方法，科学家就不可能像他们所做的那样，专注于那些罕见但又极其重要的案例。在这些案例中，引入激进的概念修正的努力都有充分回报。当然另一方面，如果从没有人提出其他可能性，那么那些重大的新概念（reconceptions）就永远不会出现，即使在真正需要它们的时候也是如此。因此，一**种社会的**科学传统能够以任何单个人所不可能的方式"分散概念上的风险"，这也是科学得以长期存在的先决条件。

第三，库恩详细解释并强调了科学进步与进化生物学发展之间的类比，这在《结构》一书的结尾只简单提了一笔。在阐述这一主题时，他弱化了原先的看法，即一项单一研究领域中的常规科学诸时期被偶尔的大革命所打断，而代之以一种新的描述：一个连贯传统中的诸发展时期，被"物种形成"（speciation）时期偶然地分成两个有着不同研究领域的不同传统。当然，其中一个传统最终可能会停滞并消失，这种可能性是存在的。在这种情况下，我们得到的实际上就是原先的革命和替换的结构。但是，至少在科学史中，这两个后继者通常和它们共同的祖先都不十分相似，它们往往以新的科学"物种（专业）"（specialties）的形式发展壮大。在科学中，物种形成就是专业化。

第四也是最重要的，库恩用他最后几十年的时间捍卫、澄 4
清，并充分发展了不可通约性观念。这一主题在《结构》中就
已经很惹人注意了，但却没有得到很好的阐发。《结构》一书正
是在这一点上备受哲学文献的批评，库恩也开始对他原先的表
述有所不满。正如库恩在其晚期作品中指出，可通约性和不可
通约性是用来表示从**语言学**结构之间获得的关系的术语。库恩
主要提出了两个新观点，对不可通约性观点在语言学上进行重
新阐述。

第一，库恩仔细说明了不同但可通约的诸语言（或语言的
部分）与不可通约的诸语言之间的区别。在前者之间，翻译是
完全可能的：一种语言里能说的，在另一种语言里也同样能说
（尽管可能需要大量的工作来解决如何说的问题）。但是，在**不
可通约的**语言之间，严格的翻译是不可能的（即使基于个案来
说，各种不同的解释**可能**足以进行充分的交流）。

《结构》中所阐述的不可通约性的思想受到了广泛的批评，
理由是它使得在不同范式下进行研究的科学家如何能够跨越革命
性鸿沟而彼此沟通（且不论判定和解决他们的分歧）变得难以理
解。一个相关的批评针对的是《结构》一书本身所给出的、对过
去诸科学范式的说明：《结构》（用当代英语）给出了如何使用外
来科学术语的说明，难道这不是恰恰自我否定了不可通约性学说
了吗？

库恩在本书中回应了那些反对意见，他指出，语言翻译

和语言学习是有区别的。一门外语不能被翻译成另一门你正在说的语言，并不意味着你不能学习它。换句话说，我们没有理由说，如果一个人不能在两种语言之间进行翻译，他就不能说两种语言或懂两种语言。库恩称领会这样一种外来语言（例如，从历史文本中）的过程为**解释**（interpretation），以及为了强调与所谓的"彻底"解释（radical interpretation），即**解释学**（hermeneutics），之间的不同（见戴维森）。他本人对来源于如亚里士多德"物理学"或燃素说"化学"的术语的说明就是解释学解释的演练，同时，也是在帮助读者自习一门不可通约的语言。

库恩关于不可通约性的第二个主要观点，第一次非常详细地论述了不可通约性如何以及为什么会在两种科学语境下产生。他解释说，技术性的科学术语通常产生于本质上相互关联的术语的诸家族中；于是他讨论了两类这样的家族。在第一类中，术语是种类术语（kind terms）——粗略地说是分类（sortals）——库恩称之为"分类学范畴"（taxonomic categories）。它们通常以严格的等级排列，也就是说，它们受制于他所谓的"不重叠原则"（the no-overlap principle）：没有两个这样的范畴或种类会有任何相同的情况，除非其中一个完全必然地包含另一个。

任何一个适用于科学描述和科学说明的分类学都建立在隐含的不重叠原则基础上。库恩指出，规定这种分类学范畴的相应种类术语，其意义部分地由下述隐含的预设构成：术语的意义取决于它们各自的包含关系和互斥关系（当然，还要加上识别诸成员的可习得技能）。这样一种结构，库恩称之为"词典"（lexicon），本身就具有相当多的经验内容，因为在任何给定的范畴中，总有多种识别（多重"标准"）成员身份的方式。不同的分类结构（具有不同的包含关系和排除关系的结构）必然是不可通约的，因为那些差异会导致术语具有根本不同的意义。

另一类术语家族（也称为词典）所包括的术语，其意义部分地，但却至关重要地，由与其相关的科学定律决定。最显明的例子就是出现在以方程表达的定律中的定量变量，例如牛顿力学中的重量、力和质量。尽管这类情况在现有的库恩文献中尚未解决，但库恩相信，这些相关的基本术语的意义，也是部分通过它们在一些断言（claims）——在这个例子中指的是科学定律——中的出现而构建起来的，这些断言在范畴上排除了特定的可能性；因此，在库恩看来，在理解或阐述相关定律时的任何变化，都必定会导致理解相应术语（从而，其意义）的根本差别，从而不可通约。

本书分为三部分：两组论文（每组都按年代顺序排列）和一篇访谈。第一部分包括五篇独立的论文，介绍了库恩从20世纪80年代初到90年代初提出的各种观点。其中两篇论文还包括对评论的简短答复，这些评论是他在首次宣读论文时别人提出的。尽管这类答复只有在那些评论本身的语境下才能得到充分理解，但由于库恩每次都仔细总结了他所答复的特殊要点，

6

因此，他的评论为正文增加了有用的阐释。第二部分包括六篇长短不一的论文，每一篇都主要由库恩对一位或多位哲学家作品的回应组成——常常是，尽管并不全是对库恩本人前期作品的自我发展或批判。最后，在第三部分中，我们收录了一段与库恩开诚布公的长篇访谈，访谈于 1995 年在雅典进行，参与者有阿里斯泰德·巴尔塔斯、柯斯塔斯·伽伏罗格鲁和瓦塞里奇·金迪。

第一部分：重审科学革命

　　论文 1《什么是科学革命》（1981），主要包括对三大历史性科学剧变（关于运动理论、伏打电池理论和黑体辐射理论）的哲学分析，这是库恩当时对分类学结构进行最初论述时的例证。

　　论文 2《可通约性、可比较性、可交流性》（1982）一文对不可通约性的重要性进行了阐述和辩护。涉及两个主要责难：（1）不可通约性是不可能的，因为可理解性（intelligibility）必然导致可翻译性，进而导致可通约性；（2）如果不可通约性是可能的，那将意味着重大的科学变化不可能与证据相对应，从而从根本上说必然是非理性的。这些责难由唐纳德·戴维森、菲利普·基切尔和希拉里·普特南提出，备受关注。

　　论文 3《科学史中的可能世界》（1989）提出了这样一个观点（在《结构》中就已明确提出，但并未得到很好地说明）：不可通约的科学语言（现在称词典）提供了进入不同的可能世界的通道。在库恩的讨论中，他清楚地将自己与可能世界的语义学和指称的因果理论（以及与"实在论"的相关形式）拉开了距离。

论文 4《〈结构〉之后的路》（1990），是库恩写了十多年，一直到他 1900 年去世一直在写的一本书（他没能完成这本书）的简要概述。尽管从最高层面上说，该书的主题是实在论和真理，但书中讨论最多的还是不可通约性——特别强调了为什么不可通约性不是对科学合理性的威胁，并提出了证据依据。因此，在某种程度上，这本书被认为是对库恩视为科学哲学（或科学社会学）中所谓"强纲领"的某种极端东西的拒斥。在这篇论文的结论部分（更详细的论述见舍尔曼讲演），他把自己的立场描述为"后达尔文主义的康德主义"，因为它预设了某种类似于虽不可说却永恒不变的"物自体"一样的东西。库恩早先曾拒绝过物自体的概念（见论文 8），后来（在与我们的谈话中）他再一次拒斥了这个概念，以及他早先提出这个概念的理由。

论文 5《历史的科学哲学之困境》（1992）一文考察了传统的科学哲学，科学社会学中当下时新的"强纲领"，以及它们各自的错误之所在。库恩提出，后者的"困境"也许在于它**保留**了传统的知识概念，同时又注意到科学并不是符合那个概念去做的。再概念化（reconceptualization）将合理性和证据带回到这一图景中，但是要求再概念化不是要去关注信念的合理性评价，而是关注信念**转变**的合理性评价。

第二部分：评论与答复

论文 6《回应我的批评者》（1970）是本书中最老的一篇论文，也是唯一一篇早于《必要的张力》的文章。我们就是否将这篇文章收录本书与库恩进行了直接讨论，他犹豫不决。同样，在决定是否收录时，我们也犹豫不决。一方面，这违反了前面所提到的第三条"方针"，而且，这篇文章主要是对《结构》的各种误解的更正，而更正在一个完美的世界中不应该是必要的。但另一方面，许多误解仍然存在，所以对它们的更正**确实**仍然需要——这篇文章以其无比的清晰、透彻和气势实现了这一点。最终，库恩把这个决定权留给了我们。我们决定重印，因为它仍然具有相当的特殊价值，也因为最初刊登此文的《批判与知识的增长》一书已经绝版很久了。

论文 7《作为结构变化的理论变化：对斯尼德形式主义的评论》（1976），这是一篇就科学理论的语义学问题，对约瑟夫·斯尼德的模型理论形式主义所做的一次尝试性的但十分有益的讨论，文中还涉及了沃尔夫冈·斯太格缪勒对它的使用和阐述。这篇论文不仅会引起已经熟悉斯尼德—斯太格缪勒进路的读者的特别兴趣，同时由于库恩的评论是非技术性的，因而会引起更广泛的注意。库恩尤其赞赏的是，依据这一进路，一个理论的主要术语从多个范例性的（exemplary）**应用**中获得其确定内容的有意义部分。有**许多**这样的应用是很重要的，因为它们会（通过理论）互相制约，从而避免了循环。应用是**范例性的**，这一点也很重要，因为这强调了可习得技能的作用，从而能够被拓展到新的情况中去。库恩对这一进路所持的唯一的，尽管是严重的，保留意见是，它没有给理论的不可通约性这一重要现象留出显眼的位置。

论文 8《科学中的隐喻》（1979）是对理查德·波义德的演讲的一个回应，波义德从科学术语和日常语言的隐喻之间看到了类比。尽管库恩与波义德在很多重要观点上意见一致，但是库恩从一个特别的**方面**提出了异议，那就是波义德把他的观点延伸到把指称的因果理论都包括在内，尤其在关于自然类的术语（natural-kind terms）上，更是如此。在结论中，库恩称自己像波义德一样，是一个"顽固不化的实在论者"，但他认为这并不意味着他们两人就是一回事了。他尤其反对波义德本人提出的关于科学理论（越来越接近于）"解自然之关节"的隐喻。他把这种自然之"关节"的概念比作康德的"物自体"，也是他在本文中反对的康德主义的一个方面。

论文 9《合理性与理论选择》（1983）是库恩在卡尔·亨普尔哲学研讨会上提交的论文。文中，他答复了亨普尔在很多场合下向他提出的一个问题：他（库恩）是否认识到对一个理论选择的行为进行**说明**和作出**辩护**是有区别的？就算我们承认理论选择**事实上**基于解谜的能力（包括正确性、范围等等），但是作为辩护来说却没有任何哲学上的说服力，除非那些标准本身得到辩护成为非独断的。库恩回答说，它们在相关的方面是非独断的（"必要的"），因为它们共同属于具有经验主义内容的学科分类学；**正是对这样**一些标准的依赖把**科学**的研究与其他的职业化追求（艺术、法律、工程学等等）区别开来——从而，实际上也是把"科学"确定为一个真正的种类术语。

9　　论文 10《自然科学与人文科学》（1989），主要讨论了查尔斯·泰勒的那篇很有影响的论文：《解释与人的科学》（*Interpretation and the Sciences of Man*）。库恩对此文推崇备至。他倾向于同意泰勒关于自然科学与人文科学有区别的看法，但他可能并不赞同区别之所在。在提出自然科学也具有"解释学基础"之后，他承认自然科学与现在的人文科学不同，它们本身不是解释学的。但是他问道，这反映的是一个本质的区别，还是仅仅表明，大多数人文科学尚未达到那个他常与获得范式相关联的发展阶段。

　　论文 11《后记》（1993）和论文 6 有点相似，它是一本以讨论库恩作品为主的文集《世界转变：托马斯·库恩与科学的本性》（*World Changes: Thomas Kuhn and the Nature of Science*, edited by Paul Horwich）的最后一章。不过，和它前面有些好争辩的文章不同，这篇论文主要是和那些本身根本上就是建设性的论文进行鉴赏性和建设性地讨论。论文主题是分类学结构、不可通约性、科学研究的社会特征，以及真理、合理性与实在论。对这些主题的讨论以一种概述的形式在这里提出，概括了库恩那本一直以来承诺出版，但最终还是未能完成的新书的主要观点——他一直都在不停地写着这本书，直到他不能写为止。

第三部分：与托马斯·库恩的讨论

《与托马斯·库恩的讨论》（1997）是一个以访谈形式写成的坦率的个人自传。阿里斯泰德·巴尔塔斯、柯斯塔斯·伽伏罗格鲁和瓦塞里奇·金迪于 1995 年秋天在雅典共同参与了这次会谈。现在略作编辑，完整重刊。

本书最后附上了库恩已出版作品的完整书目。

第一部分

重审科学革命

第一章 什么是科学革命

《什么是科学革命》首次发表于《概率革命（卷一）：历史中 13
的观念》（ *The Probabilistic Revolution, Volume I: Ideas in History,* edited
by Lorenz Kruger, Lorraine J. Daston and Michael Heidelberger, Cambridge,
MA: MIT Press, 1987 ）。1980 年 11 月底，圣母大学（the University of
Notre Dame ）举办了主题为"科学哲学面面观"（Perspectives in the
Philosophy of Science ）的系列讲座，题为"概念变化的本性"（The
Natures of Conceptual Change ）的三个讲演是其中的一部分。构成
本文主体的三个案例就以这种形式出现在第一个讲演中。这篇文
章还有一个题目"从革命到显著特征"（From Revolutions to Salient
Features ），形式与本文非常接近，曾在 1981 年 8 月认知科学学会
（ Cognitive Science Society ）第三届年会上宣读。

　　我首次把科学发展的类型区分为常规和革命两种，至今差
不多有二十年了。[1] 大多数成功的科学研究都导致第一种类型

---

[1]　T. S. Kuhn, *The Structure of Scientific Revolutions* (Chicago: University of Chicago
Press, 1962).

的变化，其性质可以用一个标准图景加以准确概括：常规科学生产砖，科学研究永远都在为科学知识这座大厦添砖加瓦。科学发展的累积性概念是众所周知的，它还引导了相当可观的方法论文献的论述。这一概念及其方法论副产品被应用于大量重要的科学工作。但是科学发展也显示出其非累积性的模式，展示这一模式的历史事件，为科学知识的核心方面提供了独特的线索。为了回到我们长期关注的问题，我将在这里试图分离出几条这样的线索。首先我将描述三个革命性变化的案例，然后简单讨论一下它们所共有的三个特征。革命性变化无疑还有其他特征，但这三个特征为我目前正在做的，更理论化的分析提供了充分的基础，当我总结本文时，我也将隐晦地利用这些分析。

在开始第一个扩展的案例之前，我想先向那些以前不曾熟悉我的词汇的读者介绍一下这是一个关于什么的案例。革命性变化一定程度上是通过它与常规变化的区别来定义的，而常规变化，正如前文所指出的，它导致了在已有知识基础之上的发展、增长和积累。例如，科学定律通常是这种常规过程的产物：波义耳定律将说明它包含了什么。它的发现者此前就持有气体的压强和体积的概念，也了解测定其大小的仪器。就一个给定的气体样本而言，在恒温下压强与体积的乘积是一个常数，这一发现就是在这两个先前被理解的（antecedently understood）[2] 变量之关系的知识上做简单添加。绝大多数科学进步都是这种常规的累积式的，我就不再枚举了。

革命性变化与此不同，而且存在的问题要多得多。革命性变化所涉及的发现，在它们被发现之前与当时使用的概念是不相容的。为了做出或理解这样一种发现，人们必须改变对某些自然现象的思考和描述的方式。牛顿第二运动定律的发现（在类似这样的例子中，用"发明"一词也许更合适）就属于这一类。该定律中所使用的力和质量的概念与定律提出之前人们所使用的概念不同，定律本身对它们的定义是至关重要的。另一个更完整但更简单的例子是从托勒密天文学向哥白尼天文学的转变。转变之前，太阳和月亮是行星，地球不是。转换之后，地球成为和火星、木星一样的行星了；太阳成了恒星；月亮则

15

---

[2]　"先前被理解的"这个短语由亨普尔提出，他认为，在涉及观察术语和理论术语之区别的讨论中，这个短语将达到许多与"观察的"相同的目的（特别参见他的 *Aspects of Scientific Explanation* ［New York: Free Press, 1965］, pp. 208 ff）。我借用了这一短语，因为先前被理解的术语的概念本质上是发展的或历史的，它在逻辑经验主义中的使用指出了传统科学哲学进路与当下的历史进路之间的重要的重叠领域。尤其是，逻辑经验主义者为讨论概念形式和理论术语之定义而开发的优美简洁的工具都可以整个迁移到历史进路，并用来分析新概念的形式和新术语的定义，这两者的发生通常都伴随着新理论的提出。在保留观察/理论之区分这个重要问题上，更为系统的方法由斯尼德提出，他将其纳入一个发展的进路之中（Joseph D. Sneed, *The Logical Structure of Mathematical Physics* ［Dordrecht: Reidel, 1971］, pp. 1-64, 249-307）。斯太格缪勒通过提出理论术语的等级性，阐释并拓展了斯尼德的进路，认为每一个阶段都是在一个特别的历史理论中提出的（Wolfgang Stegmüller, *The Structure and Dynamics of Theories* ［New York: Springer, 1976］, pp. 40-67, 196-231）。由此产生的语言层图景十分类似于福柯在《知识考古学》中的讨论（Michel Foucault, *The Archeology of Knowledge,* trans. A. M. Sheridan Smith. New York: Pantheon, 1972）。

变成一种新的天体——卫星。那样的变化并不是简单地纠正托勒密体系中的个别错误。就像向牛顿运动定律的转变一样，它们不仅仅是自然定律的改变，而且是那些定律中的一些术语附于自然时所遵循的标准的改变。此外，这些标准还部分取决于与它们同时提出的理论。

当这类指称的变化伴随着定律或理论的变化时，科学发展就不能是完全累积式的。人们不可能通过简单地在已知事物上加点什么的方式以旧变新。也不能用旧的词汇完全描述新的知识，反之亦然。请看下面这个复合句："在托勒密体系中，行星绕地球转；在哥白尼体系中，行星绕太阳转。"仔细分析一下，这个句子是不连贯的。第一次出现的"行星"是托勒密体系的术语，第二次是哥白尼体系的术语，而这两者所附的自然是不同的。术语"行星"没有一个唯一的解释使得这个复合句为真。

任何一个如此简略的例子对于说明革命性变化包含了什么都仅仅只能给出一些提示。因此，我马上会给出一些较为详细的案例。首先我要讲述的是二三十年前，把我带入革命性变化的一个例子，即从亚里士多德物理学到牛顿力学的转变。这个例子中只有一小部分，即集中在运动和力学问题的那一部分，可以在这里进行考察，但即使关于这一部分我也将概略性地讲述。此外，我的讲述会颠倒历史顺序，我将描述，并不是亚里士多德主义自然哲学家需要什么来理解牛顿学说的概念，而是我，一个学牛顿学说成长起来的人，需要什么来理解亚里士多德主义自然哲学的概念。我的追溯之旅在文本的帮助下开始，我坚信，我的路线几乎与早期科学家的完全一致，他们没有文本的帮助，但却有自然的指引。

我第一次读到亚里士多德的一些物理学著作是在 1947 年的夏天，那时我还只是一名物理学研究生，正在准备一堂面向非科学研究者的科学课程，内容是关于力学发展的案例研究。毫不奇怪，我用以前读过并清楚记得的牛顿力学来看待亚里士多德的文本。我希望解答的问题是亚里士多德曾懂得多少力学知识，他为后人，如伽利略和牛顿留下了多少尚需解决的问题。在这些问题的引导下，我很快发现亚里士多德几乎完全不懂力学。他把所有问题都留给了后人，主要是 16 和 17 世纪的人。这是个标准结论，原则上说应该是对的。但是我很困惑，因为就我所读到的，亚里士多德不仅表现出对力学的无知，而且还是位糟糕透顶的物理学家。尤其是关于运动方面，在我看来，不论在逻辑上还是观察上，他的著作都满是令人吃惊的错误。

这些结论是靠不住的。毕竟，亚里士多德是位备受尊敬的古代逻辑学的创立者。在他死后将近两千年里，他的著作在逻辑学上的地位可与欧几里得在几何学上的地位相比。此外，亚里士多德通常被认为是一位极其敏锐的博物学观察家。特别是在生物学方面，他的描述性著作为 16、17 世纪近代生物学传统的出现提供了重要模式。可是，当他转而研究运动和力学时，他那独特的才能怎么会如此系统地消失了呢？同样，如果他真的失去了才能，为什么他在物理学方面的著作在他死后那么多世纪里都被看得十分重要？这些问题困扰着我。如果亚里士多德只是有一些失误，那我可以轻易就相信，但事实不是那样的，一进入物理学，他就全盘皆错。我问我自己，也许错在我，而不在亚里士多德。也许他的话对于他和他那个时代的人的意义，并不总是完全等同于对我和我这个时代的人的意义。

想到了这一层，我继续对文本进行苦苦思索，我的猜测最终被证明是有充分根据的。我坐在书桌前，面前是一本打开着的亚里士多德《物理学》，手中握着一枝四色铅笔。我抬起头，出神地凝望着窗外——至今我仍清清楚楚地记得这一幕。突然间，我头脑中的片断以一种新的方式整合起来，一切都豁然开朗。我大吃一惊，因为刹那间，亚里士多德成为一位真正十分优秀的物理学家，但却是我连做梦都想不到的那种。现在我能够理解为什么他会说那些话，以及他的权威何在。先前看上去令人吃惊的错误陈述，现在看起来最坏也不过是在一个强大而成功的传统中所犯的小小失误。那种经验——片段突然以一种新的方式整理并整合起来——是革命性变化的第一个普遍特征。在对案例作进一步考察之后，我将这个特征挑选了出来。尽管科学革命留下了许多零碎的扫尾工作，但中心的变化不能给人以零碎的，一次一步的感受。相反，它包括一些相当突然和凌乱的转变，在这些转变中，一部分经验流以不同的方式自我整理，并显示出前所未有的模式。

为了使这一切更具体，现在我来举例说明我在阅读亚里士多德物理学时的一些发现，这种阅读方式使他的文本变得可理解。第一个例子对大多数人来说都很熟悉。当术语"运动"出现在亚里士多德物理学中时，它指的是一般的变化，而不仅仅是物体位置的变化。对伽利略和牛顿来说，位置变化是力学的专门研究主题，但在亚里士多德那里，那只是运动的众多子范畴之一。其他子范畴包括生长（橡树种子成长为橡树的变化）、强度的变化（烙铁的加热），以及许多更普遍的质的变化（从生病到健康的变化）。因此，尽管亚里士多德认识到各种子范畴在**所有**方面都各不相同，但是，与运动的识别和分析相关的基本特征都必须适用于所有类型的变化。在某种意义上说，这不仅仅是隐喻性的；所有的、各种变化都被认为彼此相似，就像构成了一个单独的自然家族。[3]

亚里士多德物理学的第二个方面——更难理解也更为重要——是质在其概念结构中的中心地位。我不只是指它的目的是解释质以及质的改变，因为其他类型的物理学也如此做过。毋宁说，我认为亚里士多德物理学颠倒了自 17 世纪中叶以来已经成为标准的物质（matter）与质（quality）的本体论等级（ontological hierarchy）。在牛顿物理学中，物体由物质的微粒构成，它的质是那些微粒的排列、移动和相互作用的结果。而在亚里士多德物理学中，物质几乎是不重要的。它是一个中性的基底（neutral

---

[3] 所有这些可参见亚里士多德的《物理学》（Aristotle's *Physics*, book V, chapter 1-2, 224a2I-226bI6）。请注意，亚里士多德的变化概念比运动概念的范围更广。运动是实体的变化，从一样东西变成另一样东西（225aI）。但是变化也包括生成和消逝，如从无到有和从有到无的变化（225a34-225b9），这些都不是运动。

18 substrate），显示一个物体的可能所在地——这意味着总存在着空
间或位置。一个特定的物体是一个实体，它存在于这个中性基
底的任何位置，这个基底就像一种海绵，被诸如热、湿、颜色
等等这样的质所充满，从而赋予该物体以个体身份（individual
identity）。变化的发生是通过改变质，而不是改变物质，是通过
从某些给定的物质中去掉一些质，换上另外一些质。甚至还有一
些隐含的守恒定律显然是质必须遵循的。[4]

　　亚里士多德物理学还表现出其他一些同样具有普遍性的方
面，有的十分重要。但我将从上述两个方面讨论我所关心的观
点，顺便提及另一个众所周知的观点。现在，我首先要指出的
是，一旦人们认识到亚里士多德观点的这些方面和其他方面，
它们就开始彼此整合，互相支持，从而在整体上具有了一种意
义，这是它们从个体来看所没有的。从我阅读亚里士多德文本
的最初经验来看，我所描述的这些新片段以及它们连贯地整合
起来的感觉实际上是一起出现的。

　　现在我从刚才已经概述过的质的物理学的观点出发。当人
们通过对质的详细说明——这种质被施加了一种无所不在的中
性物质——来分析一个特定对象时，其中必须说明的一种质是
对象的位置，或者用亚里士多德的术语说，是它的 place。从
而，位置类似于湿或热，也是对象的质，它随着对象的移动或

_____

[4]　比较 Aristotle's *Physics*, book I, 特别是他的 *On Generation and Corruption,* book
II, chapters 1-4。

被移动而改变。因此，位移运动（local motion）（在牛顿意义上就被简单地称为运动）对亚里士多德来说就是质的改变或状态的改变，而不是牛顿意义上的本身就是一种状态。但恰恰是把运动看成是质的改变才使得它能够同化所有其他类型的变化，如从橡树的种子成长为橡树或从生病到健康的变化。这种同化是亚里士多德物理学的一个方面。我就从这里开始，当然我也同样可以沿另一个方向的路线前进。作为变化的运动（motion-as-change）和质的物理学这两个概念互相紧密依存，几乎是两个相同的概念，这是把部分整合在一起或锁定在一起的第一个例子。

一旦清楚了这些，那么亚里士多德物理学中的另一方面——孤立地看常常显得荒谬可笑——也开始有意义了。大多数质的改变是不对称的，尤其在有机领域，至少当任其自然时是不对称的。橡树种子自然生长成橡树，而不是相反。病人经常自己康复，但使一个人生病却需要或被认为需要一个外因。一组质、一个变化的终点，表现了一个物体的自然状态，这是它自动实现之后所停留的状态。位移运动、位置的改变也应具有同样的不对称性特征，的确如此。石头或其他重物所努力实现的质是宇宙中心的位置；火的自然位置在外围。这就是为什么石头往中心掉直到受到障碍阻隔，而火则冲向天空。它们是在实现它们的自然属性，就像橡树种子通过生长实现它的属性那样。亚里士多德学说中另一个最初很奇怪的部分开始走向正轨了。

人们可以继续照此方式，把亚里士多德物理学中单个的片段连接成一个整体。不过我将最后用一个例释来结束这第一个案例，这就是亚里士多德关于真空或虚空的学说。这个例释十分清楚地展示了，许多孤立地来看很独断的论述，以何种方式赋予了彼此共同的权威和支持。亚里士多德声称虚空是不可能的。他的基本立场是，虚空这个概念本身是不连贯的。至此，为什么会这样应该很清楚了。如果位置是一种质，如果质不能脱离物质而存在，那么哪里有位置，哪里就必定有物质，哪里就会有物体。但这就是说空间里每一处都必定有物质存在，而虚空是没有物质的空间，因此它就像方的圆一样，是不可能存在的。[5]

这一论证很有力度，但它的前提似乎有些独断。有人假定亚里士多德不需要把位置设想为质。也许是这样，但是我们已经注意到这一概念是他把运动看作状态改变的基础，而且他的物理学的其他方面也依赖于它。如果存在虚空，那么亚里士多德的宇宙就不能是有限的。正因为物质与空间同延，所以物质所至，空间都能到达，在最外层天球之外，什么都没有，既没有空间也没有物质。这个信条似乎也不重要。但由于天球

20

---

[5] 我在概述这一论证时遗漏了一个要素：亚里士多德在《物理学》第四卷中，正好在他讨论真空之前提出了位置理论。对亚里士多德来说，"位置"（place）总是物体的位置，或更确切地说，是包含或环绕物体的内表面（212a2—7）。转向下一个话题时，亚里士多德说："既然虚空（如果有的话）必须被设想成一个应该有物体而实际并没有物体的位置，那么很明显，在这样的设想中，虚空根本不可能存在，不管它是不可分离的还是可分离的。"（214a16—20）（我引自 the Leob Classical Library translation by Philip H. Wickstead and Francis M. Cornford，在《物理学》的这个难点上，这个版本不论在文本上还是注释上，对我来说都比大部分版本更清楚）在本文下一段的最后部分我指出了，在概述这一论证时用"position"代替"place"，这不仅仅是一个错误。

带动恒星绕地球旋转，因此，把恒星天扩大到无限会给天文学带来难题。而且，另一个更为核心的困难会更早出现。在一个无限宇宙中没有中心——任何一点和其他点一样都可以成为中心——从而也就没有一个自然的位置可供石头和其他重物实现它们自然的质。或者用另一种方式，也是亚里士多德实际使用的方式，来说明这一点：在虚空中，物体无从知晓其自然位置。正是通过借助一系列中介物质与宇宙中的所有位置联系起来，物体才能够找到其自然的质得以完全实现的位置。物质的在场为空间提供了结构。[6] 因此，当亚里士多德虚空学说受到攻击时，亚里士多德的自然位移运动理论和古代地心天文学都受到了威胁。在没有重建其物理学其余部分的情况下，亚里士多德关于虚空的观点无法得到"纠正"。

尽管这些论述十分简单，也不够完善，但应该足以展示亚里士多德物理学切割和描述现象世界的方式。更重要的是，它们还应该表明了那种描述的片断如何结合在一起形成一个整体，这个整体在通往牛顿力学的道路上又不得不被打碎、重组。因此，我不再对它们做进一步的展开，我将立刻进入第二个案例，为此让我们回到 19 世纪初。1800 年这一年由于伏打发明了蓄电池而显得格外引人注目。该项发明是在给皇家学会

---

[6]　关于这一点以及与此密切相关的论述，参看 Aristotle, *Physics*, book Ⅳ, chapter 8（especially 214b27-215a24）。

会长约瑟夫·班克斯爵士的信中公布的[7]。当时本打算出版，还配上了一幅插图，如图 1 所示。对于现代读者来说，它有一点古怪，尽管这种古怪很少有人注意到，甚至包括历史学家。请看图中的下面三分之二部分所谓的（硬币状的）"电堆（piles）"中的任意一个，你会发现，从右下角往上看是一片锌 Z，一片银 A，然后是一张湿的吸墨纸，接着是第二片锌，如此反复。这种锌、银、湿吸墨纸的循环重复整数次，在伏打的原始插图中是 8 次。现在假定，如果我没有做这样一段说明，请你仅看一眼图就凭记忆把它复制出来。几乎可以肯定，只要是懂得最基本物理学知识的人，都会放一片锌（或银），接着放湿吸墨纸，再放一片银（或锌）。众所周知，在电池里，液体位于两种不同的金属之间。

　　如果你认识到了这个难题，并且在伏打的文本的帮助下进行了认真思考，那么你就可能会突然领悟到，对于伏打和他的后继者来说，一个单元格子（uint cell）① 由两片金属的接触组成。电源就是金属的接触面，双金属接面是伏打早年发现的电张力的来源，我们后来称之为电压。液体的作用仅仅是将一个单元格子连接到下一个单元格子，而不产生接触电势，接触电势会中和初始效应。进一步研究伏打的文本，你会发现他的新发现

---

　　[7]　Alessandro Volta, "On the Electricity Excited by the Mere Contact of Conducting Substances of Different Kinds," *Philosophical Transactions,* 90（1800）: 403—31. 关于这个问题，见 T. M. Brown, "The Electric Current in Early Nineteenth-Century French Physics," *Historical Studies in the Physical Sciences I*（1969）: 61-103。

　　① cell 一词在伏打最初的使用中，指的是两片金属组成的"格子"，这就是电池的雏形，之后的 cell 也有了"电池"的含义。——译者注

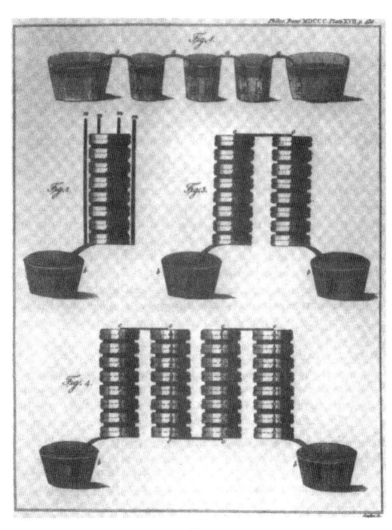

图 1

吸收了静电学知识。双金属接面是一个可以自己充电的电容器或莱顿瓶。硬币状的电堆就是一个连锁的装配或"一组"(battery)充电的莱顿瓶,"电池"(battery)一词在经过共同体到其成员的专业化后,就有了它在电学中的应用。为了确认这一点,我们来看一看伏打那张图的上面部分,这部分画了一排被伏打称之为"杯冕"的装置。这一次与初级现代教科书中的图表惊人相似,但还是有一个古怪之处。为什么图中两端的杯子里只有一片金属?为什么伏打使用了两个半格子/电池(half-cells)?答案和前面一样。对于伏打来说,这些杯子不是格子/电池,它们只不过是一些电容器,用来盛装连接格子/电池的液体。电池本身是那些马蹄形的双金属条。两端的杯子中那些明显空出来的位置就是被我们看成接线柱的东西。在伏打的这张图中没有半格子/电池。

　　在上面这个案例中,这种看待电池的方式的后果影响广泛。例如,如图2所示,从伏打的观点到现代观点的转变逆转了电流的方向。一个现代电池图(图2,下方)可以通过把伏打图(左上)从里向外地转过来(右上)后得出。在转的过程中,先前流向电池的内电流变成了外电流,反之亦然。在伏打图中,外电流是从黑色金属流向白色金属,所以黑色是正级。在现代图中,电流和极性的方向都反过来了。从概念上说,更重要的是电流来源的变化受这种转变的影响。对伏打来说,双金属接触面是电池的关键元件,也是电池产生电流的必要来源。

23　当电池被从里向外地转过来之后,液体及其与两片金属的接触面成了关键要素,电流的来源变成了这些接触面的化学反应。

当这两种观点短暂地同时在该领域出现时，前者被称为电池的接触理论，后者被称为电池的化学理论。

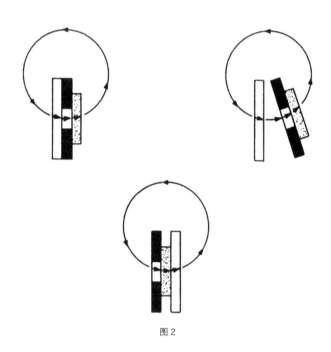

图 2

　　这些只是关于电池的静电学观点的最明显的后果，还有一些其他后果甚至更为重要。例如，伏打的观点阻碍了外电路的概念性地位。我们现在称为外电路的东西仅仅是一个放电路径，就像给莱顿瓶放电的接地短路一样。因此，早期的电池图不标识外电路，除非出现一些特殊的效应，如电解或加热导线，而且也往往不标识电池。直到 19 世纪 40 年代，当现代电池图开始在电学书中频繁出现时，外电路或其附加装置的明确点才随之出现。[8] 请看图 3 和图 4 中的例子。

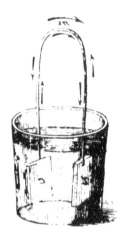

图 3

图 4

---

[8] 这项说明来自 A. de la Rive, *Traité d'électricité théorique et appliquée,* vol. 2（Paris: J. B. Bailière, 1856），pp. 600, 656。结构上相似的示意图出现于 19 世纪 30 年代早期法拉第的实验研究中。随意翻阅了一些手头的电学教科书后，我选择把 19 世纪 40 年代作为这类图的标准化时期。但如果要做更系统的研究，无论如何都必须区分英国、法国和德国对电池的化学理论的不同反应。

最后，电池的静电学观导致了电阻的概念与现在的标准概念完全不同。有一个静电学的电阻概念，或者说在这一时期，曾经有过一个静电学的电阻概念：对一个给定横截面的绝缘材料，电阻由材料在给定电压下没有被击穿或泄漏而不再绝缘的最短长度来测定。对一个给定横截面的导电材料，电阻由材料在给定电压下连接时不熔化的最短长度来测定。用这种方法来测量电阻是可能的，但结果与欧姆定律不相容。为了测得结果，人们必须为电池和电路构造一个更加流体动力学的模型。电阻必须像水流在管子里的摩擦阻力一样。欧姆定律的接受需要那种非累积式的变化，这也是该定律当时难以被许多人接受的原因之一。一段时间来，这成了那些最初被抛弃或被忽略的重要发现的一个标准案例。

第二个案例就讲到这里，现在我要开始讲第三个案例，这个案例比前两个更现代、更技术化。实际上，量子理论的起源是有争议的，这牵涉到一种尚未得到公认的新的看法。[9] 其主题是马克斯·普朗克关于所谓黑体问题的研究，通常认为由下述内容构成：1900 年，普朗克用奥地利物理学家路德维希·玻尔兹曼提出的经典方法成为解决黑体问题的第一人。六年后，在他的推导中发现了一个很小的但却至关重要的错误，其中一个关键要素必须重构。重构之后，普朗克的解决方案仍然有效，

---

[9] 完整的描述请参看我的 *Black-Body Theory and the Quantum Discontinuity, 1984-1912*（Oxford and New York: Clarendon and Oxford University Press, 1978）。我在书中提供了支持证据。

但却因此也从根本上打破了传统。这一打破最终蔓延开来，并导致了大量的物理学的重建。

玻尔兹曼最先思考气体的运动，他把气体看成是许多小分子的集合，这些小分子在容器中高速运动，分子与分子之间、分子与容器壁之间频繁碰撞。从前人的著作中，玻尔兹曼知道了分子的平均速度（更确切地说是平均平方速度）。但是，一部分分子的运动速度当然会低于平均值，其余则比平均值高。玻尔兹曼想知道以 1/2 平均速度运动的分子比例，以 4/3 平均速度运动的分子比例，等等。这问题和答案都不新鲜，但玻尔兹曼走了一条新的路径，从概率理论中找到了问题的答案，这一条路径对普朗克具有根本意义，由于他的工作，使这个路径成为标准。

在玻尔兹曼的方法中，只有一个方面是我们目前所关注的。他考虑了分子的总动能 E。随后，为了引入概率理论，他设想把动能细分为一些大小为 ε 的小单元或小元素，如图 5 所示。接下来，他在想象中将分子在这些单元中随机分布，并从瓶中取出编了号的纸片以确定每个分子的分配，之后排除所有总能量不等于 E 的分布。例如，如果第一个分子被分配到最后一个单元中（能量 E），那么唯一可接受的分布就是其他所有分子都被分配到第一个单元中（能量 0）。很明显，这种特殊分布是最不可能的。最可能的分布是大多数分子都具有可观测到的能量，根据概率理论，人们可以找到可能性最大的分布。玻尔兹曼展示了具体怎么做，他的结果与他和其他人以前通过更有疑问的方法得出的结果是一致的。

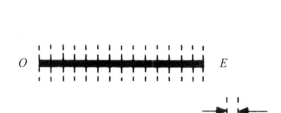

图 5

　　解决这个问题的方法是在 1877 年发现的，时隔二十三年之后的 1900 年底，马克斯·普朗克将其应用于一个完全不同的问题，黑体辐射上。物理上，这个问题要说明一个加热物体的颜色随温度变化的方式。例如，一块烙铁的辐射，随着温度的升高，烙铁先发热（红外线辐射），然后发暗红色，再逐渐变成明亮的白色。为了分析这种情况，普朗克设想了一个容器或空腔，里面装满了光、热、无线电波等等辐射。另外，他又假设这个空腔里装有许多他称之为"共振器"（resonator）的东西（把它们想象成微型电音叉，每一个都只能感应一种频率的辐射，而对其他频率不敏感）。这些共振器从辐射中吸收能量，普朗克的问题是：每个共振器所获得的能量如何取决于它的频率？共振器中能量的频数分布是什么？

　　以这样的方式设想，普朗克问题就非常接近于玻尔兹曼问题了，并且普朗克还应用了玻尔兹曼的概率方法来解决问题。大概地说，他用概率理论发现了落入每个不同单元的共振器比例，就像玻尔兹曼发现分子的比例一样。他的答案与实验结果的吻合程度前所未有的好，但是，在他的问题和玻尔兹曼问题之间却存在着一个意想不到的区别。就玻尔兹曼问题来说，单元大小 ε 可以具有许多不同的值而不会改变结果。尽管可允许的值是有范围的，既不能太大也不能太小，但是中间可以有无穷多个符合要求的值。而普朗克问题则不同：物理学的其他方面决定了单元大小 ε。它只能有一个唯一值，这个值由著名方程 $\varepsilon = h\nu$ 给出。在这个方程中，ν 是共振器的频率，h 是一个普适常数，后来以普朗克的名字命名。普朗克当然对单元大小受到限制的原因感到疑惑，尽管他对他试图提出的理论有着很强的预感。但是，在排除了余下的疑惑之后，他还是解决了这个问题，他的方法与玻尔兹曼的方法仍然十分接近。特别是（这是目前的一个重点）在两种解决方案中，都为了统计学目的而在思想上将总能量 E 划分成大小为 ε 的单元。分子和共振器可以分布在直线上任何位置，都受经典物理学标准定律的支配。

这个故事的余下部分很快就能讲完了。刚才所说的那项研究完成于 1900 年底。六年后，1906 年年中，另两位物理学家指出，普朗克的结果无法用普朗克的方法得到。这个论证需要作一个小小的但却至关重要的修改。共振器不能在连续能量直线的任何位置上随意分布，它们只能位于单元之间的分界处。也就是说，一个共振器可以具有能量 0、ε、2ε、3ε……但不能具有（$1/3$）ε、（$4/5$）ε 等。共振器不是连续地改变能量，而是以 ε 或多个 ε 为单位不连续地跳跃式地改变能量。

经过这些修改，普朗克论证既根本上不同，又十分相似。数学上，它实际上没什么变化，结果是人们多年来一直把普朗克 1900 年的论文当作后来的现代论证的代表。但物理上，这个推导所指称的实体却完全不同。特别是，元素 ε 从一个对总能量进行思想上划分所得的单元，变成了一个可分离的物理的能量原子（energy atom），每一个共振器的能量原子都有 0、1、2、3 或其他数量。图 6 试图记录这一改变，这种记录的方式类似于我上一个案例中从里向外翻转的电池。这次的转变仍然是微妙的，难以被人发现。但同样，这个变化是意义重大的。共振器已经从一个由标准的经典定律所支配的常见实体，转变成一种奇怪的东西，它的存在与物理学研究的传统方式不相容。众所周知，随着类似的非经典现象在该领域其他地方的发现，这类变化在以后的二十年里不断发生。

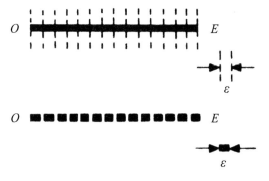

图 6

后来的那些变化我就不再一一追述了，但是，我最后再提一个差不多从这个例子的开头就发生的另一种变化，从此来代替对这个案例的总结。在讨论前面这些案例时，我指出，革命伴随着一些变化，这些变化以术语如"运动"或"电池"（cell），附于自然的方式进行着。在这个案例中，实际上存在着语词本身的变化，这种变化强化了因这场革命而突显的那些物理状况的特征。当普朗克在 1909 年左右最终相信了不连续性的确存在时，他换用了一个词，这个词从此成为标准用词。在此之前，他一般把单元大小 ε 称为能量"元素"（energy "element"），而到了 1909 年，他开始正式改称它为能量"量子"（energy "quantum"）；因为"量子"在德国物理学中是指可分离的元素，是可以独立存在的类似原子的实体。而 ε 只是一个在思想中被细分成的大小，它不是量子而是元素。还是在 1909 年，普朗克放弃了声学上的类比。他以前称为"共振器"（resonator）的实体现在变成了"振荡器"（oscillators），后者是一个中性的术语，指称任何只做来回规则振动的实体。相比之下，"共振器"则首先指声学实体，或延伸开来说，指随着所施加的刺激而逐渐激发、增强和减弱的振动器。对于那些相信能量不连续变化的人来说，"共振器"不是一个合适的术语，普朗克在 1909 年以后放弃了这个术语。

我的第三个案例以这个词的变化而告一段落。在结束本讨论之际，我想问一个问题：这些现成的案例展示出革命性变化的哪些特征？答案归结为三条，我将对每条都只作一个相对简单的叙述。它们需要更进一步的讨论，但我还没有充分的准备。

第一组共同特征在本文开篇不久就已提及：革命性变化是整体的。也就是说，它们不能是零敲碎打的，一次一步的，因此，它们与常规性或累积性变化——如波义耳定律的发现——截然不同。在常规变化中，人们只对单个普遍理论进行修改或增加，其他都保持不变。在革命性变化中，人们必须要么容忍不连贯的存在，要么同时修改大量相关的普遍理论。如果这些相同的变化一次一个地引入，那么连中场休息的地方都没有了。只有最初和最后的那套普遍理论才提供对自然的连贯说明。我的最后一个案例是三个案例中最接近累积性变化的案例，但即使在这个案例中，人们也不能仅仅改变对能量元素 ε 的描述。人们必须同时改变什么是共振器的概念，因为在这个术语的任何常规意义上，共振器都不能像实际上那样表现。同时为了容许这种新的表现，人们必须改变或试图改变力学定律和电磁理论的定律。在第二个案例中也一样，人们不能只单单想着电池中的元件秩序的改变。电流的方向、外电路的作用、电阻的概念等等，也都必须改变。再有，在亚里士多德物理学的例子中，人们不可能单单发现真空是可能的，或运动是一种状态而不是状态的改变。自然方方面面的整体图景也必须同时改变。

这些案例的第二个特征与第一个特征密切相关。我以前曾将它描述成意义的变化，在这里我将更明确地将其描述成语词和词组附于自然的方式的变化，确定它们所指称对象的方式的变化。但是，即使这么说也还是太笼统了。正如最近的指称研究所强调的，人们对一个术语所指称对象的任何了解都可能对该术语如何附于自然有用。新发现的电的性质、辐射的性质或运动中力的作用的性质，之后会被用来（通常和其他理论一起）判定电、辐射或力的存在，从而辨识出相应术语所指称的对象。这种发现无须且通常也不是革命性的。常规科学也能改变术语附于自然的方式。因此，对革命的特征性描述不仅仅是所指称对象的确定方式的变化，而是一种更限制的变化。

如何更好地描述这种限制的变化成了最近困扰我的问题之一，我还没有一个完整的解决方案。但粗略地说，革命性变化在语言上的特征是与众不同的，它不仅改变了术语借以附于自然的标准，而且还极大地改变了那些术语所附的对象集或情境。在亚里士多德那里关于运动的范例——从橡树的种子到橡树或从生病到健康——对牛顿来说根本不是运动。在这个转变中，自然的家族不再是自然的；其成员被重新分配到既有的集合中；它们中只有一个能继续拥有原来的名字。同样，伏打电池中的单元格子不再是继他的发明四十年之后的任何一个术语所指称的对象。尽管伏打的后继者仍然要处理金属、液体和电荷的流动，但是他们分析的单元不同，它们互相关联的方式也不同。

因此，革命的特征是，许多分类学范畴的变化是科学描述和概括的前提条件。而且这种变化不仅是对分类标准的调整，也是对分类方式的调整，通过这种方式，给定的对象和情境被分配到既有的范畴中去。由于这样的重新分配总是涉及多个范畴，也由于那些范畴是相互定义的，所以这种转变必然是整体的。更进一步说，整体论根植于语言的本质，因为分类标准事实上就是将那些范畴的名字如何附于世界的标准。语言是一个硬币的两面，一面朝外看向世界，另一面朝里看向世界在语言的指称结构中的映像。

现在我们来看一看我的三个案例所共同具有的第三个也是最后一个特征。对我来说，这是三个特征中最难理解的一个，但现在看来似乎是最显而易见的，可能也是最重要的。它需要比其他两个做更进一步的研究。我所有的案例都涉及模型、隐喻或类比的一个核心变化，即人们对什么与什么相似，什么是不同的，在理解上的变化。有时，比如在亚里士多德案例中，相似性内在于主题之中。因此，对亚里士多德派学者而言，运动是变化的一种特殊情况，从而下落的石头**类似于**生长的橡树，或**类似于**一个正在康复的病人。正是这种相似性模式把这些现象组成一个自然的家族，把它们放到同一个分类学范畴中，也正是这种相似性模式在牛顿物理学的发展中必然被替代。而在另两个例子中，相似性是外在的。因而，普朗克的共振器**类似于**玻尔兹曼的分子，伏打的电池格子**类似于**莱顿瓶，电阻**类似于**静电泄漏。在这些例子中，旧的相似性模式也不得不在变化过程之前或过程之中被抛弃和替代。

所有这些例子都表现出了学生们很熟悉的隐喻的相关特征。在每个例子中，把两个对象或情境并列进行比较，并且说

31　出它们相同或相似（更延伸的讨论还必须考虑相异性的案例，因为它们在分类学构建中通常也非常重要）。进一步说，不论它们的起源是什么——这是我目前没有关注的另一个问题——所有这些并列的主要功能，是传递和保持一种分类系统。并列的各项由一个已经能够辨认其相似性的人向本来不了解情况的听众展示，这个人还要使听众学会辨认这种相似性。如果展示成功了，新的入门者就出现了，带着习得的一系列对所要求的相似关系来说很显著的特征——带着一个特征空间（feature-space），在这个特征空间中，先前并列的各项牢固地聚集在一起，就像同一事物的不同样本那样，并且先前并列的各项同时也从它们也许会造成混淆的对象或情境中分离出来。因此，一位亚里士多德派学者的教育，会把飞行的箭和下落的石头联系起来，还会把这两者和橡树的生长以及健康的恢复都联系起来。所有这些都是状态的改变；它们的显著特征在于它们都具有终点，其变化都耗费时间。以那种方式看，运动就不能是相对的，而必须在一个不同于静止的范畴里，静止也是一个状态。同样，在那种观点看来，无限运动由于没有终点，因此在术语上就是矛盾的。

　　这种类似隐喻的并列在科学革命时期发生变化，这对科学语言和其他语言的习得过程至关重要。只有在习得或学习过程经过某个点之后，科学实践才能开始。科学实践总是关于自然的普遍化的成果和说明，那些行为预设了一种具有最低限度的丰富性的语言，而这种语言的习得带来了自然的知识。这些案例所展示的只是术语——如"运动"、"格子 / 电池"或"能量元素"——学习的部分过程，所习得的却是语言知识和世界知识的总和。一方面，学生学习这些术语意味着什么；它们附于自然的相关特征是什么；什么是不能说的，违者自相矛盾；等等。另一方面，学生学习世上有什么样的事物范畴；它们的显著特征是什么；以及它们的哪些行为是被允许的，哪些不是。在许多语言学习中，关于语词的知识和关于自然的知识这两类知识是同时获得的，它们实际上根本不是两类知识，而是语言所提供的一个硬币的两面。

　　我把重新提出科学语言的两面性特征作为本文的一个合适的终点。如果我是对的，那么科学革命的主要特征就在于它们改变了关于自然的知识，这种知识内在于语言本身，因而先于任何可完全表述为描述或概括的东西，科学的或日常生活的均如此。要使虚空或无限直线运动成为科学的一部分需要观察报告，而观察报告只有在改变了描述自然的语言之后才能做出。只有在那些变化发生以后，语言本身才不会阻碍广受欢迎的新理论的发明和推广。我认为，普朗克之所以把"元素"和"共振器"换成了"量子"和"振荡器"，原因就在于语言的阻碍。是否违反或曲解先前毫无问题的科学语言，是革命性变化的试金石。

第二章　可通约性、可比较性、可交流性[*]

　　1982年，科学哲学协会（Philosophy of Science Association）召开两年一次的例会。《可通约性、可比较性、可交流性》一文是该例会专题讨论会上的主要论文，菲利普·基切尔和玛丽·赫斯为本文作了评论；库恩对他们评论的回复也作为论文的附录附在这里。这次讨论会的会议记录发表于 *PSA 1982*, 第 2卷（East Lansing, MI: The Philosophy of Science Association, 1983）。

　　自保罗·费耶阿本德和我首次在正式出版物中使用一个从数学中借用过来的术语描述相继的科学理论之间的关系，至今已经有二十年了。这个术语就是"不可通约性"。我们都是在解

---

　　[*]　从初稿至今，许多人对本文的改进作出了贡献。其中有 MIT 的同事、PSA 会议的听众和哥伦比亚科学史与科学哲学讨论班的参与者。正是在哥伦比亚讨论班上，我第一次提出了初步的看法。我向所有这些人表示感谢，特别要感谢耐德·布劳克、保罗·霍尔维奇、纳撒尼尔·库恩、斯蒂芬·斯蒂克，以及我的两位正式评论员。

释科学文本时遇到了困难才找到它。[1]我对这一术语的使用比他更广泛；他对现象的描述则比我更全面；但那时我们的共同之处是相当多的。[2]我们两人都主要想表明，科学术语和概念——例如"力"和"质量"或"元素"和"化合物"——的意义往往随它们所使用的理论而变化。[3]而且我们都认为，当这种变化发生时，一个理论中的所有术语不可能完全用另一个理论的词汇来定义。对于后面这个看法，我们在谈到科学理论的不可通约性时有各自独立的表述。

　　所有这些都是在 1962 年提出的。自那以来，意义分歧的问题已经被广泛讨论，但事实上没有一个人正视那个导致费耶阿本

————————

[1]　P. K. Feyerabend, "Explanation, Reduction, and Empiricism," in *Scientific Explanation, Space, and Time,* ed. H. Feigl and G. Maxwell, Minnesota Studies in the Philosophy of Science, vol. 3（Minneapolis: University of Minnesota Press, 1962），pp. 28-97; T. S. Kuhn, *The Structure of Scientific Revolutions*（Chicago: University of Chicago Press, 1962）. 我认为保罗·费耶阿本德和我是各自独立提出"不可通约性"的，我隐约记得保罗在我的一篇手稿中看到了这个词，并告诉我说他也在使用。我们最早使用这个词的章节有：Kuhn, *The Structure of Scientific Revolutions*, 2d ed., rev.（Chicago: University of Chicago Press, 1970），pp. 102f., 112, 128f., 148-51, 这些都与第一版完全一致，没有改变，以及 Feyerabend, pp. 56-59, 74-76, 81.

[2]　费耶阿本德和我都写道，在一个理论的术语之基础上定义另一个理论的术语是不可能的。但是他把不可通约性限定在语言上；我还提到了在"方法、问题域和解答标准上"（Structure, 2d ed., p.103）都存在着区别。其他区别我已经不再研究，除了最后一类区别，这类区别很大程度上是语言学习过程的必然结果。费耶阿本德（p. 59）从另一方面写道："既不以 T 中的原始术语（primitive terms）为基础来定义 T' 中的原始术语，也不为这两种术语建立正确的经验关系，这是可能的。"我没有使用过原始术语的概念，我把不可通约性限定在了少数专业术语中。

[3]　这一点汉森以前曾强调过，N. R. Hanson, *Patterns of Discovery*（Cambridge: Cambridge University Press, 1958）。

34

德和我提出"不可通约性"的困难。这一疏漏的部分原因无疑是我们最初的表述中直觉和隐喻在起作用。比如说，我常常把动词"看"（to see）用于视觉上和概念上的双重含义，我还反复地把理论改变比作格式塔转换。但不管出于什么原因，不可通约性的概念已经遭到大范围、经常性的摒弃，最近的一次被摒弃是在希拉里·普特南去年底出版的一本书中。[4] 普特南令人信服地提出了两条普遍出现在早期哲学文献中的批判线索。为了给进一步的评论铺平道路，我将在这里对这些批判作简短重述。

　　大多数或所有关于不可通约性的讨论都依赖于一种字面上正确但却过度解释的假设。这种假设认为，如果两种理论不可通约，那么它们必定是由两种互相不可翻译的语言所表述。假如真是如此，那么第一条批判线索成立，因为如果两种理论不能用同一种语言表述，那它们就不能比较，也就没有什么来自证据的论证可以有效地运用到两者之间的选择上。人们谈到差异和比较时总是预设了一些共同的基础，而这是不可通约性的支持者们（他们也经常谈论比较）似乎要否认的东西。在这些地方，他们的谈论必然是不连贯的。[5] 第二条批判线索至少同样深刻。据该条批

35

---

　　[4]　H. Putnam, *Reason, Truth, and History* （Cambridge: Cambridge University Press, 1981），pp. 113-124.

　　[5]　关于这一条批判线索，参见 D. Davidson, "The Very Idea of a Conceptual Scheme," in *Proceedings and Addresses of the American Philosophical Association 47* (1974): 5-20; D. Shapere, "Meaning and Scientific Change," in *Mind and Cosmos: Essays in Contemporary Science and Philosophy,* University of Pittsburgh Series in the Philosophy of Science, vol. 3, ed. R. G. Colodny (Pittsburgh: University of Pittsburgh Press, 1966), pp. 41-85; I. Scheffler, *Science and Subjectivity* (Indianapolis: Bobbs-Merrill, 1967), pp. 81-83。

判说，库恩等人告诉我们不可能把旧理论翻译成现代语言，而他们接下来所做的恰恰是在不脱离日常语言的情况下重建亚里士多德或牛顿或拉瓦锡或麦克斯韦的理论。在这些情况下，当他们说不可通约性的时候，还能指什么意思呢？[6]

　　本文的关注点主要来自第二条批判线索，但这两条线索不是相互独立的，所以我也必须涉及第一条线索。在本文的开始，我首先至少要消除我自己的观点所受到的一些普遍误解。但即使误解消除了，第一条批判线索的破坏性残余仍将存在。我将在本文结尾部分再回到这一点。

局部不可通约性

　　简单回顾一下"不可通约性"术语的由来。等腰直角三角形的斜边与直角边不可通约，圆的周长与半径不可通约，这意味着不存在一个长度单位可以将一组数中的两个数都整除而没有余数。即不存在公度（common measure）。但没有公度并不会使比较也成为不可能。相反，不可通约的量值可以在任何所需的近似度上进行比较。关于可以这么做以及如何去做的阐述是希腊数学所取得的辉煌成就之一。但是，那项成就之所以可能，恰恰是因为从一开始大多数几何学技术都被不走样地运用

_____

　　[6]　关于这一条批判线索，参见 Davidson, "The Very Idea," pp. 17-20; P. Kitcher, "Theories, Theorists, and Theoretical Change," *Philosophical Review 87* (1978): 519-47; Putman, *Reason, Truth, and History*。

于有待比较的两者之中。

36　　当"不可通约性"被用于科学理论中的词汇以及相关的概念性词汇时，该术语以隐喻的方式起作用。"没有公度"变成了"没有共同语言"。说两个理论不可通约，就成了说不存在这样一种语言，不管中立与否，两个由一系列语句构成的理论可以毫无保留或毫无损失地翻译成这种语言。出于同样的原因，不可通约性在隐喻形式上不比在字面形式上更有不可比较性的含义。大多数对于两个理论共同的术语，都以同样的方式在两者中起作用；它们的意义，无论什么方面的意义，都被保留了下来；它们的翻译也完全是同音翻译。只有在小的亚群中的（通常是相互定义的）术语和包含这些术语的语句，才会产生可翻译性问题。当我们说两个理论不可通约时，其实比许多批评者所设想的要温和得多。

我将把这种温和的不可通约性称为"局部不可通约性"。迄今为止，不可通约性都是关于语言、关于意义变化的主张，其局部的形式是我独创的说法。假如这种说法能够贯彻始终，那么针对不可通约性的第一条批判线索就必败无疑。那些经过理论变化后仍保留其原有意义的术语，为差异的讨论以及与理论选择相关的比较提供了充足的基础。[7] 正如我们所看到的，它们甚至为考察不可通约术语的意义提供了基础。

---

　　[7]　请注意，这些术语并不是理论中立的，而是只以同样的方式在所讨论的两个理论中使用。因此，检验只是对两种理论进行比较的过程，并不能一劳永逸地对理论作出评价。

然而，我们并不清楚不可通约性是否能被限制在一个局部领域。在意义理论的当前表述中，改变意义的术语和保留意义的术语之间的差异是最难说明或应用的。意义是历史的产物，随着人们对承载意义之术语的要求的变化，意义也不可避免地随时间而变化。令人难以置信的是，当一些术语被转用到一种新理论时，它们会改变意义，但却没有影响到那些和它们一起转用过来的术语。虽然短语"意义不变性"（meaning invariance）远没有为不可通约性概念所提出的问题给出一种解决方法，但是它可能提供了一个新的居所。这个困难是真实存在的，并不是由误解引起的。我将在本文结尾再回到这一点，并将表明在"意义"这个标题之下，不可通约性并不能得到最好的讨论。但是目前我们没有其他更合适的选择。为了寻找一个合适的话题，现在我开始讨论针对不可通约性的第二条批判主线。在回到那个独创的局部不可通约性说法之后，这条主线仍然存在。

翻译与解释

假如在一个旧理论中，任何非空洞的术语都不能翻译成其后继理论的语言，那么历史学家和其他分析家又怎么能成功地重构或解释那个旧理论，包括那些特定术语的使用和功能呢？历史学家声称能够进行成功的解释。在相关的领域中，人类学家也如此声称。我权且在这里假定他们的声称是合理的，还假定那些标准所能达到的程度原则上没有限制。我认为，不管正确与否，这些假定都是戴维森、基切尔、普特南等评论者针对不可通约性进行论证的基础。[8] 他们三人都概述了解释的方法，都把解释的结果描述成翻译或翻译纲要，并且都得出结论说，解释的成功即使与局部不可通约性也是不相容的。现在我开始进入本文的核心部分，我将指出他们的论证有些什么问题。

我刚才给出的论证或论证大纲完全依赖于一个前提，即解释等同于翻译。这种等同性至少可以追溯到蒯因的《语词与对象》。[9] 我认为这是错的，而且是个严重的错误。在我看来，解释不等同于翻译，至少不等同于新近哲学中所理解的翻译，关于解释我还有很多要说。两者很容易混淆，因为实际的翻译经常或者说可能总是包含了一点点解释成分。但在那种情况下，实际的翻译必然被看成包含了这两个可区分的过程。近来的分析哲学只注意到了其中之一，而把另一个过程混在其中。为避免混淆，我在这里将承袭最近的用法，把"翻译"一词用于第一个过程，"解释"一词用于第二个过程。但是，只要承认了两个过程的存在，在我的论证中就没有任何东西依赖于把"翻译"一词专用于第一个过程。

---

[8] Davidson, "The Very Idea," p. 19; Kitcher, "Theories, Theorists, and Theoretical Change," pp. 519-29; Putnam, *Reason, Truth and History,* pp. 116f.

[9] W. V. O. Quine, *Word and Object* (Cambridge, MA: Technology Press of the Massachusetts Institute of Technology, 1960).

就当前的目的而言，翻译是由一个懂得两门语言的人所做 38
的事。面对一门语言或书面或口头的文本，翻译者把这个文本
中的语词或语词串系统地替换成另一种语言的语词或语词串，
以这种方式产生出另一种语言的等价文本（equivalent text）。
什么算作"等价文本"目前仍不十分明确。意义的同一性和指
称的同一性显然都是迫切需要的，但我尚未用到它们。简单地
说：译文讲述了与原文大致相同的故事，呈现了大致相同的观
点，描绘了大致相同的情境。

如此构成的翻译有两个特征需要特别强调。第一，在翻
译开始之前，用来翻译的语言早已存在。也就是说，翻译的
行为并没有改变语词或短语的意义。当然，它很可能增加了某
一特定术语的已知指称对象的个数，但它并没有改变那些旧的
和新的指称对象得以确定的方式。第二个特征也与此密切相
关。翻译完全由语词和短语组成，这些语词和短语替代了（不
必一一对应）原作中的语词和短语。注释和译者前言不是翻译
的一部分，一个完美的翻译并不需要这些。如果它们仍然需要
的话，我们倒要问个为什么了。翻译的这两个特征无疑看起来
相当理想化，事实也确实如此。但这不是我的理想化。在其
他来源中，这两个特征最直接来自蒯因的翻译手册（Quinean
translation manual）的性质和功能。

现在我们来看解释。这是历史学家和人类学家所从事的事
业。与翻译者不同，解释者开始也许只掌握一种语言。最初，
他或她所研究的文本全部或部分由一些难以理解的声音或铭文

组成。蒯因提出的"彻底翻译者"（radical translator）事实上就是解释者，他还举了个"gavagai"的例子来说明他开始研究的那些难以理解的材料。解释者对产生文本的行为和周围环境进行观察，始终假定可以对明显的言语行为做出良好的理解，解释者寻求这种理解，力图发现理解声音或铭文的假设，如"gavagai"意味着"瞧，兔子"。如果解释者成功地做到了这一点，那么他或她首先做到的就是学会了一门新的语言，也许它是一门有着"gavagai"一词的语言，也可能是解释者自己的语言的一个早期形式，当下的一些术语——如"力"和"重量"或"元素"和"化合物"——在这个早期语言中起着不同的作用。这种语言能否翻译成解释者开始使用的语言，这是一个公开的难题。习得一门新的语言不同于把它翻译成原先的语言。前者的成功并不意味着后者也能成功。

　　正是由于这些问题，蒯因的例子才总是使人误导，因为它们把解释和翻译混为一谈。在**解释**"gavagai"时，蒯因设想的人类学家无须来自这样一个话语共同体，他们知道兔子，也拥有指称兔子的语词。与其说解释者/人类学家找到了一个与"gavagai"对应的术语，不如说他能够习得土著人的术语，就像早期习得他/她自己语言中的一些术语一样。[10] 也就是说，人类学家或解释者能够学会，也确实常常学会了辨认那个土著人称

---

　　[10] 蒯因（Quine, *Word and Object*, pp. 47, 70f.）指出，他的彻底翻译者可能会选择一种"代价很大的"方式，"直接像婴儿一样学习习语言"。但是他认为这个过程只是一条替代路线，与他的标准方法达到同一个目的地，那个目的地就是翻译手册。

为 "gavagai" 的动物。不用翻译，解释者就能简单地认识这一动物并用土著的语言来称呼它。

当然，这个替代方案的可用性并不排除翻译。和前面所说的理由一样，解释者不可能仅仅把术语 "gavagai" 引入自己的语言譬如英语中。那将是改变英语，而且结果也不是翻译。但是，解释者可以尝试用英语来描述 "gavagai" 的指称对象——它们长着毛皮、长长的耳朵、毛茸茸的尾巴，诸如此类。如果描述是成功的，如果这个描述符合被叫成 "gavagai" 的所有和唯一的生物，那么 "长着毛皮、长长的耳朵、毛茸茸的尾巴……的生物" 就是那个备受欢迎的翻译，而 "gavagai" 就可以作为一个缩写引入英语中。[11] 在这些情况下不会引起不可通约性问题。

但是我们不需要获得这些情况。不需要有与土著术语 "gavagai" 互相指称的英语描述。在学习辨识 gavagais 时，解释者可能已经学会辨识那些讲英语的人所不知晓的特征，而这些特征的描述性术语是英语无法提供的。也就是说，也许土著人与讲英语的人建构动物世界的方式不同，两者的分辨方式不一样。在这些情况下，"gavagai" 是一个不可还原的土著术语，不

40

---

[11]　有人可能会提出反对："长着毛皮、长长的耳朵、毛茸茸的尾巴……的生物"这样的语词串太长、太复杂了，不能作为另一种语言中单个术语的翻译。但是我倾向于这样一种观点：可通过语词串引入的任何术语都能够被内化，从而可以通过实践直接认识其指称对象。无论如何，我关注的是一种强不可翻译性主张，这种主张认为，即使翻译成长语词串也是不可能的。

能翻译成英语。尽管说英语的人可能会学习使用这一术语，但当他们实际使用时，说的还是土著语言。正是在这些情况下，我保留了"不可通约性"。

指称确定性与翻译

因此，我认为科学史家在试图理解过时的科学文本时经常会碰到这类情况，尽管他们并不总能分辨出来。燃素说为我提供了一个经典案例，菲利普·基切尔把它作为深刻批判不可通约性全部观念的基础。我先介绍一下该批判的精髓，然后再说明我认为他在哪一点上误入歧途，那么当前的争论之所在就相当清楚了。

我认为，基切尔成功地论证了 20 世纪的化学语言可以被用来识别 18 世纪化学术语和表达式所指称的对象，至少是那些术语和表达式所实际指称的范围。比如说，阅读普里斯特列的文献并用现代术语来思考他所描述的实验，你就会发现"脱燃素空气"有时指称氧气本身，有时却指称含氧丰富的空气。"燃素化空气"是去掉氧气的空气。表达式"α 含燃素比 β 丰富"与"α 对氧的亲和力比 β 强"可以互相指称。在某些语境中——比如"燃素在燃烧中被释放"——"燃素"一词根本就不指称，但在另外一些语境中它指称氢。[12]

---

[12] Kitcher, "Theories, Theorists, and Theoretical Change," pp. 531-536.

　　历史学家在处理旧的科学文本时能够而且必须用现代语言来识别过时术语的指称对象，对此我毫无疑义。就像土著人指着 gavagais，这些指称的确定性常常提供了具体的案例，历史学家可能希望从这些案例中学到，他们文本中的那些令人困惑的表述到底意味着什么。另外，现代术语的引入也使得解释旧理论为什么成功、在什么领域成功成为可能。[13] 然而，基切尔把这种指称确定性的过程描述为翻译，他指出，这一过程的获得将宣告不可通约性讨论的终结。我认为在这两方面他都是错误的。

41

　　想一想用基切尔的技巧所翻译的文本会是什么样。比如说，如何描述"燃素"的无指称（nonreferring）情况？一种可能性——受基切尔在该主题上的沉默和他对保全真值的关注这两方面的提示，但它们在这些地方都是成问题的——是空出相应的位置。但空白是翻译者的失败。如果只有有指称的

---

　　[13]　基切尔假定他的翻译技巧使他能够确定旧理论中的哪些陈述是对的，哪些是错的。因此，关于燃烧释放物质的陈述是错的，但关于脱燃素空气对生命活力的影响的陈述却是对的，因为在那些陈述中，"脱燃素空气"指称氧气。然而，我认为基切尔仅仅是用现代理论去说明为什么旧理论实践者的某些陈述得到经验证实，而另一些陈述却没有。对解释文本的科学史家来说，说明这样的成功和失败是一项基本能力。（如果一个来自文本作者的解释不断重复一些连很简单的观察都不给予支持的主张，那这个解释几乎肯定是错的，该科学史家就得去重新研究。那么，我们可能需要什么呢？一个具体例子请参见我的 "A Function for Thought Experiments," in *Mélanges Alexandre Koyré, vol. 2, L'aventure de la science,* ed. I. B. Cohen and R. Taton〔Paris: Hermann, 1964〕, pp. 307-334; reprinted in *The Essential Tension: Selected Studies in Scientific Traditiion and Change*〔Chicago: University of Chicago Press, 1977〕, pp. 240-265），但不论解释还是基切尔的翻译技巧都无法断言包含旧理论术语的单个语句的真假。我认为，理论是必须进行整体评价的结构。

（referring）表达拥有翻译，那就没有一部小说可以被翻译出来了，就现在的目的而言，旧的科学文本至少必须要受到像我们通常对待小说那样的礼遇。他们真值无涉地记录过去的科学家相信什么，这才是一篇翻译必须传达的。

另一种可能性，基切尔可能会使用他提出的同样一种语境依赖策略（context-dependent strategy）来指称诸如"脱燃素空气"这样的术语。于是，"燃素"有时被描述成"从燃烧物中释放出来的物质"，有时被描述成"金属化原质"（metallizing principle），有时则用其他的话描述。然而这一策略也会导致彻底失败，不仅在处理像"燃素"这样的术语上，而且在处理指称性词句时也是如此。将单个的词"燃素"，和从其衍生出来的复合词如"燃素化空气"，一起使用，是原始文本传递作者信念的方式之一。用那些不相关的或相关性不同的词句来替代相关的词句，有时必定会使原始文本中的相同术语无法表达那些信念，从而留下一个不连贯的文本。考察基切尔的翻译，我们会不断地产生困惑，为什么那些句子能在一个文本中并存呢？[14]

为了更清楚地了解处理过时文本时所涉及的内容，请思考下面这段关于燃素理论的一些核心方面的摘要。为清楚和简洁起见，我自己组织了一下，但撇开形式不谈，它都可以从 18 世纪的化学手册中找出来。

---

[14] 当然，基切尔通过谈及文本作者的信念和现代理论，确实说明了这些并存现象。但他涉及的这些段落只是注释，根本不是他翻译的正文。

所有物体都由化学元素（elements）和原质（principles）构成，后者赋予前者以特殊的性质。元素中有土和气，原质中则有燃素。有一类土，比如说碳和硫，它们在常态下含有丰富的燃素，一旦失去燃素，就只剩下酸性残渣。另一类土，如金属灰或金属矿石，它们在常态下含燃素极少，当它们被注入燃素之后，就会变得有光泽和延展性，并成为热的良导体，也就是说有了金属的性质。在燃烧以及与此相关的呼吸和煅烧过程中，燃素会转移到空气中。增加了燃素的空气（燃素化空气），其弹性及维持生命的能力就会降低。失去了常规燃素成分的空气（脱燃素空气）则能更有力地维持生命。

手册从这里继续，但这段摘录可以当作一个整体来看。

这段由我组织的范文中的语句都来自燃素化学。语句中的大多数词汇都出现在 18 世纪和 20 世纪的化学文献中，而且都以同样的方式起作用。这类文本中的另一些术语，最值得注意的是"燃素作用"、"脱燃素作用"以及相关的术语，都可以用短语替换，在这些短语中，只有"燃素"一词与现代化学无关。但是当所有这样的替换都完成之后，仍然有一小部分术语在现代化学词汇表中找不到等价的词汇。有些术语已经完全从化学语言中消失了，"燃素"就是一个最明显的例子。另一些术语已经失去了所有纯化学的意义，如"原质"。（"提纯你的反应物"

43　是一个化学原则〔principle〕，但这跟说燃素是一个化学原质〔principle〕在意义上完全不同。）还有一些术语仍然是化学中的重要词汇，如"元素"，它们从与其同名的旧词中继承了某些功能。但是以前人们在学习这些词时一起学习的一些术语，像"原质"，已经从现代文献中消失了，随之消失的还有以前的本质概括，即像颜色和弹性这些性质为化学成分提供了直接证据。结果是这些幸存下来的术语所指称的对象以及它们的识别标准，现在都彻底地、系统化地改变了。从这两方面来说，"元素"一词在 18 世纪化学中所起的作用，既类似于现代的"聚合状态"一词，又有现代的"元素"之意。

　　不论这些来自 18 世纪化学的术语是否有所指称——如"燃素"、"原质"和"元素"这些术语——它们都无法从任何一个自称为燃素说原始文献的翻译文本中消除。至少它们必须作为那一系列相互联系的属性的占位符，正是这些属性认可了那些相互联系的术语所指称对象的身份。为了保持一致，一个采纳燃素理论的文本必须把燃烧中散发的物质表述为一种化学原质，这种化学原质使空气不适于呼吸，而且当把它从某个适当的材料中提取出来后，就会留下酸性残渣。但是，如果说这些术语是不可消除的，那么，它们也不能单个地被某些现代语词或短语所替代。如果确实如此——这一点马上就要考虑到——那么我所组织的包含这些术语的上述段落就不可能是翻译，至少以新近哲学中该术语的标准来看，不可能是翻译。

作为解释者和语言教师的历史学家

主张 18 世纪的化学术语，如"燃素"，是不可翻译的，这究竟对不对呢？毕竟我已经用现代语言描绘了许多种旧的"燃素"术语的指称方式。比如，燃素在燃烧中散发；它降低了空气的弹性和维持生命的特性；等等。看起来似乎这些现代语言的短语可以组合起来产生一个关于"燃素"的现代语言翻译。但这是无法做到的。在那些描述了如何辨别"燃素"所指称对象的短语里，有一部分包括了其他不可翻译的术语，如"原质"和"元素"。它们和"燃素"一起构成了一个相互关联或相互定义的集合，在其中任何一个可以被使用、被应用于自然现象之前，它们都必须先被作为一个整体共同习得。[15] 只有以整体的方式学会这些术语之后，人们才能认识到 18 世纪的化学到底是什么，作为一门学科，它与 20 世纪化学的区别不仅仅体现在单个物质和单个过程的描述上，还在于它以不同的方式建构并划分了一大部分的化学世界。

一个更专门的案例将澄清我的观点。在学习牛顿力学时，术语"质量"和"力"必须同时习得，而且，牛顿第二定律必定在这两个词的学习过程中起作用。也就是说，你不可能独立地学习"质量"和"力"，然后在经验上发现力等于质量乘以加

---

[15]　也许只有"元素"和"原质"必须被共同习得。一旦学会了这两个术语，也只有在学会之后，"燃素"才能作为一个以某些特定方式活动的原质被引入。

速度。你也不可能先学"质量"（或"力"），然后再在第二定律的帮助下去定义"力"（或"质量"）。相反，三者必须同时习得，它们是研究力学的一个全新（但也不是完全新的）方式的组成部分。不幸的是，这一点被标准的形式化所模糊。在形式化力学中，你可以选择"质量"或"力"作为一个原始量，然后再引入另外一个作为定义项。但是这种形式化无法提供这样一些信息：原始量或定义项如何附于自然，在实际的物理环境中如何辨别力和质量。尽管"力"在某个特定的力学形式化中可能是个原始量，但是你不可能只学习辨别力，而没有同时学习辨别质量，也没有借助于第二定律。正因为如此，牛顿力学的"力"和"质量"不能翻译成不适用牛顿第二定律的物理学理论的语言，如亚里士多德或爱因斯坦的物理学。要学习这三种研究力学方式的任何一种，都必须同时学习或同时重新学习某些局部的语言网络中的诸相关术语，然后整个地应用到自然之中。它们不能仅仅通过翻译被单个地描述。

那么，一个教授和撰写有关燃素理论的历史学家到底怎样传播他的研究结果呢？当这个历史学家呈现给读者一组语句时，如上文那段关于燃素的范文，发生了什么呢？这个问题的答案因人而异，我从当下最相关的一个开始讲。对于那些从未接触过燃素理论的人来说，历史学家描述的世界是18世纪的燃素化学家所相信的世界。同时，这位历史学家所教授的语言也是18世纪化学家用来描述、说明、探索世界的语言。在旧语言中，大部分语词无论在形式上还是功能上都等同于历史学家及其听众所用语言的语词。但是，有一些语词是新的，需要学习，或者重新学习。这些新的语词就是不可翻译的术语，历史学家或某个前辈必须发现或发明它们的意义，使得他所研究的文本可被理解。解释就是使得这些术语的用法得以被揭示的过程，最近在解释学标题下已经进行了广泛的讨论。[16] 一旦历史学家完成了这一过程，学会了这些语词，他就会在自己的著作中使用这些语词，并把它们教给其他人。翻译的问题就完全不会出现。

我认为，当把类似上文中被强调的那段范文呈现给一个对燃素理论一无所知的读者看时，所有这些都适用。对那个读者来说，这些段落是对燃素说文献的注释，目的是教给他们这类文献的写作语言以及阅读方法。但是也有一些人已经知道如何阅读这些文献，对他们来说，这些文献只是给已经熟悉的类型增加了一个案例。这类文献在他们看来仅仅是翻译，或者也许仅仅是文本，因为他们已经忘了在他们能够阅读这些文献之前必须学习一种特殊的语言。这是一个很容易犯的错误。他们所

---

[16]　关于"解释学"的含义，我记得的（还有其他的）最有用的介绍是 C. Taylor, "Interpretation and the Sciences of Man," *Review of Metaphysics* 25 (1971): 3-51; reprinted in *Understanding and Social Inquiry*, ed. F. A. Dallmayr and T. A. McCarthy (Notre Dame, IN: University of Notre Dame Press, 1977), pp. 101-131。但是泰勒理所当然地认为自然科学的描述性语言（和社会科学的行为性语言）是确定的、中立的。阿佩尔在下文中从解释学传统出发有效地进行了纠正：Karl-Otto Apel, in "The A Priori of Communication and the Foundation of the Humanities," *Man and World 5* (1972): 3-37, reprinted in Dallmayr and McCarthy, *Understanding and Social Inquiry,* pp. 292-315。

学的语言与他们以前学的母语有很大的重叠。但是也有区别，一部分通过词汇的扩充，如引入"燃素"这样的术语；一部分是通过引入诸如"原质"和"元素"这样的术语的系统性用法转变。在他们的未经修订的母语中是不可能出现这样的文献的。

46 尽管这一点可能需要更进一步讨论，但是我所论述的大部分内容都可以用拉姆塞语句形式工整地记录下来。这类语句开始时出现的存在量词变量（existentially quantified variables）可以看成我前面所说的，那些需要解释的术语，如"燃素"、"原质"和"元素"的占位符。于是，拉姆塞语句本身及其逻辑推论都是解释者可用的线索纲要，在实践中，他或她必须通过对文本的进一步考察才能发现这些线索。我认为，这是理解大卫·刘易斯提出的通过拉姆塞语句来定义理论术语的技术可能性（plausibility of technique）的恰当途径。[17] 刘易斯的拉姆塞定义和语境定义（contextual definitions）一样（它们十分类似），也和实指定义（ostensive definitions）一样，都简要表述了语言学习的重要（也许是基本）模式。但是这三者所涉及的"定义"的含义都是隐喻性的，或至少是引申的。这三类"定义"都不支持替换：拉姆塞语句不能被用于翻译。

当然，刘易斯不会同意最后一点。在这里，我无法对他这个问题做出细节性回复，因为许多细节十分技术化，但是我至

---

[17] D. Lewis, "How to Define Theoretical Terms," *Journal of Philosophy 67* (1970): 427-46; Lewis, "Psychophysical and Theoretical Identifications," *Australasian Journal of Philosophy 50* (1972): 249-58.

少要指出两条批评意见。刘易斯的拉姆塞定义对指称的确定仅仅是建立在这样一种假定之上，即相应的拉姆塞语句是唯一可实现的。这个假定是否成立是值得怀疑的，也不太可能经常成立。而且，如果它真的成立，那么它使之成为可能的定义也就没有任何信息量了。如果一个给定的拉姆塞语句有且只有一个指称上的实现，那么人们当然希望仅仅通过反复试错就偶然发现它。但是，在文本中的某一个地方偶然发现了一个被拉姆塞定义的术语的指称对象，无助于在其下一次出现时再找到该术语的指称对象。因此，刘易斯论证的力度取决于他的进一步的主张：拉姆塞定义不仅确定指称，而且还确定含义，而他的案例的这一部分所遇到的困难与刚才概括的那些困难密切相关，甚至更加严峻。

即使拉姆塞定义摆脱了这些困难，另一个主要问题仍然存在。我以前曾指出，科学理论的定律，不像数学系统的公理，它们只是定律概述，因为它们的符号形式化取决于它们所应用的问题。[18] 这个观点后来在约瑟夫·斯尼德和沃尔夫冈·斯太格缪勒那里得到了相当大的发展。他们考虑了拉姆塞语句，并证明其标准句型从一个适用范围变化到另一个适用范围。[19] 然

47

---

[18]　*Structure*, 2d., pp. 188f.

[19]　J. D. Sneed, *The Logical Structure of Mathematical Physics* (Dordrecht, Boston: D. Reidel), 1971; W. Stegmüller, *Probleme und Resultate der Wissenschaftstheorie und analytischen Philosophie,* vol. 2, *Theorie und Erfahrung,* part 2, *Theorienstrukturen und Theoriendynamik* (Berlin: Springer-Verlag, 1973); reprinted as *The Structure and Dynamics of Theories, trans.* W. Wohlhueter (New York: Springer-Verlag, 1976).

而，科学文本中大多数新术语或问题术语都是在使用中出现，相应的拉姆塞语句并不是足够丰富的线索来源，它无法阻止大量琐碎的解释。为了合理解释一篇充满拉姆塞定义的文本，读者首先必须收集各种不同的适用范围。做完之后，他们还不得不做历史学家／解释者在同样情况下所努力尝试的事情。也就是说，他们必须就拉姆塞定义所提出的术语的含义，发明出一个假定，并对这个假定进行检验。

蒯因的翻译手册

我目前所考虑的大多数难题都或多或少直接来源于一个传统，该传统认为，翻译可以用纯粹的指称性术语进行理解。我坚持认为这是不可能的。我的论证至少意味着，来自意义、内涵和概念领域的某些东西也必须加以援引。为了得出这些观点，我考察了一个科学史案例，这类案例把我带入了不可通约性问题，并且由此把我带入了我们一直都在讨论的翻译问题之中。不过，也可以从最近关于指称语义学（referential semantics）的讨论，以及关于翻译的相关讨论中直接得出同样的观点。我将在这里考察我在开头就提到过的一个例子：蒯因翻译手册的概念。这个手册——彻底翻译者努力的最终成果——由并列两列单词和短语组成，一列是翻译者自己的语言，另一列是他所研究的部落的语言。每一列中的各项都与另一列中的一项或（通常）几项连接起来。翻译者假定，在每一个连接中，一种语言

的单词或短语在恰当的语境中可以替代成另一种语言中与它相 48
连接的单词或短语。在一对多的连接处，手册还包括对语境的
详细说明，每一个不同的连接都会给出一些最好的语境。[20]

　　我想要隔离出来的这个难题之网涉及了手册的最后一个
组成要素：语境指定者（context specifiers）。请考察法语单词
"*pompe*"，在某些语境下（特别是在那些涉及仪式的语境下），其
对应的英语单词是"pomp①"；在其他语境下（特别是水力学语
境下），其对应的英语单词是"pump②"。这两个对应词都很准
确。因此，"*pompe*"一词提供了一个典型的一词多义的例子，就
像英语中的一个标准例子"bank"：有时指河岸，有时指一个财
政机构③。

　　现在我们把"*pompe*"的情况和法语单词如"*esprit*"或
"*doux*" / "*douce*"出现的情况作个对比。在不同的语境下，
"*esprit*"可以被替换成"spirit"，"aptitude"，"mind"，"intelligence"，
"judgment"，"wit"或"attitude"这些英语单词。"*doux*" / "*douce*"
是一个形容词，可以被用来形容蜂蜜（sweet），形容羊毛（soft），
形容调料太少的汤（bland），形容记忆（tender），或者形容一
个斜坡或风（gentle）。这些都不属于一词多义的情况，而是

---

[20]　Quine, *Word and Object*, pp. 27, 68-82.
　①　pomp：作名词用，指壮丽景象，壮观；（典礼等的）盛况等。——译者注
　②　pump：作名词用，指泵、抽水机、唧筒等；作动词用，指用泵抽吸、汲取、灌
输等。——译者注
　③　指银行。——译者注

法语和英语概念上的不同。对一个讲法语的人来说，*esprit* 和
doux/*douce* 是整体概念，而在讲英语的人那里却没有作为整体
的对应词。因此，尽管上面给出的各种不同的翻译在适当的语境
中都能保全真值，但却没有一个可以在任何语境下在内涵上都准
确。"*esprit*" 和 "*doux*"/"*douce*" 就是这类词语的例子，它们只能
被部分地、折中地翻译。翻译者为其中一个法语单词选择特定的
英语单词或短语，事实上是以放弃该法语词汇其他方面内涵为代
价，选择了某些方面的内涵。同时这种选择也引入了英语的内涵
联想特性，但这些特征与被翻译的作品毫不相干。[21] 我认为，蒯
因对翻译的分析受到了巨大的挑战，因为它不能区分这类情况和
那种简单的一词多义的情况，即像 "*pompe*" 这类词的情况。

49　　　这一困难与基切尔翻译"燃素"时所遭遇的困难完全相
同。到如今，它的来源已经十分清楚了：即一种基于外延语义
学（extensional semantics），因而局限于真值的保全或某个等
价物，以作为充足性标准的翻译理论。与"燃素"、"元素"等
一样，"*doux*"/"*douce*" 和 "*esprit*" 都属于相互关联的词汇的
义丛（clusters），许多义丛必须同时学习。而且在学习这些义
丛时，它们给出的经验世界某些部分的结构，不同于当代说

---

[21] 描述了法国人如何看待精神（或感官）世界的注释十分有助于这个问题的解决，
法语教科书通常也包括这类文化材料。但这些描述文化的注释并不是翻译本身的一部分。
有的法语词汇只有很长的英语释义，没有替代词，部分原因是译文拙劣，但更主要的原因
是像 *esprit* 或 *doux*/*douce* 这样的单词应该和词汇表中特定部分的词汇一起学。理由和前面
论证"元素"和"原质"或"力"和"质量"时给出的一致。

英语的人所熟悉的那种结构。这些语词为说明自然语言间的不可通约性提供了例证。在 "*doux*" / "*douce*" 这个词中，义丛包括如 "*mou*" / "*molle*"，与 "*doux*" / "*douce*" 相比，它与英语单词 "soft" 的意思更接近，但它同时也用于温暖潮湿的天气。还有，在 "*esprit*" 的义丛中有一个词 "*disposition*"，这个词在态度（attitudes）和智能（aptitudes）这两个意义上与 "*esprit*" 重叠，但也还可以用于身体状况或单词在短语中的排列。这些内涵是一个完美的翻译都应该保留的，这也是为什么不可能有完美的翻译的原因。但是在实际翻译中，接近这个难以获得的理想有一个限制，如果把这个限制考虑进去的话，对翻译确定性的论证就需要一个与目前流行的完全不同的形式。

通过把他的翻译手册中的一对多连接看成一词多义的情况，蒯因放弃了对充分翻译的内涵限制。同时，他也放弃了揭示其他语言中的语词和短语如何指称的主要线索。尽管一对多连接有时是由于一词多义引起的，但它们更经常是为说另一种语言的人提供证据：哪些对象和情境是类似的，哪些是不同的；也就是说，它们表明了另一种语言如何构造世界。因此，它们的功能十分类似于在学第一种语言时多种多样的观察所起的作用。就像一个孩子学习 "狗" 这个词必须要给他看许多不同的狗，可能还要给他看一些猫，所以说英语的人学习 "*doux*" / "*douce*" 必须在许多语境中进行观察，也要注意法语使用 "*mou*" / "*molle*" 的语境。人们通过这些方式，或其中的一些方式，学习将语词和短语附于自然的技巧，首先是自己语言中的技巧，然后也许是体现在另一种语言中的不同技巧。由于放弃了这些技巧，蒯因就排除了解释的可能性，而正如我开头所论证的，解释是他的彻底翻译者在翻译能够开始之前必须要做的事情。那么，说蒯因发现了关于"翻译"的以前不曾预料的困难，这难道很奇怪吗？

翻译的不变量

50   我最后要谈一个从本文开头就保持着一定距离的问题：什么是翻译必须保持的？我已经论证了，当以通常的意义来理解他们所使用的术语时，指称保全翻译可能是不连贯的，无法理解的。对这一困难的描述给出了一个显而易见的解决方案：翻译不仅必须保全指称，而且还必须保全意或内涵。在"意义不变性"的标题下，就是我过去所持的立场，也是我在本文的介绍中不得已而采取的立场。它绝不仅仅是错的，但也不完全正确。我认为，它是意义概念中一种深层二元性的模棱两可的症状。在另一种语境中，直接面对那种二元性将是至关重要的。这里我将绕过它，完全避免谈到"意义"一词。我将讨论一种语言的共同体成员如何辨识他们所使用的术语所指称的对象，尽管迄今为止通常是半隐喻性术语（quasi-metaphorical terms）。

考虑下面这个思想实验，也许有些人以前曾当笑话看过。

一个母亲先给女儿讲了关于亚当和夏娃的故事，然后给孩子看他们在伊甸园中的照片。孩子看着照片，疑惑地皱起眉头说："妈妈，告诉我谁是谁，如果他们穿着衣服我就能认出他们来。"即使在这样一个精简的形式中，这个故事还是强调了语言的两个明显特征。在将术语与它们的指称对象相匹配时，人们可以合法地利用其知道或相信的关于那些指称对象的任何东西。而且，两个人可能说同样的语言，但在辨识术语所指称的对象时，却使用不同的标准。知道两者区别的观察者会简单地得出结论说，区别在于他们对讨论对象了解多少。我认为不同的人使用不同的标准来辨识同一个术语可能指称的对象，这是理所当然的。此外，我将提出一个现在普遍公认的命题：任何一个用于确定指称的标准都不只是传统的，简单地通过定义与用来帮助表征的术语相联系。[22]

可是，为什么那些具有不同标准的人们总是能够为他们的术语选出同样的指称对象呢？第一种回答直截了当。他们的语言适合他们所生活的社会世界和自然世界，而这个世界并不存在这种对象和境况，当他们采用不同的标准，就会导致他们产生不同的认识。但这个回答反过来又引出了一个更为棘手的

51

---

[22]　必须强调两点。第一，我不是将意义等同于一套标准。第二，"标准"一词应从广义上理解，它包括各种各样的技巧，这些技巧并不都必然被意识到，人们将语词应用于世界时都会用到它们。特别是，正如这里所使用的那样，"标准"当然可以包括与范例的相似性（但接着必须知道相关的相似关系）或诉诸专家（但是说话者必须知道如何找到相关的专家）。

问题：当一个说话者把一种语言应用到该语言所描述的世界中时，是什么决定了他所使用的那套标准的充足性呢？有着完全不同的指称确定标准的说话者为了成为说同一种语言的人，即成为同一个语言共同体的成员，他们必须共有些什么呢？[23]

同一个语言共同体的成员也是共同文化的成员，因此呈现在他们每个人面前的应该是相同范围的对象和境况。如果他们要共同指称（co-refer），那么他们每个人都必须把每个单个的术语与一套标准联系起来，这套标准尽管无须区分其他仅凭想象的对象，但却要足以区分其指称对象与该共同体世界实际呈现的其他种对象或境况。因此，正确识别一组成员通常也需要了解参照组的知识。例如，几年前，我指出学习识别鹅也需要认识像鸭子和天鹅这样的生物。[24] 我说明了，用来识别鹅的充足标准不仅取决于实际的鹅所共有的特征，而且还取决于鹅和谈论鹅的人所生活的世界中其他特定生物的特征。几乎没有一个指称术语和表达是在孤立于世界或彼此孤立的情况下习得的。

---

[23] 我发现如果不说出这样一层意思的话，即在某种程度上，标准在逻辑上和心理上先于标准起作用的对象和境况，就没有简单的办法来讨论这个话题。但事实上，我认为两者都必定是习得的，而且通常一起习得。举个例子，质量和力的提出对于我称之为"牛顿力学的境况"（Newtonian-mechanical-situation）来说是一种标准，牛顿第二定律适用于它。但是人们只有在牛顿力学境况中才能学习认识质量和力，反之亦然。

[24] T. S. Kuhn, "Second Thoughts on Paradigms," in *The Structure of Scientific Theories,* ed. F. Suppe (Urbana: University of Illinois Press, 1974), pp. 459-482; reprinted in *The Essential Tension,* pp. 293-319.

说话者用来将语言与世界相匹配的这种局部模型（partial model）再一次引出了本文反复出现的两个相关主题。首先当然是术语集合的重要作用，术语集合必须被那些在一种文化中（科学文化或其他文化）成长起来的人同时习得，遭遇该文化的异文化者在解释的过程中也必须同时考虑术语集合。这就是本文开头即与局部不可通约性一起提出的整体论要素，它的基础现在应该被澄清。如果使用不同标准的不同说话者，成功地为同样的术语选出了同样的指称对象，那么对照集合在确定每个与单个术语相关的标准时必然起作用。至少在通常情况下，当那些标准本身并不构成指称的必要和充分条件时，它们必定起了作用。在这些情况下，某种局部的整体论必定是语言的重要特征。

这些评论也为我第二个反复出现的主题提供了基础，该主题反复重申不同的语言赋予世界以不同的结构。请想象一下，对于每一个个人来说，一个有指称的术语就是词汇网络中的一个节点（node），从网络中引出许多辐射状的标签对应于诸标准，他或她用这些标准来识别节点术语的指称对象。这些标准会把一些术语联系在一起，并使它们与另一些术语分开，从而在词典中构成了一个多维度的结构。该结构反映了可用词典描述的世界之结构的方方面面，同时也限制了可在词典帮助下加以描述的现象。如果反常现象仍然出现，他们的描述（也许甚至他们的认识）将会要求改变语言的某些部分，改变术语之间先前的结构性连接。

现在请注意，这种同源的结构，即反映了同一世界的结构，可以用不同的标准连接集合来加以塑造。这样的同源结构没有什么标准的标签，它们所保持的是关于世界的分类学范畴和诸分类学范畴之间的相似性/差异性关系。尽管到这里已经很接近隐喻了，但我的方向应该是清晰的。一个语言共同体的成员所共有的是词汇结构的同源。他们的标准无须相同，因为他们只要需要就可以相互学到。但他们的分类学结构却必须匹配，因为在结构不同的地方，世界是不同的，语言是私人的，于是交流就会中断，直到一部分人学会另一部分人的语言为止。

翻译的不变量应该到哪里去寻找？到现在为止我的观点应该很清楚了。与同一个语言共同体的两个成员不同，可互译语言的言说者无需共享术语："rad"不是"wheel"。但一种语言中的有指称的表达必须能与另一种语言中的共指（coreferential）表达相匹配，多语言的言说者所采用的词汇结构必须是相同的，不仅在一种语言中相同，而且从一种语言到另一种语言也必须相同。简而言之，必须保持分类学以提供共享的范畴和诸范畴间共享的关系。如果不是这样，翻译是不可能的，这正是基切尔使燃素理论适合现代化学的分类学的勇敢尝试所阐明的结论。

当然，翻译仅仅是那些寻求理解的人的第一诉求。没有它也可以建立交流。但是在翻译不可行的地方，就需要非常不同的解释过程和语言学习过程。这些过程并不神秘。每天都有历史学家、人类学家，也许还有小孩子参与其中。但是人们并没有完全搞懂这些过程。对它们的理解可能需要比当前更广大的哲学圈子来关注。对翻译及其限度的理解，对概念变化的理解，均取决于这种关注的扩大。蒯因在《语词与对象》中的共时分析引入了纽拉特之船的历时铭文，这并非偶然。

后记：对评论的答复

非常感谢各位评论者对我的拖延所表现出来的耐心，感谢他们富有创见的评论，也感谢他们让我提供一份书面答复的建议。他们说的大部分意见我都完全同意，但不是所有。在我们余下的分歧中，一部分是出于误解，我将从这一部分开始。

基切尔指出，我相信当面对旧科学词汇表中的不可通约性部分时，他的"解释程序"，他的"解释策略"就会失效。[25] 我以为，他用"解释策略"指的是他在现代语言中识别旧术语之指称对象的识别程序。但我并没有暗示该策略会失效。相反，我提出它是历史学家/解释者的重要工具。如果说它必然要在什么地方失效的话（我对此存疑），那就是在解释不可能发生的地方。

基切尔可能认为前面这句话是同义反复，因为他似乎认为他的指称确定程序本身就是解释，而不仅仅是它的先决条件。当玛丽·赫斯这样谈及解释时，她看到了被忽视的东西："我们

___

[25] P. Kitcher, "Implications of Incommensurability," *PSA 1982: Proceedings of the 1982 Biennial Meeting of the Philosophy of Science Association,* vol. 2, ed. P. D. Asquith and T. Nickles (East Lansing, MI: Philosophy of Science Association, 1983), pp. 692-693.

不仅必须**说**燃素有时指称氢，有时指称氧气的吸收，我们还必须传达燃素的整个本体论，从而使人们相信为什么它被看成一个单独的自然种类。"[26] 她所提到的这两个过程是独立的，科学史中的旧文献提供了不计其数这样的案例：人们可能轻易地完成第一个过程，却根本不向第二个过程迈出一步。其结果构成了辉格史的重要组成部分。

迄今为止，我一直都在澄清误解。现在，我将开始讨论更为实质性的分歧。（在这一领域，误解和实质性分歧之间没有明确的界限。）基切尔假设，解释使"跨越革命性鸿沟的完全交流"成为可能，解释这么做的过程是"扩展母语资源"，如增加"燃素"及相关术语（p. 691）。我认为，基切尔至少在第二点上犯了严重错误。尽管语言是可扩充的，可是它们只能朝一个特定方向扩充。比如，20 世纪的化学语言通过加入一些新元素的名称，如镏和锗，而得以扩充。但是，要加入一个负载质的原质（quality-bearing principle）的名称，又不改变其作为元素和其他方面的性质，就没有一个连贯的或可解释的方法了。这种转变不是简单地扩充语言；它们不是增加，而是改变以前有的东西；由此产生的语言也不再可以直接用于现代化学的所有规律。特别是，包含术语"元素"的那些定律均无法使用。

---

[26] M. Hesse, "Comment on Kuhn's 'Commensurability, Comparability, Communicability'," *PSA 1982: Proceedings of the 1982 Biennial Meeting of the Philosophy of Science Association,* vol. 2, ed. P. D. Asquith and T. Nickles (East Lansing, MI: Philosophy of Science Association, 1983), pp. 707-711; 黑体为原文所标。

　　然而，18 世纪的化学家和 20 世纪的化学家之间如同基切尔所假设的那种"充分交流"是可能的吗？也许是的，但是只有当两者之一学会了对方的语言，在某种意义上成为对方化学实践的参与者时才是可能的。这种转变是可以实现的，但进行交流的人只是匹克威克④ 意义上的不同世纪的化学家。这种交流的确为两种实践模式的有效性提供了有意义的(尽管不是完全的)比较，但是那对我来说从来不是问题。过去和现在所争论的不是意义的可比较性，而是语言对认知的塑造，这一点在认识论上绝不是无关痛痒的。我的主张是，一种旧科学的关键陈述，包括那些通常被认为仅仅是描述性的陈述，都不能用后来的科学语言加以表述，反之亦然。就一种科学的语言来说，我这里所指的不仅仅是实际使用中的那部分语言，而且还包括那些无需改变现有成分就能结合到该语言中的所有扩充语言。

　　我先简单回应一下玛丽·赫斯所要求的一种新的意义理论，这样我的思路会更清晰。我同意她的看法，传统的意义理论已经垮台，现在需要的是某种替代理论，而不是一味扩充。我还觉得在猜测那种替代理论会是什么样子的问题上，赫斯和我会十分接近。但是，赫斯在两方面误解了我的想法：第一，她认为我关于同源分类学的简评并不直接指向意义理论；第二，她把我关于"*doux*" / "*douce*" 和 "*esprit*" 的讨论描述成一

55

────────────

④ 匹克威克是英国作家狄更斯作品《匹克威克外传》中的主人公，为人宽厚戆直，但喜欢想入非非。——译者注

种关于"意义的修辞",而不是直接地、字面地与意义相关（p. 709）。

由于目前篇幅允许，让我们回到前面的隐喻。我把"*doux*"看成一个多维度词汇网络之中的一个节点，它的位置通过它与其他节点如"*mou*"，"*sucré*"等的距离来确定。要知道"*doux*"的意义就要具有相应的网络和某套技巧，这套技巧要足以将"*doux*"节点像其他说法语的人所做的那样，与同样的一些经验、对象或境况关联起来。只要将正确的指称对象与正确的节点连接起来，采用哪套特殊的技巧都一样；"*doux*"的意义只是由它与网络中其他术语的结构关系构成。由于"*doux*"本身就在其余术语的意义中相互指涉，因此，没有一个术语能够自行获得一个独立的可确定的意义。

构成意义的一些术语间关系，如"*doux*"/"*douce*"，是类隐喻的（metaphor-like），但它们不是隐喻。相反，迄今为止一直在质疑的是字面意义的建立，没有字面意义就不可能有隐喻或其他比喻。比喻通过暗示用相同的节点可构造的替代词汇结构而起作用，它们的可能性取决于这样一种基础网络的存在，所暗示的替代词汇结构与基础网络形成对比或形成张力。尽管科学中存在比喻或某些十分类似于比喻的东西，但那些不是我这篇论文的主题。

现在请看英语单词"sweet"，它也是词汇网络中的一个节点，它的位置是由它与其他单词如"soft"和"sugary"的距离来确定。但那些相对距离和法语网络中的相对距离是不一样的。英语节点只附于一些与法语网络中最接近的对应节点相同的境况和属性。缺乏结构上的同源使得法语和英语词汇表中的这些部分不可通约。任何消除不可通约性的尝试，如在法语网络中插入"sweet"这个节点，都将改变先前存在的距离关系，而这又将改变先前存在的结构，而不仅仅是简单的扩展。我不知道赫斯能否同意接受这些尚未完全展开的概要；但它们至少说明我对分类学的讨论在一定程度上来源于我对意义理论的关注。

最后我要谈谈我的两位评论者共同提出的问题，尽管他们以不同的方式提出。赫斯指出，我关于分类系统被共享的条件可能太强了，"在不同语言的言说者都能在其中进行自我定位的特定境况中"，分类系统的"**近似共享**"或"**重要交集**"也许更合适（p.708，黑体为原文所标）。基切尔认为不可通约性作为革命性变化的标准太过普通，他怀疑我已不再关心科学中的常规发展和革命性发展之间的明显区别（p. 697）。这些见解都很有力度，就我个人关于革命性变化的观点来说，正如基切尔所料想的那样，已经越来越温和。不过，我觉得基切尔和赫斯把变化的连续性的情况推进得太远。让我来概述一下我的立场。我将在别处提出并具体论证我的这一主张。

科学革命的概念源于这样一种发现，要理解过去科学的任何部分，历史学家必须首先学习过去的书面语言。试图翻译成后来的语言是一定会失败的，因此，语言学习的过程是解释的和解释学的。随着解释在相当大范围内获得了普遍成功（"打破解释学循环"），历史学家对过去的发现不断伴随着新模式或格式塔的突然识别。由此可见，至少历史学家确确实实在经历革命。这些论点是我原有立场的核心，我仍将坚持。

57

科学家的时间方向与历史学家正好相反，那么，科学家是否也会经历革命？这是我迄今为止仍未解决的问题。如果会，他们的格式塔转换通常比历史学家小，因为后者所经历的单个革命性变化往往将会散播到科学发展期间许多这样的变化中去。更进一步说，甚至那些小变化是否具有革命的特征也含糊不清。历史学家所经历的革命性的整体性语言变化最初难道不是通过一个渐进的语言漂移过程而发生的吗？

原则上可能如此，在某些对话领域——如政治生活——想必就是这样做的。但是，我认为在发达科学中一般不会这样。在发达科学中，整体转变往往一蹴而就，就像我从前拿来与革命相比的格式塔转换一样。这个立场的部分证据仍然是经验证据："啊哈"经验的报告、相互不理解的案例等等。但是也有一个理论上的论证可以有助于理解我所涉及的东西。

只要言语共同体的成员在许多标准范例（范式）上达成一致，那么像"民主"、"正义"或"平等"这些术语的效用就不会由于共同体成员在其适用性上有分歧而受到太大威胁。这类词语在功能上无需十分明确；其界限的模糊是意料之中的事，接受了模糊性也就容许了它们的漂移，随着时间的推移就会出现一系列互相关联的术语在意义上的逐渐扭曲。而在科学中，X 物质是元素还是化合物，Y 天体是行星还是彗星，Z 粒子是质子还是中子，关于这些问题的持续的分歧将很快使人们把怀疑的目光投向相应概念的完整性。在科学中，这种边界不清的情况是危机的来源，漂移也相应被阻止。相反，压力逐步增加，直到提出一种新观点，包括部分语言的新用法。如果我现在重写《科学革命的结构》，我会更多地强调语言变化，而减少对常规性／革命性区别的强调。但是我仍然会讨论科学在整体的语言变化方面所经历的特殊困难，我也会尝试说明，那种困难是由于科学在指称确定性上要求特殊的精确性而造成的。

第三章　科学史中的可能世界[*]

58　　《科学史中的可能世界》是作者在 1986 年第 65 届诺贝尔研讨会（Nobel Symposium）上所宣读论文的公开发表版本，阿瑟·米勒和托尔·弗拉格斯迈尔为该文作评论；库恩对评论的回复作为后记也附在这里。这次会议的会议记录以《人文、艺术和科学中的可能世界》为书名出版（*Possible World in Humanities, Arts and Science,* edited by Sture Allén, Berlin: Walter de Gruyter, 1989）。

非常高兴应邀在"科学史中的可能世界"这一专题讨论会上作首场发言，因为这个专题所引出的许多问题是我目前研究的重点。然而，它们的中心地位也是问题的根源。在我正在写的一本书里，这些问题只有在许多在先的讨论得出结论后才会出现，而在这里，我必须把这些结论作为前提来提出。随后我会就这些前提给出一些有限的阐释和论证，但仅在本文的后面几部分提出。

———————

＊　本文自研讨会后作了相当大的修改。其间得到了许多相关的批评和建议，我在此向芭芭拉·帕缇表示感谢，向我的 MIT 同事耐德·布劳克、西尔文·布鲁门伯格、迪克·卡特莱特、吉姆·希金伯坦、朱蒂·汤姆森和保罗·霍尔维奇表示感谢。

　　我的预设将通过下述主张表明：为理解过去的科学信念的某些部分，历史学家必须学习一种词典，这词典在各个地方都要与他当前时代的词典有系统上的差别。只有通过使用旧词典，他或她才能对那些经过严格审查而成为科学基础的特定陈述作出准确表述。这些陈述无法通过当前词典的翻译而得，即使当前词典的词汇表已经扩展了，加入了先前词典的特选词汇。

　　本文共分四个部分。第一部分对这一主张进行了详尽阐述。第二部分简单提出了它与当前可能世界语义学中的争论的相关性。第三部分是对牛顿力学中一些相关术语的进一步分析，阐释了词典与科学理论实质性主张之间的纠缠（entanglements），这种纠缠使得改变理论而不同时改变词典成为不可能。最后，本文的最后一部分考察了这种纠缠以何种方式限制了可能世界之概念在科学发展上的应用。

　　历史学家阅读过时的科学文献时会典型地遇到一些无意义的段落。这正是我反复经历到的事情，不论我的研究主题是亚里士多德、牛顿、伏打、玻尔还是普朗克。[1]标准的做法是略过

59

------

[1]　关于牛顿，见我的 "Newton's '31st Query' and the Degradation of Gold," *Isis* 42 (1951): 296-98。关于玻尔，见 J. L. Heilbron and T. S. Kuhn, "The Genesis of the Bohr Atom," *Historical Studies in the Physical Sciences* 1 (1969): 211-90，其中引出该主题的那些无意义的段落引在第 271 页上。所提到的其他案例的介绍，参见我的 "What Are Scientific Revolutions?" Occasional Paper 18, Center for Cognitive Science (Cambridge, MA: Massachusetts Institute of Technology, 1981); reprinted in *The Probabilistic Revolution, vol. 1, Ideas in History,* ed. L. Krüger, L J. Daston and M Heidelberger (Cambridge, MA: MIT Press, 1987), pp. 7-22; 也在本书中作为第一章重刊。

这些段落，或是把它们看成错误、无知或迷信的产物而不予理会，这种应对有时候也是恰当的。但是，对这些惹麻烦的段落作一些设身处地的思考通常会得出不同的判断。那些明显的文本反常是人为造成的，是误读的结果。

由于别无选择，历史学家一直按照文本中的语词和短语仿佛在当代论文出现过的那个样子去理解。用这种方式的确可以毫无困难地阅读许多文献，因为历史学家词汇表中的大多数术语与文本作者的用法是相同的。但是，一部分相互关联的术语集合却并非如此，人们无法把这些术语单独分开，也无从发现它们如何使用会使那些问题段落呈现反常。因而，明显的反常往往是要求对词典作出局部调整的证据，它也经常为该调整的性质提供线索。[2] 人们发现译为"运动"的术语在亚里士多德的文献中不仅仅指位置的变化，更是指以两个端点的变化为特征的所有变化，这为亚里士多德物理学阅读中的诸多问题提供了一个重要线索。阅读普朗克早期论文时所遇到的类似困难也开始通过下述发现得以解决：对于 1907 年前的普朗克来说，"能量元素（the energy element）hv"不是指物理上不可分的能量原子（后来他称之为"能量子"the energy quontum），而是指思想

---

[2] 我将继续谈及词典、术语和陈述作为贯穿本文始终的内容。但实际上我更一般性地关注概念范畴或内涵范畴，例如那些可以合理地归因于动物或知觉系统的范畴。这一延伸部分从可能世界语义学得到支持，请参见 B. H. Partee, "Possible Worlds in Model-Theoretic Semantics: A Linguistic Perspective," in *Possible Worlds in Humanities, Arts and Sciences: Proceedings of Nobel Symposium 65*, ed. Sture Allén, Research in Text Theory, vol. 14 (Berlin: Walter de Gruyter, 1989), pp. 93-123。

上可分的能量连续统，这个连续统上的任何一点都能够被物理地占据。

这些例子都表明，它们所牵涉的不只是术语在用法上的变化，从而说明了多年前当我谈及相继的科学理论之"不可通约性"时所想到的东西。[3] "不可通约性"在最初的数学用法中指"没有公度"，例如，等腰直角三角形的斜边和直角边没有公度。对于两个处在同一条历史线路上的理论来说，这一术语意味着没有一种共同语言可以完全翻译这两个理论。[4] 构成旧理论的某些陈述不能用适合表达其后继理论的任何语言来表述，反之亦然。

因此，不可通约性等同于不可翻译性，但是，不可通约性所禁止的并不是专业翻译者的翻译活动。毋宁说，专业翻译是一种完全由手册控制的准机械化活动，手册作为语境的函数，详细说明了一种语言中的哪串字符串可以保全真值（*salva veritate*）地用另一种语言中的给定字符串替代。这是蒯因式的翻译，我将通过下述评论提出我的观点，即蒯因关于翻译不确定性的大部分或所有论证都能同样有效地得出相反结论：很多

61

---

　　[3]　有关这一点的更全面而细致的讨论及后续的讨论请参见我的 "Commensurability, Comparability, Communicability," in *PSA 1982: Proceedings of the 1982 Biennial Meeting of the Philosophy of Science Association,* vol. 2, ed. P. D. Asquith and T. Nickles (East Lansing, MI: Philosophy of Science Association, 1983), pp. 669-688; 在本书中作为第二章重刊。

　　[4]　我最初的讨论描述了不可通约性的非语言形式和语言形式。由于我当时没有认识到多大部分的明显非语言成分可以在学习过程中和语言一起习得，导致我得出了一种过于宽泛的结论，我现在意识到了这一点。作为例子，我将通过本文下一节有关弹簧秤的讨论，阐述如何在语言学习的过程中习得我曾称之为关于仪器的不可通约性。

时候根本不存在无限的、与言语行为的所有常规意向相匹配的翻译。

说了这么多，蒯因可能差不多会同意了。他的论证里需要作出选择，但不会主宰其结果。在他看来，一个人要么必须完全放弃传统的意义概念、内涵概念，要么必须放弃这样一个假设：语言是或可能是普遍的，任何可用一种语言或通过一种词典表达的东西也都可以用任何别的语言表达。他得出自己的结论——必须放弃意义——仅仅是因为他认为普遍性是必然的，本文将表明这是没有足够根据的。掌握一种词典、一个有结构的词汇表，就有了进入一个可用该词典描述的各种不同世界的通道。不同的词典——例如不同文化或不同历史时期的词典——给了我们进入不同可能世界的通道，这些世界大部分是重叠的，但又不会完全重叠。尽管词典可以被扩充，从而给出一条通道，进入先前只能用另一种词典进入的世界，但结果却很特别，这一点将在下文中详细阐述。为使"扩充的"词典继续提供某些重要功能，扩充过程中所增加的术语必定受到严格分离，并以特殊目的保留下来。

我相信，正是由于普遍可翻译性的假设与另一个完全不同的假设有着欺骗性的相似，才使它几乎成为一个不可逃避的假设。在这里，我也共同拥有这个假设：任何可用一种语言说出来的东西，通过想象和努力，都可以被另一种语言的说话者**理解**。不过，这种理解的前提条件不是翻译，而是语言的学习。蒯因的彻底翻译者实际上是语言学习者。如果他成功了——我认为没有原则上的障碍——他将成为双语者。但那并不能保证他或其他人能把他新学的语言翻译成他的母语。尽管可学习性可能在原则上意味着可翻译性，但是必须对这个论点进行论证。可是许多哲学讨论却将其看成理所当然。蒯因在《语词与对象》中的论述很显然就是这种情况。[5]

简而言之，我认为，科学文献的翻译问题，不论翻译为 62 外语还是译为其原本使用的语言的新版本，都比人们普遍认为的更像文学作品的翻译问题。在这两种情况下，翻译者都不断遇到一些可用不同方式表述的语句，但没有一种方式能够把意思完全表达出来。于是就必须做出困难的决定：原文的哪些方面最重要，应予以保留。不同的翻译者会做出不同的决定，同一个翻译者在不同的地方也会做出不同的选择，即使所涉及的术语在两种语言中都没有歧义。这样的选择受可靠性标准的支配，但又不由它们决定。在这些问题上没有纯粹的对或错。翻译科学文章时对真值的保全，与翻译文学作品时对共鸣和情调的保全一样，都是十分微妙的任务。两者都无法完全达到；即使是可靠的近似也需要非凡的机智和品味。对于科学论文的翻译来说，这些概括不但适用于明确使用理论的段落，更重要的是它们还适用于那些被作者视为纯粹描述性的段落。

人们普遍认为，在语言的字面用法和修辞用法之间有一条鸿沟。和许多与我一样有着普遍的结构主义倾向的人不同，我

---

[5] W. V. O. Quine, *Word and Object* (Cambridge, MA: Technology Press of the Massachusetts Institute of Technology, 1960), pp. 47, 70f.

并不试图消除或即使是缩窄这条鸿沟。相反，我不能想象一个修辞用法的理论——例如隐喻理论和其他比喻理论——不以一个字面意义的理论为先决条件。我也无法想象在将理论付诸实践时，语词在像隐喻这样的修辞中如何能够被有效地使用，除非共同体成员以前就完全了解它们的字面用法。[6] 简单说来，我的观点是，术语的字面用法和修辞用法都同样依赖于语词间预先建立的联系。

这个观点为意义理论提供了许可证，但是，意义理论只在两个方面与接下来的论证重点相关，我必须在这里把自己限制在这两个方面。第一方面，知道一个语词的意义，就是知道如何用它与使用该语词的语言共同体中的其他成员交流。但是这种能力并不意味着你知道附于该语词自身的东西，比如它的意义或它的语义标记。除了一些偶然的例外，语词没有单独的意义，只有在语义领域里，通过与别的语词发生联系才有意义。如果单个术语的用法改变了，那么与其相联系的术语的用法一般也会改变。

我所提出的意义观的第二方面标准更低，影响更大。两个人可以用同样的方式，但却采用不同的场坐标集（原则上完全析取的集合）来使用一组相关术语。我将在本文的下一节给出一些例子；此处，接下来的这个隐喻可能会给大家一些启发。

[6] 见我的"Metaphor in Science," in *Metaphor and Thought,* ed. Andrew Ortony (Cambridge: Cambridge University Press, 1979), pp. 409-419; 在本书中作为第八章重刊。

美国地图可以用许多不同的坐标系绘制。拿着不同地图的人可以根据不同的坐标确定例如芝加哥的位置。只要地图是按比例地缩放以保持图中各项间的相对距离，那么所有人都能确定同一城市的位置。也就是说，必定会选择与每个不同的坐标相适应的度量，以保持所绘地域中结构上的几何关系。[7]

刚才所概述的前提已经暗含了可能世界语义学中的那场持续争论，在把这场争论的主题与我已说过的部分联系起来之前，我将先对该主题作一简短概括。"可能世界"常被说成是我们的世界可能存在的一种方式，这一非正式描述几乎将完全满足当前目标。[8] 在我们的世界里，地球只有一个天然的卫星（月球）。但是还有其他的可能世界，与我们的世界几乎完全一样的可能世界，唯一的区别是那些可能世界中的地球有两个或更多的卫星或根本没有卫星。（"几乎"一词意味着允许作现象的调整，如潮汐在自然法则保持不变的情况下将随着卫星的数目而改变。）也有一些与我们的世界不太相像的可能世界：有的没有地球，有的没有行星，还有的甚至连自然法则都与我们不一样。

最近在关于可能世界的概念上，令许多哲学家和语言学家激动不已的是，它不仅为模态陈述的逻辑提供了路径，

---

[7] 我在《可通约性、可比较性、可交流性》一文中对这些隐晦的论证所包含的意思作了一些预备性说明。

[8] 芭芭拉·帕绨的论文为语言学家和哲学家眼中的可能世界语义学的目标和技巧提供了一个精彩的综述。建议不熟悉这个问题的读者先阅读此文。

64　而且为研究逻辑和自然语言的内涵语义学提供了路径。例如，在所有可能世界里，必然真的陈述为真；在一些可能世界里，可能真的陈述为真；一个真的反事实陈述在某些世界里为真，但在制造该陈述的那个人的世界里则不为真。给定一组可能世界，对它们进行量化（quantify），就可以得到模态陈述的形式逻辑。对可能世界的量化（quantification over possible worlds）也可以导出内涵语义学，尽管途径复杂一点。由于陈述的意义或内涵对可能世界作出选择，即在那些可能世界中该陈述为真，因此每一个陈述都对应并可构成一个从可能世界到真值的函数。同样，属性也可构成一个从可能世界到集合的函数，这些集合中的成员显示了每一世界中的属性。其他类别的指称术语都可以用类似方法进行概念上的重构。

　　即使这样简短的可能世界语义学概述，也给出了量化得以发生的诸可能世界之范围的可能意义，并且在这个问题上，观点各各不同。例如，大卫·刘易斯要对已经或可能构想的诸世界的整个范围进行量化；索尔·克里普克则走另一个极端，他只将注意力限制在可规定的诸可能世界；还有中间立场，其中一些已经被提出来了。[9] 这些立场的热情支持者争论各种各样的问题，大多数与当下无关。但是，争论的参与者似乎都和蒯因

_____

[9]　帕绨对这些分歧作了充分说明，还提供了一个有用的书目。更为分析性的说明见 R. C. Stalnaker, *Inquiry* (Cambridge, MA: MIT Press, 1984)。争论的焦点集中在可能世界的本体论地位，即它们的实在性：适合于可能世界理论的量化范围的差异接踵而来。

一样，假定任何东西都可以用任何语言说出来。如果，正如我所给出的前提，那个假定无效，那些额外的思考就会变得相关起来。

关于模态陈述语义学的问题，或者从该语义学中构造语词和语词串内涵的问题，实际上都是特定语言中的陈述和语词的问题。只有可在该语言中规定的诸可能世界才能与之对应。扩展量化以包括只能通过其他语言进入的世界，这看起来最好也是无用功，在某些应用中，它甚至是错误和混乱的根源。我已经指出了一种与之相关的混乱，即历史学家试图用他或她自己的语言来表述旧的科学所引起的混乱，接下来两节我将考察其他一些混乱。至少在它们对历史发展的应用中，可能世界论证的力量和效用似乎需要他们用给定的词典对可进入的世界作出限制，处于一个特定语言共同体或文化中的参与者可以对这些世界进行规定。[10]

_____

[10]　帕绨强调，可能世界不是可构想的世界，她指出"我们可以构想存在我们不能构想的可能性"，她还认为，把可能世界限制为可构想世界将使我们不能处理这些情况。自从会上与她讨论以来，我意识到有必要再做一个区分。并不是所有借助给定词典就可进入或可规定的世界都是可构想的：一个有着方的圆的世界是可规定的，但却无法构想；下文中还会出现其他例子。只有为了进入某些世界才需要对词典进行重构，这里我指的是除去对可能世界进行量化的情况。还要注意的是，把不同的词典看成进入不同可能世界的通道，并不是简单地在帕绨文章开头所讨论的标准可进入性关系（accessibility relations）上再多加一个。对应于词典的可进入性，并不存在任何类型的必要性。除了对不可构想的世界加以规定的陈述之外，在给定词典中没有一个可构造的陈述仅仅因为它能进入该词典就必然为真或必然为假。更普遍地说，词典的可进入性问题似乎在对可能世界论证的所有应用中都存在，从而影响了可进入性关系标准。

到此为止，我所论述的都是一般性主张，略去了阐释和辩护。现在我要开始充实这些主张，但再次声明我不可能在这里完成这项工作。我的论证将分两步推进。本节将考察牛顿力学词典中的某些部分，特别是相互关联的术语"力"、"质量"和"重量"。首先要问的是，作为一名使用这些术语的共同体成员，什么是需要知道的，什么是不必知道的。其次，这项知识的掌握对这些世界，即该共同体成员在不违反这种语言的情况下能够描述的这些世界作出了怎样的限制。当然，有些他们不能描述的世界后来得到了描述，但只有在词典改变之后才能被描述，词典的变化阻碍了对以前某些可描述的世界进行连贯的描述。这类变化是本文最后一节所要论述的主题。在那个主题中，我集中考察了所谓的指称因果理论，一种对可能世界概念的应用，据说它消解了这类变化的意义。

用来描述和说明某个领域（如力学领域）现象的词汇表是历史的产物，它随着时间而发展，并且以其当前状态不断地代代相传。在牛顿力学中，那些必要的术语在一段时间里是稳定的，而且其传播技术也相对规范。对它们的考察将表明，一个学生在成为该领域专业人员的过程中所学到的东西具有怎样的特征。[11]

66

---

[11] 我之所以讨论词典习得，是因为它提供一条线索，以了解个人拥有一部词典究竟会带来什么。然而，最后的结果决不会取决于代代相传的那种词典习得方式。举例来说，假使词典是一个可遗传的天资，或者被熟练的神经外科医生植入体内，结果还是一样。我会立刻强调传播词典要求不断诉诸具体案例。我会建议，通过外科手术植入相同的词典也应该包括植入这些案例所留下的记忆痕。

在开始有效地学习牛顿术语之前，学生们必须已经掌握了该词典的其他重要部分。例如，学生们必须已经具有一个足以指称物理对象及其在时空中位置的词汇表。在此基础上，他们必须把一个数学词汇表移植过来，这个数学词汇表要足够丰富，能够对轨迹作定量描述，能够对沿轨迹运动的物体速度和加速度进行分析。[12] 此外，至少在隐含意义上，他们还必须掌握一个广延之大小的概念，它是一种量，其整体的值等于部分之和。物质的量就是一个标准例子。这些术语都可以在不诉诸牛顿理论的情况下习得，学生在学习牛顿理论之前都必须掌握。牛顿理论所要求的另一些词典术语——最著名的是牛顿意义上的"力"、"质量"和"重量"——则只能与理论本身一起习得。

在这些牛顿术语的学习方法中，有五个方面需要特别阐释和强调。第一，正如已经指出的那样，只有存在一个相当大的前词汇表才能开始学习。第二，在习得新术语的过程中，定义所起的作用微不足道。这些术语与其说是被定义的，不如说是通过对其用法范例的揭示而提出的，这些范例的提供者已经属于他们当前所在的语言共同体。这种揭示通常包括对一个或多个范例情形的实际演示，比如在学生实验室里，由某个已经知道如何使用这些术语的人对它们加以应用。不过，演示不必实际进行。对范例情形的介绍还可以通过以术语为主的描述来

_____

[12] 在实践中，描述沿轨迹的速度和加速度的技巧通常是在介绍我接下来要讲的术语的相同课程中习得。但前者可以在没有后者的情况下习得；而没有前者，后者就无法习得。

进行，这些术语出自先前获得的词汇表，但是，在那个词汇表

67　　中，这些将要学习的术语也到处出现。这两个过程大部分是可
互换的，大部分学生两种过程都遇到过，以这样或那样的方式
混合。两者都包括一个不可缺少的例证性的（ostensive）或约定
的（stipulative）要素：通过对它们所应用的情形的直接展示或
通过描述来展示，术语被讲授。[13] 但是，由这样一个过程而产
生的学习并不是仅仅关于语词的学习，它同样也是关于语词在
其中得以发挥作用的那个世界的学习。当我在下文中使用"约
定性描述"（stipulative description）这个短语时，我脑海中的约
定将既关乎科学的实质又关乎科学的词汇表，既关乎世界又关
乎语言，它们是同时的、不可分离的。

　　学习过程的第三个重要方面是，对单个范例情形的揭示几
乎不或从不提供足够的信息使学生能够使用新的术语。需要有
许多各种不同类型的范例，通常还要加上一些明显类似但所讨
论的术语并不适用的范例情形。此外，被学习的术语很少独立
地应用于这些情形，相反它们总是嵌在整个句子或陈述中。这
些句子或陈述中，有些通常是约定俗成的。

———————

　　[13]　术语"ostension"和"ostensive"似乎有两种不同用法，就当前的论题而言需
要对两者加以区分。一种用法，这两个术语意指**只有**演示语词的指称对象才可以学习或定
义语词。另一种用法，它们仅仅指在学习过程中要求**一些**演示。我当然采用的是第二种用
法。把它们扩展到这样一些情况，即用前词汇表中的描述代替实际的演示，这种扩展的恰
当性取决于承认这种描述并不提供与包含了所要学习的语词的陈述等价的语词串。确切地
说，它使学生能够想象这种情形，并且把这种想象应用到同样的思想过程中（无论它们可
能是什么样的），这些同样的思想过程又会被应用到构想的情形中去。

第四，在涉及学习先前不知道的术语的诸多陈述中，有一些还包含其他新的术语，这些术语必须和第一个术语一起学习。因此，学习过程使一套新的术语相互关联，为包含这些术语的词典赋予了结构。最后，尽管个体语言学习者所接触的情形之间通常会有相当大的重叠（相应的陈述间更是如此），但这些个体学习者原则上可以充分交流，即使他们是通过完全不同的途径学会这些术语的。我所描述的过程某种程度上为个体学习者提供了类似定义的东西，但这不是该语言共同体的其他成员必需共同具有的定义。

具体例证请首先考虑术语"力"。证明力的存在有各种不同的情形。它们包括如肌肉运动、线或弹簧的伸展、有重量（注意出现了另一个有待学习的术语）的物体，或某些种类的运动。最后一个情形特别重要，对学生来说也特别难。就牛顿主义者所使用的"力"而言，并不是所有的运动都意味着其指称对象的存在，因此需要一些范例来显示受力运动和不受力运动之间的区别。而且对这些东西的接受，要求对高度发达的前牛顿的直觉知识进行压制。对孩子和亚里士多德主义者来说，受力运动的标准范例是抛射物。不受力运动的范例是下落的石头、旋转的陀螺或转动的飞轮。而对牛顿主义者来说，所有这些都是受力运动。唯一一个不受力运动的范例是匀速直线运动，这个运动只有在星际空间才能得到直接演示。不过教师们仍然试图演示。（我还记得一堂精心设计的实验课———一块冰在一片玻璃上滑动，那堂课帮我消除了先天的直觉知识，并学会了牛顿力学的"力"的概念。)但对大部分学生来说,学会该术语关键用法的主要途径是通过被称为牛顿第一运动定律的这段话:"在没有外力作用下,物体在直线上持续地匀速运动。"它通过描述展示了无外力的运动。[14]

我们需要进一步讨论"力",但让我先来简单地看一下它的两个牛顿力学同伴:"重量"和"质量"。第一个词指一种特殊的力,它使物体压在其支撑物上,要么静止,要么当不能被支撑时就掉下来。在这种仍然是定性的形式中,"重量"术语的获得先于牛顿力学的"力",并且在"力"的学习期间被使用。"质量"通常被引入为等同于"物质的量",在这里,物质是支撑物体的基底,是在质料体(material bodies)质变的过程中,量保持不变的那个东西。任何用来分辨物体的特征,如重量,同样也能指示出物质和质量的存在。在"重量"的情况下,人们用来分辨"质量"的指称对象的那些定性特征,跟前牛顿时期的用法是一样的,但在"力"的情况下并非如此。

但是,这三个术语的牛顿力学用法都是定量用法。牛顿力学的量化形式既改变了它们单个的用法,也改变了它们之间的

---

[14] 牛顿第一定律是他的第二定律的逻辑推论,牛顿对它们进行分开陈述的理由,长期以来一直是个谜。答案也许在于一种教学策略。如果牛顿让第二定律包含第一定律,那么他的读者就不得不同时解决他的"力"和"质量"的用法,由于这些术语不仅在单个用法上与原先不同,而且在相互关系上也不同,这就使原本就十分困难的工作进一步复杂化了。把它们尽可能地分开陈述,可以更清晰地揭示这些必要变化的性质。

相互关系。[15] 只有单位尺度（unit measures）可以按惯例确定，测量标准（scales）则必须加以选择，以便使重量和质量成为广延量，使力可以矢量相加。（与此相反的是温度的例子，无论其单位和测量标准都可以通过惯例选择。）这再一次说明，学习过程要求交叉重叠的陈述，这些陈述所包含的术语要与直接或间接来自自然的情形一起学习。

我们从"力"的量化开始讨论。学生们通过学习用弹簧秤或别的弹性装置测量力而获得完整的定量概念。在牛顿时代以前的科学理论或实践中，这样的装置从未出现过，到了牛顿时代，它们接替了以前由天平秤所扮演的概念性角色。但从那以后，它们成为中心，理由是概念上的，而不是实践上的。然而，使用弹簧秤来显示力的确切大小，要求诉诸两个通常称之为自然规律的陈述。一个是牛顿第三定律，陈述了重物对弹簧所施加的力与弹簧对重物所施加的力相等但方向相反。另一个是胡克定律，陈述了拉伸的弹簧所产生的力与弹簧的位移成正比。与牛顿第一定律一样，这些都是在语言学习中第一次碰到的东西，它们在所运用的各种情形中交叉重叠。这种交叉重叠起到双重作用，既规定了"力"这个词如何使用，同时也规定

---

[15]　为使物理理论形式化，J. D. 斯尼德和沃尔夫冈·斯太格缪勒提出了一些技巧。尽管我的分析与他们不同，但通过对这些技巧的思考，特别是借助他们提出理论术语的方式，我在下文中提出了许多深思熟虑的意见（许多意见前面已经介绍了）。还请注意，这些论述对他们的进路中一些关键问题给出了解决方法，即如何区别理论的核心和它的延伸部分。关于这个问题请参见我的论文 "Theory Changes as Structure Change: Comments on the Sneed Formalism," *Erkenntnis*, 10 (1976): 179-99; 在本书中作为第七章重刊。

了被力所遍布的世界如何运转。

现在我们讨论术语"质量"和"重量"的量化。它非常清楚地阐明了词典习得过程的关键方面,这一点迄今为止从未被思考过。就这一点来说,我关于牛顿术语的讨论也许已经表明,一旦具有了必要的前词汇表,学生们就可以通过接触某些单个的、具体的术语使用范例,来学习那些留下的术语。这些特殊的范例看上去似乎一定为那些术语的习得提供了必要条件。但实际上,这类情况十分罕见。通常会有替代的范例来帮助人们学会同一个或一些术语。而且,尽管个人实际上接触哪类范例通常是无关紧要的,但还是存在一些特殊情况,在这些情况下,范例之间的区别十分重要。

就"质量"和"重量"而言,在这些替代的范例中,有一组是标准的。它能同时补充词汇表和理论所缺失的元素,因此,它也许进入了所有学生的词典学习过程。但是,从逻辑上说,其他范例也可以这么做,对大部分学生来说,其中一些范例也起作用。从标准路径出发,它最初是在今天所谓的"惯性质量"的形式下对"质量"进行量化的。学生们被告知牛顿第二定律——力等于质量乘以加速度——是对运动物体实际行为方式的描述,但这个描述却必不可少地使用了尚未完全确定的术语"质量"。因此,这一术语和第二定律是同时习得的,此后定律也可以被用来提供缺失的测量:在一已知力的影响下,物体的质量与其加速度成正比。在概念学习的目的下,向心力装置为进行这种测量提供了特别有效的方式。

一旦质量和第二定律以这种方式加入牛顿力学词典中，万有引力定律就能作为一个经验规律被引入。牛顿理论被用于观察天空，那里所表现的引力被用来与地球和地球上物体之间的引力作比较。物体间的相互引力从而被证明与它们的质量乘积成正比，这是一种经验规律，可以引入牛顿术语"重量"中仍然缺失的方面。现在，"重量"被认为表示一种关系性质，它取决于两个或多个物体的存在。因此，和质量不同，重量从这个地方换到另一个地方会发生变化，例如在地球表面和月球表面，重量是不同的。这种不同只能通过弹簧秤获悉，不能通过先前的标准天平秤（它会在所有地方都产生相同的读数）。天平秤测量的是质量，其大小只取决于物体以及对单位尺度的选择。

由于既确定了第二定律，又确定了"质量"的用法，刚才所勾画的一系列顺序为牛顿理论的许多应用提供了最直接的路径。[16] 这就是为什么在引入理论的词汇表时，它起到如此重要作用的原因。但是，正如前面所指出的，它不是为达到那个目的所必需的东西，而且在任何情况下，它都不会单独起作用。现在我来考虑第二条路径，沿着这条路径也能确定"质量"和"重量"的用法。它的起点和第一条路径一样，在弹簧秤的帮助下对力的概念进行量化。接着，"质量"在今天被称为"引力质量"的形式下被引入。对世界存在方式的约定性描述为学生们提供

71

---

[16] 牛顿理论的所有应用都取决于对"质量"的理解，对许多应用来说，"重量"却不是必要的。

了万有引力概念，它是一对质料体之间的普遍引力，其大小与每个质料体的质量成正比。随着"质量"所缺失的方面以这样的方式被给出，重量可以被解释为一种关系性质，即来自万有引力的力。

这就是确定牛顿力学术语"质量"和"重量"的第二条途径。掌握了它们，牛顿第二定律——这个牛顿理论中仍然缺失的成分，就可以作为经验性的、纯粹观察的结果提出。为达到这个目的，向心力装置再次适用，但它不再像第一条路径中那样用来测量质量，现在，它被用来确定所施加的力与一个物体的加速度之间的关系，而这原先是通过引力的方式来测量的。这两条路径因而在下述方面产生了差别：为了学习牛顿力学的术语，什么是关于自然必需的约定，什么可以被留作经验发现。在第一条路径中，第二定律是约定的，万有引力定律是经验的。在第二条路径中，它们的认识论地位倒了过来。在每一种情况下，这两个定律之一，且只有其中之一，可以说被写入词典。我并不很想称这些定律为分析定律，因为与自然相关的经验对它们最初的公式表达来说至关重要。但它们的确具有"分析"这个词所意味的某些必然性。也许称它们为"先天综合"更为贴切。

当然，还有一些其他途径，通过这些途径也能获得"质量"和"重量"的定量元素。例如，胡克定律与"力"被同时引入，弹簧秤可以被约定为重量的测量工具，此外，还是通过约定，质量也可以根据重物在弹簧底部的振动周期测量出来。实际上，对牛顿理论的许多应用通常都成了学习牛顿力学语言的一部分，关于词典的信息和关于世界的信息都被分布其中，成为不可分割的组合。在这些情况下，在词典学习期间所提出的这个或那个范例，必要时都可以根据新的观察作出调整或替换。其他范例将维持词典的稳定性，固定住一组准必然性（quasi-necessities），这些准必然性等价于那些最初通过语言学习所归纳出来的必然性。

　　然而，很明显，只有少量的范例可以以这种方式一个一个地改变。如果有太多的范例需要调整，那么有问题的就不再是单个的规律或单个的普遍法则，而是它们用以陈述的整个词汇表。不过，对该词汇表的威胁同时也威胁着对学习和使用该词汇表来说至关重要的理论或定律。牛顿力学能否经受得住对第二定律、第三定律、胡克定律或万有引力定律的修改？它能否经受得住对它们中的两个、三个或四个定律的修改？单个来说，这些问题都不会有肯定或否定的答案。毋宁说，正如维特根斯坦的"没有皇后还能玩国际象棋吗？"，通过这些问题，他们指出了词典所具有的张力，而它的设计者，不论是上帝还是认知的进化，并不期望得到回答。[17] 当一个人遇到一个产卵的生物为其幼仔哺乳时，他会说什么呢？它是不是哺乳动物？这

----

[17]　二十五年前，这是一段标准的引文，但我现在发现，它仅仅只是口头传统。尽管它确实是"维特根斯坦式的"，却无法在任何维特根斯坦的出版物中找到。我在这里保留了它，因为它在我个人的哲学发展中所一再起到的作用，还因为我找不到其他已出版的替代物可以如此明确地阻挡这样的回应：额外的信息可能会使这个问题得到回答。

些情况正如奥斯汀所说的："**我们不知道说什么。我们无法用语言表达。**"[18] 如果长期处于这种情况的话，就会产生一种局部不同的词典，这词典容许有一个答案，但是会稍稍改变一下问题："是的，这个动物是哺乳动物"（但什么是哺乳动物却和以前不同）。这本新的词典打开了新的可能性，这些可能性是无法通过旧词典的使用而约定的。

73　　为了阐明我的想法，我假设只有两条途径可以获得术语"质量"和"重量"的用法：一条约定了第二定律，并从经验上发现了万有引力定律；另一条约定了万有引力定律，并从经验上发现了第二定律。我进一步假定这两条路径都是排它的；学生们只能走这条或那条路径，从而在每条路径上，词典的必然性和实验的偶然性都保持独立。很明显，这两条路径是完全不同的，但它们的区别通常不会妨碍使用这些术语的人之间的充分交流。所有人都会选择同样的对象和情形作为他们所共有的术语的指称对象，而且所有人都赞同支配这些对象和情形的规律和其他普遍法则。因此，所有人都是单一的语言共同体的完全

---

[18] J. L. Austin, "Other Minds," in *Philosophical Papers* (Oxford: Clarendon Press, 1961), pp. 44-84. 所引段落出现在第 56 页，黑体部分为奥斯汀所加。有关我们无法用语言表达的情形的文献案例，见 J. B. White, *When Words Lose Their Meaning: Constitutions and Reconstitutions of Language, Character, and Community* (Chicago: University of Chicago Press, 1984). 我在《思想实验的作用》一文中比较了来自科学的例子和来自发展心理学的例子，"A Function for Thought Experiments," in *Mélanges Alexander Koyré*, vol. 2, *L'aventure de la Science*, ed. I. B. Cohen and R. Taton (Paris: Hermann, 1964), pp. 307-334; reprinted in *The Essential Tension: Selected Studies in Scientific Tradition and Change* (Chicago: University of Chicago Press, 1977), pp. 240-265。

参与者。个体说话者们可能具有的区别在于对共同体成员所共享的普遍法则的不同认知状况，而且这种区别通常并不重要。确实，在**平常的**科学对话中，它们根本不出现。当世界按预期的方式——词典为这种方式发展而来——运转时，个体说话者之间的区别几乎不或毫不产生影响。

但情况的变化会使它们变得重要起来。想象在牛顿力学的理论和观察之间，比如月球近地点运动的天文观测中，发现了一个不一致。对于那些沿着我的第一条词典学习路径学会牛顿力学的"质量"和"重量"的科学家来说，他们会很自然地考虑改变万有引力定律作为消除这些反常的方法。另一方面，他们会受语言的束缚而保留第二定律。而沿着我的第二条路径学会"质量"和"重量"的科学家却会自然地提出改变第二定律，但受语言的束缚而保留万有引力定律。语言学习路径的区别在世界按预期运转时不产生影响，但当反常出现时却会导致意见分歧。

现在假定不论是保留第二定律的修改，还是保留万有引力定律的修改，在反常的消除中都被证明是无效的。下一步将是尝试对两个定律同时进行修改，而这些修改是词典在其当前形式下所不允许的。[19] 不过，这种尝试经常是成功的，但它

---

[19]　在这一点上，我似乎将重新引入先前放弃了的分析性概念，也许我正在这么做。使用牛顿力学词典时，"牛顿第二定律和万有引力定律都是错的"这个陈述本身就是错的。而且，它错在牛顿力学术语"力"和"质量"的意义上。但是，和陈述"某些单身汉是已婚的"不同，它的错不在于那些术语的**定义**。"力"和"质量"的意义不在定义中体现，而在它们与世界的关系中体现。我在此处所寻求的必要性与其说是分析性的，不如说是先天综合的。

74　们需要诉诸像隐喻性扩展这样的策略，这些策略改变了词典各项本身的意义。在经过这样的修改之后——如转变为爱因斯坦词汇表——人们可以写下**看起来像**第二定律和万有引力定律修改版的字符串。但这种相似是具欺骗性的，因为新字符串中的某些符号附于世界的方式，不同于旧字符串中的相应符号，从而对先前既有的词汇表中相同的诸情形作出了区别。[20]它们是代表术语的符号，对它们的学习包括对随着理论改变而改变形式的定律的学习：旧定律和新定律的区别受到与它们共同习得的术语的影响。于是，每个作为结果的词典都为它自己的可能世界提供了通道，而且这两组可能世界之间不相交。如果翻译涉及了随更改的定律而引入的术语，那么翻译是不可能的。

当然，翻译的不可能性并不阻碍一种词典的使用者学习另一种词典。而且他们在学习时，可以把两者结合起来，把他们刚学的词典中的各类术语加进来，以扩充他们最初的词典。就某些目的而言，这种扩充是重要的。例如，在本文的开头，我指出历史学家经常需要一本扩充的词典来理解过去，我也在别处论证了他们必须把那本词典传播给读者。[21]但涉及扩充的意义却很特殊。每一本根据历史学家的目的进行组合的词典都体现了自然的知识，而且这两类知识是不相容的，不能连贯地描

---

[20]　实际上，对于从牛顿到爱因斯坦的转换来说，最重要的词典变化在于先前的关于空间和时间的运动学词汇表的变化，它上升到了力学词汇表。

[21]　见本书第二章《可通约性、可比较性、可交流性》。

述同一个世界。除了像工作中的历史学家那样非常特殊的情况之外，对词典进行组合的代价是对现象描述的不连贯，而任何一本词典本来可以独自应用于现象的描述。[22] 甚至历史学家也仅仅通过不断地确定他正在使用的是哪本词典、为什么使用这本词典，来避免出现不连贯。在这些情况下，人们可能会合乎情理地提问："扩充的"这个词是否完全适用于通过这类组合形成的扩大的词典。

　　一个更密切相关的问题——关于绿蓝宝石的问题——最近在哲学上得到广泛讨论。如果一个物体在时间 t 前被观察到是绿的或在时间 t 后被观察是蓝的，那么它是绿蓝的。谜题是，相同的一组观察，如果在时间 *t* 前进行，它们就支持两个不相容的归纳命题："所有宝石都是绿的"和"所有宝石都是绿蓝的"。（注意一个绿蓝宝石，如果不是在时间 *t* 前观察，它就只能是蓝的。）在这里，解决方法也取决于把两种词典分开，一种词典包含常规颜色描述的词汇，如"蓝"、"绿"等类似词汇，另一种词典包含"绿蓝"、"蓝绿"，以及相应光谱所在位置的颜色名称。一组术语是可映射的（projectible），支持归纳，另一组则不支持。一组术语可用于世界的描述，另一组则留作哲学家的特殊目的。只有当这两组体现了自然之知识的不相容部分的术语组合起来使用时，困难才会出现，因为不存在这个扩大的词典能

75

──────────

[22]　在描述扩展词典时，使用类似于"不相容"和"不连贯"这样的术语要比使用"矛盾"和"错误"更重要。后两个术语只在翻译可能的情况下才适用。

够适用的世界。[23]

文学专业的学生长期以来都想当然地认为，隐喻以及与隐喻相伴随的策略（那些改变语词间相互关系的策略）为进入新世界提供了入场券，并且通过这么做使得翻译不可能。类似的特征被广泛归于政治生活的语言，某些人还把它们归于整个人文科学。但是，客观地处理实在世界的自然科学（正如它们所做的）则普遍被认为是不受影响的。它们的真（与假）被认为超越了时间的、文化的和语言的变化所带来的破坏。显然，我认为它们是不可能做到的。无论自然科学的描述性语言还是理论性语言，都没有提供这种超越所要求的基础。在这里我不打算处理由这个观点引发的哲学问题。我要尝试做的是强化一下它们的紧迫性。

76　　　对实在论的威胁是我心里最重要的问题，在这里它能代表全部问题。[24] 用类似于上一节所讨论的技巧获得的词典，给使

---

[23]　最初的悖论见 N. Goodman, *Fact, Fiction, and Forecast*, 4th ed. (Cambridge, MA: Harvard University Press, 1983), chapter 3 and 4. 注意刚才所强调的相似性在一个很重要的方面是不完整的。上文所讨论的牛顿力学术语和任何颜色词汇表中的术语都来自一个相互关联的集合。但在后者的情况中，词汇表之间的区别并不影响词汇表的结构，因此在可映射的"蓝"/"绿"词汇表与包含"蓝绿"、"绿蓝"的不可映射的词汇表之间进行翻译是可能的。

[24]　与普遍的印象相反，这里所概述的立场不会引起相对主义的问题，至少如果"相对主义"是在任何标准意义上使用的话，不会。在理论选择时，科学共同体会使用一些共同的、可判断的标准，尽管未必是永久的标准。关于这个问题请参见我的论文，"Objectivity, Value Judgment, and Theory Choice," in *The Essential Tension*, pp. 320-339, and "Rationality and Theory Choice," *Journal of Philosophy* 80 (1983): 563-570; 在本书中作为第九章重刊。

用它的共同体成员提供了一条概念上的通道，以通向一组在词典上可约定的世界的无穷集合，这些世界可以用共同体的词典来描述。在这些世界里，只有一小部分与他们自己所知道的即实际的世界一致：其他世界都由于内部连贯性的要求或与实验和观察相符合的要求而被排除。随着时间的推移，持续的研究工作把越来越多的可能世界从可能是实际世界的子集中排除出去。如果所有的科学发展都以这种方式进行，那么科学进步就在于对单个世界——实际的或实在的世界——作越来越具体的说明。

然而，本文所反复重申的主题在于，词典给出了通向一组可能世界的通道，但它也阻断了通往其他可能世界的通道（请记住，牛顿的词典无法描述一个第二定律和万有引力定律不能同时满足的世界）。而且科学的发展其实不仅取决于从现有的可能世界集中淘汰实在候选者，而且还取决于向另一个需要用不同结构的词典才能进入的可能世界集的偶然性转换。一旦发生了这样的转换，先前用来描述可能世界的一些陈述，在为之后的科学而发展起来的术语中被证明是不可翻译的。历史学家最初遇到这些陈述时把它们当作反常语词串看待，他无法想象那些说或写这些词的人想要表达什么意思。只有当一本新的词典被掌握时，它们才能够被理解，而且这种理解并没有为它们给出后来的等价词。在个体意义上，它们与体现后来时代信念的那些陈述既不是相容的，又不是不相容的，因此，它们免于（immune）用它的概念范畴进行评价。

当然，对这类陈述的豁免性（immunity）只能一个一个地进

行鉴定，用真值或认知状态的某些其他指标对它们单个地进行标
记。另一种类型的判断也是可能的，并且在科学的发展中，与此
77 非常类似的事情经常发生。面对这些不可翻译的陈述，这位历史
学家成为一个双语者：他首先学习那个构成有问题的陈述的词
典；接着，如果看上去相关的话，就对整个旧的体系（词典加上
从中发展出来的科学）与当前使用的体系进行比较。两个体系中
所使用的大部分术语都可以共享，而且大部分共享的术语在两种
词典中都具有同样的地位。单单用这些术语作出的比较，通常就
为判断提供了足够的基础。但是，接下来所判断的却是这两个完
整的体系在追求一套几乎完全稳定的科学目标时所获得的相对成
功程度，这完全不同于对给定体系中的单个陈述的评价。

简单地说，对陈述真值的评价是一项只须用现有词典就能
完成的活动，它的结果取决于该词典。正如实在论的标准形式
所假定的，如果一个陈述成为真或成为假仅仅依赖于它是否与
实在世界相一致的话——不依赖于时间、语言和文化——那么
这个世界本身也必定在某种方式上是词典依赖的。无论这种依
赖采取何种形式，它都为实在论者的视角提出了问题，我认为
这些问题既是真正的问题，又是紧迫的问题。在这里，我没有
对它们作进一步考察——这是另外一篇论文的任务——我将通
过考察一个标准的尝试来消除它们。

被我描述为词典依赖的问题是通常被称为意义分歧的问
题。为避免这个问题以及其他来源的相关问题，近年来许多哲
学家强调，真值只依赖于指称，一个充分的指称理论无需要求

这样一种方式：单个术语的指称对象实际上以某种方式被辨识出来。[25] 这类理论中最具影响力的是所谓的指称的因果理论，最早由克里普克和普特南提出。它深深地植根于可能世界语义学，它的解释者还不断地诉诸从科学发展中得出的案例。对它的思考应该会加强并拓展上述观点。出于这个目的，我首先将自己限定在希拉里·普特南提出的看法上，因为普特南在科学发展的问题上比其他人论述得更清晰。[26]

根据因果理论，自然类术语的指称对象，如"黄金"、"老虎"、"电"、"基因"或"力"，是通过某些最初的命名仪式，把该类中的样品冠以它们日后所具有的名字来确定的。历史将这个行为与后来的说话者联系起来，它是术语如其所是地指称的

78

[25]　一些观点（比如我的观点）依赖于对语词实际使用方式以及它们所适用情形的讨论，这些观点通常被指控为援引"意义的验证理论"，这在目前不是一件体面的事。但在我看来，至少这个指控是不成立的。验证理论将意义归因于单个语句，并且通过这些语句将意义归因于语句所包含的单个术语。每个术语都有一个意义，这个意义的确定方式就是包含该术语的语句的验证方式。但是，我已经指出，除了一些偶然情况之外，术语单个来说根本没有意义。更重要的是，上述观点坚持认为人们可以使用同一本词典，用它指称相同的物项，并用不同的方式辨别出这些物项。指称是词典的共同结构的函数，不是不同的特征空间（在这些特征空间中，个体代表了该结构）的函数。然而，我承认对我的第二项与验证主义密切相关的指控。那些坚持指称和意义的独立性的人也坚持形而上学独立于认识论。没有一个观点和我的观点一样（目前在这些方面有一些争论的观点）与这种分离相一致。形而上学与认识论的分离只有在涉及两者的立场都被充分阐释之后才会出现。

[26]　S. Kripke, *Naming and Necessity* (Cambridge, MA: Harvard University Press, 1972), and H. Putnam, "The Meaning of 'Meaning'", in *Mind, Language and Reality,* Philosophical Papers, vol. 2 (Cambridge: Cambridge University Press, 1975). 我相信，普特南现在已经放弃了该理论的重要部分，转向与我的理论有重要相似之处的观点（"内在实在论"）。但是没有几个哲学家追随他。接下来讨论的观点非常生动。

"原因"。因而，一种自然发黄的、具延展性的金属的某些样品曾被命名为"黄金"（或其他语言中等价的词），从那以后，这个术语就指称与最初的金属同种材料的所有样品，无论它们是否表现出同样的表面品质。因此，用来确定术语指称的是最初的样品和原始的关系——类的同一性。如果最初的样品不是或不完全是同类的，那么术语就不能指称，比如"燃素"就是这种情况。根据这个观点，研究什么使样品相同的理论与指称无关，同样，用于鉴别更多样品的技术也与指称无关。这两者都会随着时间而改变，也会在特定时间里因人而异。但是最初的样品和类的同一性关系是稳定的。如果意义是每个人都能装在脑袋里的那种东西，那么意义就不再决定指称。

除了专有名词外，我怀疑这个理论是否能准确地适用于任何一套术语，但对于"黄金"这样的术语，它几乎可以做到这一点，而将因果理论应用于自然类术语的合理性恰恰依赖于这类情况的存在。像"黄金"这样的术语通常指称自然生成的、广泛分布的、功能重要的和易于识别的物质。它们出现在大多数或所有文化的语言中，随时间的流逝保留它们最初的用法，并自始至终指称同种样品。在翻译它们时几乎没有问题，因为它们在所有词典中都占据了十分相似的位置。"黄金"是我们所拥有的，独立于心灵的中性观察词汇表中最切近的一个术语。

当一个术语属于这种类别时，近代科学通常就不仅可以用来确定其指称对象的共同本质（common essence），还可以把它们实际辨识出来。例如，现代理论将黄金确定为一种原子序数为 79 的物质，并使专家们得以用诸如 X 射线光谱学等技术的应用来进行鉴别。不论这种理论还是仪器在七十五年前都不存在，但却仍然能够合理地提出"'黄金'的指称对象是，并且一直是，与'原子序数为 79 的物质'的指称对象相同"。例外的情况很少，而且这些例外情况的产生主要是由于我们探测杂质和赝品的能力的提高。因此，对于因果论者来说，"具有原子序数 79"是黄金**唯一**的本质属性（essential property），也就是说如果黄金事实上具有这种属性，那么它就必然地具有这种属性。而其他属性——如黄色和延展性——是表面的，相对偶然的。克里普克指出，黄金甚至可以是蓝色的，它所呈现的黄色是由于光学幻觉而产生的。[27] 尽管个人在辨识黄金的样品时，实际上都会使用颜色和其他的表面特征，但是这一行为没有告诉我们这个术语的指称对象的本质。

不过，"黄金"给出的是一个相对特殊的情况，而且它的特殊之处模糊了它所支持的结论的重大局限性。最具代表性的是普特南的一个最成熟的例子"水"，从中引出的问题在其他例子中，如被广泛讨论的术语"热"和"电"，甚至更为严峻。[28] 就水而言，讨论分为两部分。第一部分大家都很熟悉，普特南设想了一个具有孪生地球的可能世界，孪生地球在各个方面都和

---

[27]　Kripke, *Naming and Necessity*, p. 118.

[28]　普特南讨论的力度部分取决于一种多义性，这种多义性是需要排除的。在日常生活中使用、或外行所使用的"水"，在历史上的表现更像"黄金"。但是，在普特南的论证所要求应用的科学家和哲学家共同体中却并非如此。

我们居住的地球一样，除了被孪生地球上的人称为"水"的物质，它不是 H_2O，而是一种不同的液体，这种液体的化学分子式又长又复杂，可以简写为 XYZ。XYZ 这种物质"在正常的温度和大气压力下无法与水区分开来"，它在孪生地球上用来解渴，从天上落下来，充满江海湖泊，就像地球上的水一样。普特南写道，如果一艘来自地球的宇宙飞船访问孪生地球：

> 那么，最初的假设将是"水"在地球上和孪生地球上具有同样的意义。当发现孪生地球上的"水"是 XYZ 时，这个假设就会被修改，而且地球飞船也会这样报告：
>
> 在孪生地球上，"水"这个词指的是 XYZ。

正如黄金的例子一样，表面的性质，如解渴或从天上落下来，在确定术语"水"正确地指称何种物质时不起作用。

在普特南这个故事中，有两个方面需要特别注意。第一方面，孪生地球上的人用"水"这个名称（地球人用同样的符号来指称存在于湖泊中的，用来解渴，等等的东西）来称呼 XYZ 是一个不相关的事实。如果来自地球的访问者从头到尾都使用他们自己的语言，那么这个故事所呈现的困难会更加明显。第二方面也是目前的重点，不论访问者用什么来称呼孪生地球湖泊中的东西，他们发回家的报告必定采用这种形式：

> 从头开始！化学理论出现严重错误。

术语"XYZ"与"H_2O"都来自现代化学理论，这个理论
与这样一种物质——它的属性几乎和水一样，却用一个复杂的
化学分子式来描述——的存在是不相容的。不说其他，这种物
质太重，以至于不能在平常的地面温度下挥发。它的发现所呈
现的问题和我在上一节所描述的同时违反牛顿第二定律和万有
引力定律的问题是一样的。也就是说，它将证明那个赋予了名
为"H_2O"和缩写形式为"XYZ"的化合物以意义的化学理论存
在基本错误。在现代化学的词典中，既包含我们的地球也包含
普特南孪生地球的世界在词典意义上是可能的，但是描述这个
世界的复合陈述必然是错误的。只有用一本具有不同结构的词
典，一本适合用来描述一个完全不同类型世界的词典，人们才
能完全无矛盾地描述 XYZ 的表现，而在这本词典里，"H_2O"就
不再指称我们称为"水"的东西了。

这些是关于普特南论证的第一部分。在第二部分中，他把
这个故事更具体地应用于"水"的指称历史，他建议"我们把
时间退回到 1750 年"，并接着说：

> 那时，化学不论在地球上还是在孪生地球上都没有发展
> 起来。一个典型的说英语的地球人并不知道水是由氢和氧构
> 成的，同时一个典型的说英语的孪生地球人也不知道"水"
> 由 XYZ 构成。……然而术语"水"的外延在 1750 年的地球
> 上是 H_2O，到 1950 年还是一样；同样术语"水"的外延在
> 1750 年的孪生地球上是 XYZ，到 1950 年也还是一样。

普特南指出，在时间旅行中和在空间旅行中一样，正是化学分子式，而不是表面的性质确定了一个特定物质是否为水。

为了当前的目的，我们可以把注意力集中在地球的历史上。在地球上，普特南关于"水"的论证与关于"黄金"的论证是一样的。"水"的外延是通过最初的样品以及类的同一性关系而确定的。样品的日期在 1750 年之前，其成分的性质是稳定的。类的同一性关系也是如此，尽管对于什么使两个物体成为同一种类这个问题所作的**说明**五花八门。但是，要紧的不是说明，而是辨识什么，而且根据因果理论，对 H_2O 样品的鉴别是至今所发现的用来辨识与最初样品同类的样品的最好手段。给出或接受一定的边际差异——差异出于技术改进，也可能出于兴趣变化——那么"H_2O"仍指称"水"在 1750 年或 1950 年所指称的相同样品。很显然，因果理论致使"水"的指称对象不随水的概念、水的理论和水的样品辨识方式而改变。对"黄金"和"水"的因果理论处理似乎是完全相似的。

但在这个水的例子中，难题出现了。"H_2O"不仅选出了水的样品，而且还选出了冰和蒸汽的样品。H_2O 可以在所有三种聚合态中存在——固态、液态和气态——因此它和水不同，至少与 1750 年的"水"术语所辨识的样品不同。而且所指称的各项之间的区别决不是微不足道的，就像由杂质引起的区别那样。物质的整个范畴都涉及其中，它们的涉及绝不是偶然的。1750 年，化学物种之间的主要区别是聚合态或与之相仿的状态。水尤其是一种基本体（elementary body），它的流动性是一个本质属性。对一些化学家来说，术语"水"指的是一般的液体，仅仅在几代人之前，更多的化学家都这样认为。直到 18 世纪 80 年代，这种化学分类在一个被称为"化学革命"的事件中改变了，从而一个化学物种可以存在于所有三种聚合态中。此后，固态、液态和气态就成为物理区别，而不是化学区别。**液态水是两种气态物质**——氢和氧的化合物，这一发现是该重大改革的组成部分，没有此改革就不会有这个发现。

这并不是说现代科学不能辨别被 1750 年的人（以及现在的大部分人仍然）称为"水"的物质。这个术语指称**液态 H_2O**。它不应被简单地描述为 H_2O，而应该描述为高速相对运动的 H_2O 密集粒子。再次把微不足道的区别搁在一边，对应于这种复合描述的样品就是 1750 年及之前用术语"水"所选出的样品。但是这种现代描述又导致了一系列新的困难，这些困难最终有可能对自然种类的概念产生威胁，同时必然会阻碍因果理论在它们身上的自动应用。

因果理论最初是伴随着它在专有名词上的成功应用而发展的。它从专有名词到自然类术语的转变由于下述事实而变得十分容易，也许使其成为可能，即这些自然种类像单个的个体生物一样，都用一些简短而明显随意的名称表示，这些名称与相应种类的单个本质属性的命名是同延的（coextensive）。我们的例子已经有"黄金"对应于"具有原子序数 79"，以及"水"对应于"H_2O"。每一对的后半部分命名属性，当然，与它对应的名称并非如此。但是，只要每个自然种类只要求一种本质

属性，那么这种区别就无关紧要了。然而，当要求两个不同延
的名称时——在水的例子中是"H_2O"和"液态"——那么每
个名称如果单独使用，就会比一对联合起来使用选择出更大的
类别，而且它们对属性的命名就会变得十分重要。因为如果要
求两个属性的话，为什么不要求三个或四个属性呢？我们没
有回到因果理论打算解决的标准问题中去吗？这些问题是：哪
些属性是本质的，哪些是偶然的；哪些属性通过定义属于一个
种类，哪些仅仅是偶然的？向一个发达的科学词汇表转变真的
有用吗？

83

　　我认为没用。要求标明属性——比如是 H_2O 或是高速相
对运动的密集粒子——的词典是丰富的、系统的。如果不会使
用词典中的大量术语的话，一个人就不会使用词典中的任何一
个术语。如果给定某个词汇表，选择本质属性的问题还是会出
现，除非所涉及的属性不再仅仅被看成表面属性。比如氘是氢
吗，重水真的是水吗？对一个高速相对运动的 H_2O 密集粒子在
温度和气压的条件下的临界点，也就是无法区分液态、固态和
气态的点，该怎么说？它真的是水吗？理论的使用当然比表面
属性更能发挥巨大优势。前者数量少，它们之间的联系更为系
统，而且它们容许更丰富、更精确的区分。但是与它们似乎取
代的表面属性相比，它们并没有更接近于成为本质的或必要的
属性。意义和意义分歧的问题仍然存在。

　　相反的论点被证明更为重要。所谓的表面属性和它们的本
质属性一样必要。说水是液态 H_2O 就是在一个复杂的词典和

理论体系之中去定位它。给定这个体系，为了使用名称，人们必须在这个系统里，人们原则上可以预知水的表面属性（正如人们可以预知 XYZ 的表面属性一样），计算出它的沸点和凝固点，它发射的光学波长，等等。[29] 如果水是液态 H_2O，那么这些属性对它来说是必要的。如果这些属性没有在实践中被认识，那么就有理由怀疑水是否真的是 H_2O。

最后一个论证也适用于黄金的例子，在那个例子中，因果理论显然成功了。"原子序数"这个术语来自原子－分子理论的词典。就像"力"和"质量"一样，它必须与该理论中使用的其他术语一起学习，并且这个理论本身也必须在学习过程中起作用。当这个过程完成时，人们就可以用"原子序数 79"来代替"黄金"这个名称，人们由此也可以用"原子序数 1"来代替"氢"这个名称，用"原子序数 8"来代替"氧"，以此类推，总数超过 100 个。人们也可以做一些更重要的事情。援用如电荷和质量等其他理论属性，原则上，在相当程度的实际上，人们可以预知相应物质的样品常温下所具有的表面属性——密度、颜色、延展性、传导性等等。这些属性与具有原子序数 79 一样并非偶然。颜色是表面属性这个事情并不会使它成为一个偶然属性。而且，在表面性质和理论性质的比较中，前者具有双重

84

---

[29]　外行人当然可以说水是 H_2O，而无须掌握它所支持的更完善的词典或理论。但是，他们的交流能力依赖于他们社会中专家的存在。外行必须能够识别专家，而且能够说一些相关专业知识的性质。反过来，专家必须掌握词典、理论和计算方法。

优先性。如果一个理论假定了相关的理论属性，却不能预知这些或其中的一些表面性质，那么它就没有理由得到重视。如果一个正常观察者在正常光照条件下看到黄金是蓝色的，那么它的原子序数就不是79。此外，在那些典型地由新理论引起的难以鉴别的情况下，就需要表面属性来鉴别了。比如氘真的是氢吗？病毒真的是活的吗？[30]

"黄金"的特殊之处性仅在于：它与"水"不同，在现代科学所认识到的本质属性中，只有一项——具有原子序数79——需要被提起，以辨识该术语在历史上持续指称的那个样品的成员。[31]"黄金"不是唯一一个具有或非常近似地具有这一特征的术语。日常会话中使用的许多基本的指称术语也是如此，包括术语"水"的日常使用。但不是所有的日常术语都是这种类

85

----

[30]　当然，争论在于在哪里对"水"、"生物"等等的指称对象进行划界，这个问题来自自然种类的概念，而且似乎对这个概念本身产生了威胁。这个概念是以生物物种的概念为蓝本的，而且关于因果理论的讨论不断地援引特殊的基因类型和相应物种（通常用老虎作例子）的关系，来阐释自然种类及其本质之间所持有的关系，如 H_2O 与水，原子序数79与黄金之间的关系。但是，即使一些个体毫无疑问地是同一物种的成员，它们也具有不同的基因构成系列。哪些系列与该物种中的全体成员（membership）都相容，这是个在原则上和实践中不断引起争论的问题，而论证的主题往往是该物种成员必须共有哪些表面**属性**（如杂交繁殖的能力）。

[31]　即使对黄金来说，这个概括也不**完全**正确。正如上文所提到的，科学进步会由于"我们探测杂质能力的提高"而导致对黄金最初样品的微小调整。但黄金的纯度在一定程度上却由理论决定。如果黄金是具有原子序数79的物质，那么即使一个不同原子序数的原子也构成杂质。但是如果黄金，正如它在古代那样，是地球上自然生成的金属，逐渐从铅，经过铁和银，再变成黄金的话，那么就不存在简单的黄金这样的唯一的物质形式。当古人把术语"黄金"应用于我们可能持保留意见的样品时，他们并不总是错的。

型。"行星"和"恒星"如今对天体世界的分类方式与哥白尼之前不同，这个区别不是用类似于"微小调整"或"归零调整"这样的短语就能很好地描述的。类似的转变刻画了实际上所有的科学指称术语的历史发展，包括最基本的："力"、"物种"、"热"、"元素"、"温度"等等。

从历史进程中看，随着 1750 年到 1950 年间化学家对"水"的用法改变，这些术语和其他科学术语都参与了，有时反复参与了上述不完全概括的各类转变。这种词典转换先是系统性分裂，然后以一种新的方式重组词典中的术语所指称的各组成员。通常，术语本身在这种转换中保持不变，尽管有时附带一些策略性的补充和删减。术语所指称的许多对象也是如此，这就是术语之所以持久的原因。但是在这些持久的术语所指称的各组对象中，其组成成员往往大规模变化，这种变化不仅会影响单个术语的指称对象，而且还会影响相互关联的术语的指称对象，先前的对象总体会在这些相互关联的术语间重新分布。转变后，先前被认为非常不相似的各项被组合在一起，而先前某些单一范畴的范例成员则被系统地分成不同部分。

正是这类词典转变导致了本文开头所说的明显的文本反常。历史学家在过时的文本中遭遇到这些反常，它们竭力阻止任何翻译或解释对它们的消除，这些翻译和解释使用历史学家自己最初带到文本中来的词典。在这些反常段落中所描述的现象，没有被约定存在或不存在于词典所通达的任何可能世界中，因此历史学家不能完全理解文本作者可能会说什么。这些现象属于另一组可能世界，在这组可能世界中，许多相同的现象也发生在历史学家自己的世界中，但是在这组可能世界中，也会发生令历史学家无法想象的事情，直到他被重新教育为止。在这些情况下，只能求助于重新教育：恢复旧词典，吸收旧词典，以及探索旧词典所通达的世界。因果理论无法为这种分裂提供桥梁，因为它所设想的跨世界之旅局限于单种词典的可能世界。在缺乏因果理论所试图提供的桥梁时，就没有基础来谈论科学对所有世界——除了唯一真实世界——的逐步消除。这种谈论方式，巧妙地阐明了关于黄金的讨论，但不是关于水的讨论，在传统所描述的向真理不断逼近、更切近世界的关节点或仅仅瞄准世界的关节点的问题上，它给出了因果理论的看法。

关于科学发展的这些描述是站不住脚的。我知道只有一个策略可以为它们辩护，而且在我看来也是自我拆台的，是孤注一掷的计策。在"水"的例子中，这个策略会这样实施：在1750 年的某一时刻之前，化学家一直被表面属性所误导，相信水是一个自然种类，但它不是；他们称为"水"的东西并不存在，燃素更是如此；两者都是虚构的，用来指称它们的术语实际上并不指称任何东西。[32] 但是这不可能成立。假定的无指称术语，如"水"，既不可能是孤立的，也不可能用具有明确指称状态的更原始的术语进行替换。如果"水"无法指称，那么其他化学术语，如"元素"、"原质"、"地球"、"化合物"，以

---

[32]　当我写这篇我在讨论的论文时，我把这一段作为普特南可能作出的一种回应。

及许多其他术语都无法指称。指称失效也不会局限于化学。像"热"、"运动"、"重量"和"力"这样的术语也同样是空的；出现这些术语的陈述都是关于无的陈述。如此来说，科学史是空无的发展历史，而且人们无法从空无中瞄准目标。这就需要关于科学成就的其他说明。

后记：讲演者的回复

非常感谢弗拉格斯迈尔教授和米勒教授对我的论文所做的评论。撇开偶然的误解不谈（比如我们对"可能世界"一词的使用完全不同），我完全同意他们的说法。除了本文所关注的方面外，科学发展还有许多方方面面；他们的评论对我的论文进行了补充，中肯地阐述了我本应讨论的其他主题。我只有一点需要进一步的回应。

在米勒教授评论的开头，他说："我认为在库恩的分析中，首要的问题在于他强调了从一个理论（或世界）到另一个理论（或世界）的不连续变化。"但是，在我的论文中，并没有谈论到不连续变化，更不用说对它的任何强调。全文的对比始终在两本用于两个完全不同时代的词典间进行：并没有谈到使两者进行转换的介入过程的性质。有一点值得详细说明：我过去的作品经常援引不连续性，而我这篇论文则指出了走向意义重构（significant reformulation）的途径。

最近几年，我逐渐认识到，我对科学家前进过程的看法，

87

过于模仿我关于历史学家回到过去的过程的经验。[33] 历史学家斟酌过时文本中无意义段落的时期，常常会被一些事件所标记，在这些事件中，突然恢复一种早已被遗忘的方式来使用某些依然熟悉的术语，会带来新的理解和连贯性。在科学中，类似的"啊哈经验"也标记了挫折和困惑的时期，这些时期通常在基础创新之前，也往往先于对创新的理解。科学家对这些经验的陈词，以及我自己作为历史学家的经验，是我不断提及格式塔转换、改宗经验，以及类似说法的基础。在出现这类短语的许多地方，它们的用法是字面上的，或者非常接近字面上的，在那些地方我仍将使用它们，尽管也许会更注意修辞。

不过在其他地方，科学发展的特殊特征导致我在隐喻意义上使用这些术语，常常没有完全认识到用法上的区别。在创造性行当里，科学在某种程度上是独一无二的：它们与过去断绝关系，代之以系统性的重建。几乎没有科学家阅读过去的科学著作；科学图书馆常常撤换记录了这类研究的书籍和期刊；科学的生活确信与艺术博物馆没有制度上的等价性。另一个征状在目前来说更为主要。当科学领域中出现重新概念化时，被取代的概念迅速从专业视野中消失。后来的研究者用他们自己使用的概念词汇表重构前人的研究工作，但这个词汇表不能再现前人实际所做的工作。这种重构是累积式科学发展图景的

88

---

[33] 关于这种模仿有一个特别清楚的例子，参见我的《什么是科学革命？》。

前提条件，常见于教科书，但它却严重歪曲了过去的科学。[34]
无疑，对于那些突破重围回到过去的历史学家来说，他所经历
的转折就像格式塔转换。而且，由于历史学家所突破的不仅是
单个科学家所运用的概念，还是一个曾经活跃的共同体所运用
的概念，因此很自然地可以说，当这个共同体将其先前的概念
词汇表替换成新的词汇表时，它本身所经历的就是格式塔转
换。以这种方式使用"格式塔转换"以及相关短语，它的诱惑
力是非常强的，既是因为概念词汇表转换的时间间隔总是很
短，还因为在间隔期间，许多个体科学家确实经历过格式塔
转换。

　　然而，把像"格式塔转换"这样的术语从个体移用到团
体，这显然是隐喻性的，而且在这种情况下，这个隐喻被证明
是有害的。就历史学家的格式塔转换所提供的模式来说，科学
发展所特有的概念变换的重要性被夸大了。历史学家的工作是
回溯，他们经常经历的变换是作为单一的概念转换，而发展的
过程要求一系列阶段来进行这种变换。更重要的是，如果把团

---

[34]　关于这个主题，见 "The Invisibility of Revolutions," in *Structure of Scientific Revolutions*, 2d ed., rev. (Chicago: University of Chicago Press, 1970), pp. 136-143; "Comment"［on the Relations of Science and Art］, *Comparative Studies in Society and History* 11 (1969): 403-12; reprinted as "Comment on the Relations of Science and Art," in *The Essential Tension*, pp. 340-351; and "Revisiting Planck," *Historical Studies in the Physical Sciences* 14 (1984): 231-252; reprinted as a new afterword in *Black-Body Theory and the Quantum Discontinuity 1894-1912* (1978; reprint, Chicago: University of Chicago Press, 1987), pp. 349-370, esp. part 4。

体或共同体看成大规模的个体，这就歪曲了概念变化的过程。共同体不具有经验，更没有格式塔转换。随着共同体概念词汇表的变化，其成员可能会经历格式塔转换，但只是其中一些成员，而且他们也不是同时转换。在那些没有经历格式塔转换的人中，一些人不再成为该共同体的成员；另一些人则要求新的词汇表采取不那么激进的方式。与此同时，交流还在继续进行，尽管不那么完美，隐喻作为一个局部桥梁用来沟通旧的字面用法和新用法之间的鸿沟。正如我不断重申的，谈论共同体的格式塔转换，就是把一个扩大的变化过程压缩到一个瞬间，它没有给实现这一变化所借助的微观过程留下空间。

89 　　对这些困难的认识为进一步发展打开了两个方向。第一个是米勒教授所倡导的方向，他在评论中阐述了，概念变化时期发生在共同体中的微观过程研究。除了反复提到隐喻，我的论文在这方面没说什么，但是这篇论文的形式和我以前的作品不同，它为微观过程的考察留出了空间。[35] 第二个方向可能更为重要，即系统地尝试区分适用于团体描述的概念和适用于个体描述的概念。这个尝试是我目前最关注的问题之一，并且它的其中一项成果在我的文章中起着主要作用，尽管多半是隐含的

---

[35] 当然，这个对比只针对于我以前的元历史作品。作为历史学家，我经常处理转换过程的细节。特别参见我的《黑体理论》。

作用。[36] 我在文章中强调，人们可以"使用相同的词典，用该
词典指称相同的对象，但却用不同的方式辨识那些对象。指称
是该词典共有结构的函数，而不是个体在其中代表了该结构的
各种特征空间"（n. 25）。我认为，许多经典的意义问题可以看
成是因无法区分两本词典所带来的结果，一本是作为共同体共
有财富的词典，另一本是作为为共同体每个个体成员所拥有的
词典。

---

[36]　其他见我的 "Scientific Knowledge as Historical Product," to appear in *Synthése*。
［编者注：这篇论文未见发表］

第四章　《结构》之后的路

90

1990 年 10 月，库思在科学哲学协会召开的两年一度的会议上，发表了题为 "《结构》之后的路" 的主席演讲。该文发表于 *PSA 1990*，第 2 卷（East Lansing, MI: Philosophy of Science Association, 1991）。

此时此地，我感到我应该，也许也被期望回顾一下，从我最初对科学哲学产生兴趣到如今，这半个多世纪的科学哲学发生了些什么。但是，我在很大程度上既是一个局外人，又是这份事业的主要参与者。与其说我想尝试就科学哲学的过去来为它的现状定位——在这个问题上我不是专家——不如说我试图就它自身的过去来为我在科学哲学中的现状定位。在这个问题上，我也许算是最大的权威了，尽管不是那么完美。

正如你们许多人所知道的，我正在写一本书，这里我想对该书主题作一个极其简短的、提纲式的概括。我把我的计划看成是一个回归，到现在已经十年了，我要回到《科学革命的结构》所留下的哲学问题上去。但是，也许更恰当的是将它更一般性地描述成由转变——有时是向所谓的历史的科学哲学的转变，有时（就我所知，至少被克拉克·格莱默称为）是向"软"科学哲学的转变——所带来的问题的研究。我从这个转变中得到了比我应得的更多的荣誉以及更多的责难。如果你们愿意的话，这个创造过程我在场，而且它并不十分拥挤。其他在场的人还有：保罗·费耶阿本德和鲁斯·汉森，以及玛丽·赫斯、米歇尔·波兰尼、斯蒂芬·图尔敏，以及除此之外的一些人。不论时代精神是什么，我们都对它在思想事务（intellectual affairs）中的作用给出了鲜明的阐释。

　　回到我这本计划中的书，你们将毫无悬念地获悉，它主要针对的目标是诸如合理性、相对主义，尤其是实在论和真理这些问题。但它们不是这本书的主要部分，也并未占据大部分篇幅。这个角色被不可通约性所替代。在写完《结构》一书的三十年里，没有别的方面让我如此深切地关注过，而且这些年，我产生了一种比以前更强烈的感觉，不可通约性必定是关于科学知识的所有历史观、发展观或进化观中的重要组成部分。正确理解的——有时我自己也并不总能做到——不可通约性完全不会，像它经常看上去那样，对真理主张（truth claims）的合理性评价构成威胁。毋宁说，用一种发展的眼光来看，我们正需要用它来将某些迫切需要的片段恢复成一个完整的认知评价概念。也就是说，需要它来捍卫类似真理和知识这样的概念，比如使它们免于遭受后现代主义运动——如强纲领——的过度行为。显然，我不能指望把所有内容都在这里表述出来：它是一本书的计划。但是，我将试着描述这本书所提出的立场的主要部分，不过只是概括性地描述。我先要说一说我现在把不可通约性看成什么，然后尝试概述它与相对主义、真理和实在论这些问题的关系。在那本书中，合理性问题也将会出现，但在这里，恐怕连概括它的作用的时间都没有。

对我来说，不可通约性这个概念来自尝试理解旧科学文献中遇到的那些明显无意义的段落。通常它们都被当作证明作者的混乱信念或错误信念的证据。但我的经验却把我引向不同的看法，我认为这些段落被误读了：无意义的出现可以通过恢复某些相关术语的从前意义而消除，这些意义不同于后来的意义。后来的意义是通过某个过程从先前的意义中产生出来的，在这些年里，我经常在隐喻意义上谈到这个过程，并把它作为一个语言转变的过程。最近，我还谈到把历史学家对从前意义的恢复看成语言学习的过程，而不是类似于虚构的人类学家所经历的过程，削因把这个人类学家错误地描述成彻底翻译者。[1] 我已经强调了学习一门语言的能力并不保证从别的语言翻译到这门语言的能力，以及从这门语言翻译到别的语言的能力。

---

[1] T. S. Kuhn, "Commensurability, Comparability, Communicability," in *PSA 1982: Proceedings of the 1982 Biennial Meeting of the Philosophy of Science Association,* vol. 2, ed. P. D. Asquith and T. Nickles (East Lansing, MI: Philosophy of Science Association, 1983), pp. 669-688; 在本书中作为第二章重刊。

不过，迄今为止，语言隐喻对我来说似乎太包罗万象了。就我所实际关注的语言和意义而言——我很快就会回到这个问题——它具有限制类术语的意义（a restricted class of terms）。粗略地说来，这些术语是分类学术语或种类术语，一个包括自然种类、人工种类、社会种类，也许还有其他种类的广泛分布的范畴。在英语中，这个类别与那些本身可以加不定冠词的术语或在适当短语中加不定冠词的术语是同延的，或接近同延的。它们主要是可数名词，还有物质名词——物质名词与可数名词结合成短语时加不定冠词。一些术语还需要做进一步检验，比如说以可允许后缀的检验。

这类术语具有两个重要属性。第一，正如已经指出的那样，根据词汇特征，比如加不定冠词，它们被标记为种类术语。因此，作为一个种类术语某种程度上也是这个词所具有的意义，人们在正确使用这个词时必须要记住这个某种程度上的意义。第二，我有时称这个限制为不重叠原则，即两个种类术语，有着种类标签的两个术语所指称的对象不可能重叠，除非它们是种（species）与属（genus）的关系。没有一条狗同时是猫，没有一个金戒指同时又是银戒指，等等：它使狗、猫、银、金，每个都成为一个种类。因此，如果一个言语共同体的成员遇到一条狗，这条狗同时也是猫的话（或者更现实一点，一个类似于鸭嘴兽的生物），他们不会仅仅充实一下他们的范畴术语集，而是必须对分类系统的一部分进行重新设计。对不起，各位指称因果理论者，"水"并不总是指称 H_2O。[2]

　　现在请注意，在我们能开始对世界进行描述之前，必定已经存在某种词汇分类系统。共同的分类学范畴，至少在所讨论的领域内，是无障碍交流的先决条件，包括对真理主张的评价所要求的交流。如果不同的言语共同体所具有的分类系统在某些局部领域有所区别，那么其中一个共同体的成员就能（有时将会）做出某些陈述，而这些陈述尽管在该言语共同体中是完全有意义的，但却原则上不能被另一个共同体成员所完全表达。要想在两个共同体之间架起一座桥梁，就需要在一本词典中加入一个种类术语，这个术语与那个已经存在的术语重叠，共享一个指称对象。这是不重叠原则所排除的情况。

　　这样一来，不可通约性就变成了一种不可翻译性，被局限于两个具有不同词汇分类系统的这个或那个领域中。造成这种情况的不是什么旧的区别，而是那些要么违反了不重叠条件、种类标签条件，要么违反了等级关系限制（我在这里没法说清楚）的区别。这类违反并不妨碍共同体间的理解。一个共同体的成员可以学会另一个共同体成员所使用的

　　[2] T. S. Kuhn, "What Are Scientific Revolutions?" Occasional Paper 18, Center for Cognitive Science (Cambridge, MA: Massachusetts Institute of Technology, 1981); reprinted in *The Probabilistic Revolution,* vol. 1, *Ideas in History,* ed. L. Krüger, L. J. Daston, and M. Heidelberger (Cambridge, MA: MIT Press, 1987), pp. 7-22; 也在本书中作为第一章重刊; T. S. Kuhn, "Dubbing and Redubbing: The Vulnerability of Rigid Designation," in *Scientific Theories,* ed. C. W. Savage, Minnesota Studies in the Philosophy of Science, vol. 14 (Minneapolis: University of Minnesota Press, 1990), pp. 309-314.

分类系统，就像历史学家学习理解旧文献那样。但是，这个使理解得以可能的过程所产生的是双语者，而不是翻译者，而且双语能力是有代价的，这一点将对下文所述内容特别重要。双语者必须时刻记住，对话在哪个共同体中进行。使用一种分类系统向某个使用另一种分类系统的人做陈述，会对交流带来风险。

让我用另一种方法来阐明这几点，然后再对它们做一个最后的评论。给定一个词汇分类系统，或者我现在将简单称之为词典的东西，可以做出各种各样的不同陈述，也可以提出各种各样的理论。标准技术将使其中的一部分作为真被接受，其他则作为假被拒绝。但是，在某个另外的分类系统中，也可以做出陈述，也可以提出理论，只是这些陈述和理论不能在前面那个分类系统中做出，反之亦然。莱昂斯《语义学》第一卷举了一个绝妙而简单的例子，你们有些人可能知道：把一句英语陈述"猫坐在垫子上"（the cat sat on the mat）翻译成法语是不可能的，因为英语和法语就地板上的覆盖物的分类系统是不可通约的。[3] 在每一种英语陈述为真的特定情况下，人们都能找到同指的法语陈述，有的使用"挂毯"，有的使用"编草"，还有的使用"地毯"，等等。但是，没有一个唯一的法语陈述能且只能指称英语陈述为真的所有情形。在这个意义上，英语陈述不能

94

---

[3]　J. Lyons, *Semantics*, vol. 1 (Cambridge: Cambridge University Press, 1977), pp. 237-238.

用法语给出。与此相类似，我在别处曾经指出[4]，哥白尼的陈述
"行星绕太阳转"的内容，不能被表述为用托勒密的陈述"行星
绕地球转"的天文分类系统所做出的陈述。两个陈述的区别不
是简单的事实区别。术语"行星"在两个陈述中都作为种类术
语出现，而且这两个种类的组成成员是重叠的，每个种类都不
包含另一个种类包含的所有天体。所有这些都表明，科学发展
中存在一些事件，它们涉及某些分类学范畴的根本转变，从而
使后来的观察者面临类似于人类学家试图进入另一种文化时所
遭遇的问题。

　　我用最后一点评论来结束目前关于不可通约性观点的概
括。我已经把这些观点描述为关于语词和**词汇分类系统**的问
题，而且将继续以这种模式描述：我所涉及的各类知识以明确
的口头形式或相关的符号形式出现。但是它可能表明了我想要
指出的东西，即我可能更适合谈论概念，而不是语词。也就是
说，我一直称之为词汇分类系统的东西，也许称为概念图式
（conceptual scheme）会更好一些，在这里，一个概念图式的"十
足概念（very notion）"不是一个信念集合的概念，而是一个思
维模块（mental module）——它是拥有信念的先决条件——的
特殊运作模式的概念，这个模式立刻提供并限制了它可能构想
的信念集合。我认为一些这样的分类模块是前语言的，为动物
所具有。据推测，它最初是为了感觉系统而进化的，最明显的

---

[4]　Kuhn, "What Are Scientific Revolutions?", p. 8 (this volume, p. 15).

是为视觉系统。在那本书中，我将为我的假设提供理由，我假设它从一个更为根本的机制中发展而来，这个机制使活的有机体个体能够通过追踪其他物质的时空轨迹来重新识别它们。

我还将回到不可通约性上来，但为了概述不可通约性在其中发挥作用的发展框架，我现在先把它放在一边。既然我必须再一次迅速地而且常常隐密地转移话题，我就从预期的前进方向开始。我将主要试着概述我认为任何切实可行的进化认识论都必须采取的形式。也就是说，我将回到《结构》第一版的最后几页所提出的进化的类比，并将试图对它作澄清和推进。从我第一次提出进化运动以来的三十年里，生物进化论和知识进化论当然都已经发生了改变，而且是以我才刚刚开始发现的方式改变。我仍有许多要学，但是与合适的事物相会看起来实在是太妙了。

我从你们许多人都熟悉的观点开始。大约三十年前，当我第一次涉足现在常被称为历史的科学哲学时，我和我的大部分共事者都认为历史的作用是作为经验证据的来源。我们从历史案例研究中发现证据，它使我们密切关注真实的科学。现在，我认为我们过分强调了这项事业中的经验方面（进化认识论不必是自然化的认识论）。对我来说，最重要的与其说是历史案例的细节，不如说是通过关注历史案例所产生的视角或思想体系。也就是说，历史学家总是捡起已经在进行中的过程，却把它的开头丢在了更早的时间里。信念已经在场；它们为正在进行的研究提供了基础，而研究结果在某些情况下将改变信念；

没有信念的研究是不可想象的，尽管曾经有过一个很长的想象这种研究的传统。简单地说，对历史学家而言，对科学的追求没有什么阿基米德平台，只有已经存在的历史定位的平台。如果你像一个历史学家必须做的那样来研究科学，那么，要得出这类结论几乎不需要对实际的实践活动进行观察。

这样的结论迄今为止已经被相当普遍地接受：我已经几乎看不到一个基础主义者。但对我来说，这种放弃基础主义的方式还有一个进一步的后果，这个后果尽管也被广泛讨论，但绝没有被广泛地或完全地接受。我记得这些讨论通常是在真理主张的合理性或相对性这个标题下进行的，但是这些标签却误导了人们的注意力。尽管合理性和相对主义在某种程度上都受到牵连，但从根本上说，最危险的当然是真理符合论，真理符合论在评价科学定律或科学理论时，目标是确定它们是否与一个外在的、独立于心灵的世界相符。我被说服相信，正是这个概念，不论以绝对的还是概率的形式，都必须与基础主义一起消失。取而代之的仍将需要一个强大的真理概念，但不是（除了在最无关紧要的意义上的）符合论的真理。

让我至少来提一提这一论证所涉及的内容。从发展的观点上看，科学知识主张必然从一个运动的、历史定位的阿基米德平台上进行评价。需要评价的既不可能是孤立地体现知识主张的单个命题：包括典型地需要对其他信念作出调整的新知识主张，也不是该命题被接受之后所导致的整体的知识主张。毋宁说，需要评价的是对一种特定的信念转变的愿望，这个转变将改变知识主张的现有主体，从而使它在最少混乱的情况下与新主张结合。这类判断必然是比较性的判断：这两个知识主体，哪一个——原先的那个还是后来提出的替代方案——对于做科学家所做的事（不论是什么事）**更好**。不论科学家所做的事是解谜（我的观点）、提高经验的适当性（范弗拉森的观点）[5]，还是加强精英统治者的主导地位（模仿强纲领的观点）。当然，在这些方案中，我的确有自己的偏好，这非常重要。[6]但是，无论选择哪个知识主体，都和当前的利害关系无关。

在刚才所概述的这类比较性判断中，共同信念已经在场：它们是当前评价的既定目标；它们为传统的阿基米德平台提供替代物。它们以后可能——也许真的将会——在某些其他评价中遭遇风险，但这是完全不相关的。当前评价结果的合理性完全不取决于它们事实上是对还是错。它们只是在场，是这个评价得以做出的历史情境的一部分。但是，如果评价所需要的共同假定的实际真值是不相关的，那么，基于该评价所做出或拒绝的转变的真假问题也不会出现。从这个观点来看，科学哲学中的许多经典难题——最显著的是迪昂的整体论——都不是由科学知识的性质引起的，而是出于对信念的辩护所包含内容的误解。辩护并不针对一个外在于历史情境的目标，它仅仅旨在，在该情境中，改进适用于手头工作的

---

[5]　B. van Frassen, *The Scientific Image* (Oxford: Clarendon, 1980).

[6]　T. S. Kuhn, "Rationality and Theory Choice," *Journal of Philosophy* 80 (1983): 563-570; 在本书中作为第九章重刊。

工具。

在这一点上，我一直试图巩固并拓展《结构》第一版末尾提出的科学发展和生物发展的相似性：科学发展必须被看成从后面推的过程，而不是从前面拉的过程，即从……进化（evolution from），而不是向……进化（evolution toward）。在提出这个观点时，和书中别处一样，我头脑中的相似是历时的，涉及关于相同或重叠范围的自然现象的早期科学信念和较近的科学信念间的关系。现在我想提出第二个没有被普遍认识的相似，它是达尔文的进化和知识进化的相似。这个相似对诸科学作了一个共时的切片，而不是只包含其中之一的历时切片。尽管我过去也曾偶然谈到当代科学专业的理论间的不可通约性，但我最近几年才开始看到它在生物进化和科学发展的相似上的重要性。最近，在马里奥·比亚吉奥里的一篇优秀的文章中，这些相似也已经得到了令人信服的强调。[7] 对我们俩来说，它们极为重要，尽管我们强调它们的理由某种程度上并不相同。

为了说明相关内容，我必须暂时回到我在常规发展和革命性发展之间所做的旧区分。在《结构》中，这个区分存在于两种发展之间，一种是简单加入知识的发展，另一种需要放弃以前所相信的部分东西。在我正着手的新书中，这个区分将出现于需要局部分类系统转变的发展和不要求这种转变的发展之

[7] M. Biagioli, "The Anthropology of Incommensurability," *Studies in History and Philosophy of Science* 21 (1990): 183-209.

间。（这项改进使我可以对革命性变化期间所发生的事情做出比我以前所能提供的更细微的描述。）在第二类转变期间，发生了一些其他事情，这些事情在《结构》中只是顺便提了一下。革命后往往（也许总是）比革命前拥有更多的认知专业或知识领域。或者一个新的分支从母体中分离出来，就像科学专业过去不断地从哲学和医学中分离出来一样。或者一门新的专业从两个已有专业的明显重叠处诞生，正如物理化学和分子生物学的产生一样。在新专业产生之际，第二类分离通常被称赞为科学的统一，就像刚才所提到的那些事件一样。然而，随着时间的推移，人们注意到，新的分支几乎或完全不能被母体同化。相反，它成为一个更为独立的专业，逐渐拥有了它自己的新的专业人员期刊，新的专业团体，通常还有了新的大学教席、实验室，甚至成立了系。科学领域、专业和附属专业在时间上的进化图表看上去与一个外行所画的生物进化树状图表惊人地相似。每个领域都有一本截然不同的词典，尽管它们的区别是局部的，只出现在这里或那里。没有一种通用语言可以在整体上表达所有词典甚至任何两本词典的内容。

　　带着十分的不情愿，我渐渐感觉到专业化过程以及由此产生的对交流和共同体的限制，都必然是第一原则的结果。现在在我看来，专业化和专业知识范围的缩小像是不断强大的认知工具的必然代价。它所涉及的对用于特殊功能的特殊工具的同种发展，在技术实践中也十分明显。而且，如果确实如此，那么在生物进化与知识进化间的几个额外的相似之处就显得尤其重要了。第一，革命在科学发展中的诸领域间制造了新的分界，它们非常像生物进化中的物种形成事件。与革命性变化相似的生物转变不是像我多年前所想的突变，而是物种形成（speciation）。而且物种形成所呈现的问题（例如，难以确定物种形成事件，直到它发生了一段时间后仍然难以确定，甚至在之后也不可能确定它的发生时间），非常类似于革命性变化所呈现的问题，以及由于新的科学专业的出现和新专业的个性化所呈现的问题。

生物发展和科学发展之间的第二个相似之处关注的是经历物种形成的单元（unit，不要与选择单元相混淆），我会在结论部分再次回到这个相似。在生物发展中，单元是一个生殖隔离的种群，其成员共同包含一个基因库，这个基因库确保了种群的自我延续和持续隔离。在科学发展中，单元是互相交流的专家共同体，其成员共有一本词典，该词典为他们的研究行为和评价提供了基础；同时，单元还通过阻碍共同体成员与共同体之外的人的充分交流，保持他们与其他专业从事者的隔离。

对任何一个重视知识统一性的人来说，专业化的这一方面——词典分歧或分类系统的分歧，以及由此产生的对交流的限制——是个令人痛惜的状况。但是这种统一性也许原则上是个难以达到的目标，对它的积极追求可能会把知识的增长置于危险境地。词典多样性及其对交流所施加的原则性限制，可能是知识发展所要求的隔离机制。很可能正是由于词典多样性而导致的专业化，才使诸科学，从整体上看，能够解决更大范围的自然现象所提出的谜题，而这个范围是一个在词典上同质的科学所无法达到的。

尽管我带着一种复杂的感情接受这个想法，但我逐渐相信，对于所谓的生物发展和知识发展中的进步来说，有限范围的可能合作者进行富有成果的交往（intercourse），是一个重要的先决条件。当我先前提出，正确理解的不可通约性可以揭示科学的认知部分的来源和科学权威的来源时，它作为隔离机制的作用还只是一个主要处在思考阶段的话题的先决条件，这就是我现在要进入的话题。

谈到"交往"——此后我将用术语"对话"（discourse）代替——又把我带回到关于真理的问题上来，从而回到新恢复的轨迹上来。我早先说过，我们必须学会在没有任何类似于真理符合论这样的东西的情况下也能过好日子。但是，我们非常需要某种类似于真理冗余论的理论来替代它，替代理论将引入最低限度的逻辑规则（特别是不矛盾律），并且将坚持使这些逻辑规则成为评价合理性的前提条件。[8] 在这个观点上，正如我希望使用的那样，真理概念的基本功能就是要求在面对所有人共享的证据时，在接受或拒绝一个陈述或理论之间作出选择。让我试着简短概述一下我的想法。

伊恩·哈金在试图改变与不可通约性相关的、明显的相对主义性质时，谈到了一种方式，通过这种方式，新"类型"

_____

[8]　P. Horwich, *Truth* (Oxford: Blackwell, 1990).

（styles）把真/假的新候选者引入科学。[9] 从那以后，我渐渐认识到（重新阐述仍在进行中），我自己的一些重要观点可以得到更好的论述，而无需涉及陈述本身成为真或成为假。相反，对那些公认为科学陈述的评价，应该被看成包括两个很少分开的部分。第一部分，确定陈述的地位：它是真/假的候选者吗？就这个问题而言，正如你们很快就会看到的那样，答案是词典依赖的。第二部分，假定对第一个问题的回答是肯定的，那么该陈述是可合理断言的吗？关于这个问题，给定一本词典，就可以通过某些类似于常规的证据规则的东西正确地找到答案。

100 　　　在我的重新阐述中，宣称一个陈述为真/假的候选者，就是接受它为一个语言游戏中的反叛者，因为该语言游戏的规则禁止同时断言一个陈述及其相反陈述。一个违反该规则的人宣称自己在游戏之外。如果一个人仍然想要继续玩这个游戏，那么对话就会产生故障；言语共同体的完整性就会受到威胁。同样，尽管会有更多的问题，但规则仍不仅应用于相反的陈述，而且还更普遍地应用于具有逻辑矛盾的陈述。当然，还有一些语言游戏不具有不矛盾律及其相关规则：例如诗歌和神秘对话。而且，即使在声明式陈述（declarative-statement）的游戏中，也存在一些公认的方式来悬搁规则，允许矛盾的用法，甚至还使用矛盾的用法。隐喻和其他比喻是最显而易见的例子；就当

---

[9]　I. Hacking, "Language, Truth, and Reason," in *Rationality and Relativism,* ed. M. Hollis and S. Lukes (Cambridge, MA: MIT Press, 1982), pp. 49-66.

前的目的而言，更重要的是历史学家对过去信念的重新陈述。
（尽管原始陈述是真/假的候选者，但历史学家后来的重新陈述，即通过一个双语者把一种文化中的语言说给另一种文化中的成员听而做出的重新陈述，则不是。）但是在科学中，在许多更平常的共同体活动中，这种悬搁策略寄生于常规对话之上。而且这些活动——预设了对真/假游戏之规则的常规遵守——是凝聚诸共同体的基本因素。因此，在某种形式上，真/假游戏的规则对于所有人类共同体而言都是普遍的。但是使用这些规则的结果却由于言语共同体的不同而各不相同。在具有不同结构词典的共同体成员间的讨论中，可断言性和证据只在两本词典完全一致的地方（通常有很多这样的地方）才在两个共同体中起相同作用。

在对话双方的词典产生区别的地方，一个给定的语词串有时会在两本词典中给出各不相同的陈述。一个陈述在一本词典中可能是真/假候选者，但在其他词典中不具有这样的地位。即使它在其他词典中也具有这种地位，这两个陈述也不是相同的：尽管它们有着相同的用词，但是支持一个陈述的强硬证据却不是支持另一个陈述的证据。于是，交流不可避免地发生故障，为了避免这种故障，双语者被迫一直牢记，哪本词典在起作用，对话在哪个共同体中发生。

当然，这些交流的故障的确在发生：它们是《结构》中称为"危机"的事件的重要特征。我把它们看成类似物种形成过程的关键症状，通过这个过程，新的学科出现了，每一个新学

101　科都有自己的词典，都有其自身的知识领域。我认为，正是通过这些分裂，知识得以增长。而且正是维持对话的需要，使声明式陈述的游戏得以继续进行下去的需要，促进了这些分裂，并导致了知识的裂殖。

　　从词典——一个言语共同体共有的分类系统——与该共同体成员共同居住的世界的关系这一立场中，突现了什么？关于这个问题，我同意某些简短的尝试性评论。显然，它不可能是普特南称之为形而上学实在论的东西。[10] 只要世界的结构可以被经验到，经验可以被交流，它就受到居住于其中的共同体的词典结构的限制。该词典结构的某些方面无疑是在生物学上确定的，是共同演化发展的产物。但是，至少在高级生物中（而且不仅是那些具有语言天赋的生物），很多重要方面也是通过教育、通过社会化过程确定的，即把初学者领入其父辈和同辈的共同体中。具有相同生物学天赋的生物可以用不同的词典来经验世界，这些词典在不同的地方有着非常不同的结构，正是在这些地方，他们将无法跨越词典的分界而交流所有的经验。尽管个体可以属于几个相互关联的共同体（从而成为多语者），但是他们所经验到的世界的方方面面随着他们从一个共同体转到另一个共同体而变得各不相同。

　　类似这样的评论指出，世界从某种角度来说是心灵依赖的

---

　　[10]　H. Putnam, *Meaning and the Moral Sciences* (London: Routledge, 1978), pp. 123-138.

（mind-dependent），也许是居住于其中的生物的发明或建构，近年来这种意见受到了广泛的追捧。但是，发明、建构和心灵依赖的隐喻在两个方面是非常误导的。第一，世界不是发明或建构的。承担这一责任的生物，实际上发现世界已经在那里，在他们出生时它是雏形，在他们的教育社会化过程中，它是日益充实的现实，在社会化过程中，世界之所是的诸样本起着根本的作用。此外，这个世界已经被经验地给予了新居民，部分被直接地给予，部分则通过继承，即体现其祖先之经验的方式间接给予。正因为如此，它是完全坚硬的：它丝毫都不尊奉观察者的心愿和期望；它完全能够提供决定性证据来反对所发明的与它的行为不符的假说。生于其中的生物一经发现这个世界，就必须接受它。当然，他们能够与它相互影响，在这个过程中既改变它，也改变他们自身，从而，这个被改变的居住世界就是那个被下一代发现的现成世界。这一点十分类似于前面所提出的从发展眼光来看评价性质的观点：在那个观点中，需要评价的不是信念，而是信念在某些方面的变化，其余的在过程中保持不变；此观点认为，人们能够影响或发明的不是世界，而是世界在某些方面的变化，余下部分则照旧。在这两个观点中，可以做出的变化都不是任意引起的。大多数变化方案都被证据否决；那些保存下来的方案的性质几乎无法预见，而且最终往往接受的是某个不在预期中的方案。

　　一个随时间而变化、从一个共同体向下一个共同体变化的世界能够对应于通常所指的"实在世界"吗？我不明白如何能

102

够拒绝它拥有这个头衔的权利。它为所有的个人生活和社会生活提供了环境和舞台。它为这种生活设置了刚性的限制；持续的生存取决于对这些限制的适应；而且，在现代世界中，科学活动已经成为适应的主要工具。我们对一个真实的世界还能有什么更合理的期望吗？

在上面的倒数第二句话中，"适应"这个词显然是有问题的。我们能恰当地说，一个团体的成员适应了一个他们不断调整以满足其需求的环境吗？是生物适应世界，还是世界适应生物？难道这整个谈论方式不是意味着一种与限制的刚性相矛盾的相互可塑性吗？而正是这种限制使世界真实，并且能够适当地把生物描述为适应于它的生物。这些问题是真实的，但是，它们必然存在于任何以及所有关于无方向的进化过程的描述中。同样的问题还有诸如目前进化生物学中的许多讨论主题。一方面，进化过程导致生物越来越适应越发狭小的生物小生境。另一方面，它们所适应的小生境只有在回溯中，才能与其现有的居住成员一起得到认识：离开了它所适应的共同体，就没它的存在。[11] 因此，实际上是生物和小生境一起进化：在谈论适应时，创造内在张力的是这样一种需要，即如果讨论和分析都成为可能的话，那么就需要在小生境中的生物和它们的"外部"环境之间划一条界限。

小生境也可以不被看成世界，但这只是观点之一。小生

---

[11] R. C. Lewontin, "Adaptation," *Scientific American* 239 (1978): 212-230.

境是**其他**生物生活的地方。我们从外部看它们，从而与它们的居民有着物质上的交互作用。但是，小生境的居民是从内部看它，他们与它的交互作用，对他们来说，是一种通过某种类似于精神表象（mental representation）的意向性中介。也就是说，在生物学上，小生境是一个团体的世界，这个团体居住在这个世界中，从而把这个世界构建为小生境。在概念上，世界是**我们**对**我们**的小生境的表象，是特殊的人类共同体的居所，我们当前正在与这个共同体的成员相互影响。

在这里，归因于意向性和精神表象的世界构建（world-constitutive）作用，在我观点的典型主题中不断地重现，始终贯穿着我的观点的长期发展：比较一下我早先诉诸的格式塔转换，把它看成理解，等等。正是我作品中的这一方面，比其他任何方面都更加表明，我把世界看成是心灵依赖的。但是，这个关于心灵依赖的世界的隐喻——像它的亲戚：建构的世界或发明的世界一样——其实有着强烈的误导。构建世界的是团体和团体实践（而它们也由世界所构建）。而且一些团体的在世实践（practice-in-the-world）**就是**科学。因此，正如前面所强调的，科学发展是通过团体这个主要单元进行的，而团体并不具有心灵。在"物种是个体吗？"这个不适宜的标题之下，当代生物学理论给出了一个重要的相似。[12] 在某种意义上，使物种得以延

---

[12]　D. J. Hull, "Are Species Really Individual?" *Systematic Zoology 25* (1976): 174-191. 作者在文中提供了一个特别有用的文献介绍。

续的生殖生物体就是这样的单元，它们的实践活动使进化得以
发生。但是，要理解这个过程的结果，人们必须把进化单元（不
要与选择单元混淆）看成那些生物体所共有的基因库，拥有基
因库的生物体只作为一方，通过两性生殖在种群中交换基因。
同样，认知的进化也取决于通过对话在共同体中交换陈述。尽
管交换这些陈述的单元是科学家个体，但对知识进步的理解，
对他们实践成果的理解，都取决于把他们看成构成更大整体的
原子，构成某一科学专业从事者之共同体的原子。

104　　共同体的地位胜过其成员也反映在词典理论中，体现了共
有的概念结构或分类结构的单元，将共同体凝聚在一起，同时
也将之与其他团体隔离开来。设想词典是团体成员个体头脑中
的一个模块。那么，可以证明（尽管不是在这里），表现该团体
成员特征的不是拥有同样的词典，而是拥有相互一致的词典，
拥有具有相同结构的词典。表现团体之特征的词典结构比单种
词典或体现该结构的思维模块更加抽象，在种类上也不相同。
而且，只有这个结构，而不是其各种各样的单个具体体现，是
共同体成员必须共同拥有的。分类机制在这一方面与它的功能
一样：除了在它所服务的共同体中作为基础之外，两者都不能
被完全理解。

　　到现在为止，我提出的立场应该清楚了，这是一种后达
尔文的康德主义（post-Darwinian Kantianism）。和康德的
范畴一样，词典提供了可能经验的前提条件。但是，与它们
的康德主义前辈不同的是，词汇范畴是能够变化的，并且确

实在变化，既随时间变化又随共同体的转换而变化。当然，这些变化历来不会太大。不论这些共同体是在时间中还是在概念空间中被替换，它们的词典结构在大多数方面都必定重叠，否则就没有什么桥头堡可以使一个共同体的成员学会另一个共同体的词典。对于单个共同体中的成员来说，当他们所接受的东西要求词典转变时，如果没有大部分的重叠，那么要他们对所提出的新理论进行评价也是不可能的。不过，小的变化可以有大规模的影响。哥白尼革命尤其提供了一个众所周知的例证。

当然，在所有这些分化和转变的过程之下，必定存在一些持久的、确定不变的、稳定的东西。但是，和康德的物自体一样，它是不可说的、无法描述的、无法讨论的。这一康德主义的稳定性来源外在于空间和时间，它是一个整体，从中既构造了生物，又构造了生物的小生境；既构造了"内部"世界，又构造了"外部"世界。经验和描述只有在被描述者和描述者相分离的情况下才是可能的，而且标志这种分离的词典结构可以以不同的方式做到，每一种方式都导致一种不同的生活形式，尽管绝不是截然不同的生活形式。一些方式更适合于一些目的，另一些方式则更适合于另一些目的。但是没有一种方式可以被作为真来接受，或作为假而拒斥；没有一种方式能够给出一条通向真实的世界（对比于发明的世界）的特权通道。词典所提供的在世存在（being-in-the-world）方式不是真/假的候选者。

第五章　历史的科学哲学之困境

105　　《历史的科学哲学之困境》是罗伯特和莫里尼·罗特希尔德杰出演讲系列（Robert and Maurine Rothschild Distinguished Lecture Series）中的第一篇演讲，于1991年11月19日在哈佛大学发表。次年，哈佛大学科学史系以小册子形式刊印该文。

　　我非常高兴应邀在罗伯特和莫里尼·罗特希尔德演讲系列中作开幕讲演。为此，首先我要感谢两位罗特希尔德，以及哈佛大学和科学史系。没有他们这一新的慷慨行为，就没有这个演讲系列。我也要感谢科学史系邀请我来做开幕讲演。这样一个系列讲演的请柬照例都包括一个相当吓人的名人名单，这些杰出人士以前都为这个主席席位增添过光彩。只有系列演讲中的第一个演讲者例外，这对我应对这个场合的准备工作非常有帮助，因为我并没有一份从背后盯着我的元老名单。但不幸的是，我还是找到了一个替代者。在我所选择的题目之下，你们会毫不奇怪地发现，在这个讲演的许多地方，那个从背后盯着我看的人就是我自己。

　　现在进入我的正题，作为开始，让我先告诉你们我将要尝试做什么。正如你们中大多数人所知道的那样，当今的科学图景，不论在学院内部还是（不完全地）在学院外部，在本世纪的最后二十五年里都已发生了翻天覆地的转变。我本人是这一转变的贡献者之一，我认为这个转变是十分必要的，因此我几乎没什么大的遗憾。我想，这一变化已经开始对科学事业是什么、如何运作、它能达到什么和不能达到什么这些问题产生了比以往更为现实的理解。但是，这一转变也带来了一个副产品，主要在哲学上，但对科学史和科学社会学研究也有影响。这个副产品时常困扰着我，很大原因在于它最初被那些常自称为库恩主义者的人所强调和发展。我认为他们的观点是非常错误的，我为与这个观点联系在一起感到十分苦恼，而且多年来我一直把这种联系归结为误解。然而，最近我逐渐认识到，这一新的科学观中，也有一些相关的重要思想，今天下午我将试着来直面它。

　　本次演讲分为三个部分。第一部分简短说明我认为它错在什么地方，以及它之所以如此失误的一些可能的原因。第二部分概述了一个途径，通过这个途径，破坏可能得到避免，我们对科学事业的理解可能得到进一步提高。在这一更具建设性的部分中，我将利用一项十分庞大的研究计划——我目前正在写的一本书——的一些片段。但是，即使那些极具浓缩和简化的片段也将会十分重要，而且我将不得不全部略去我的研究计划的中心部分——我曾称之为不可通约性的理论。最后，在本次演讲的结尾，我将简要指出，我今天所提出的观点如何在更大模式上与我过去和将来的作品相适应。

106

　　从根本上改变了普遍接受的科学图景的新进路，本质上是历史的进路，但是，首先提出这一进路的，却没有一个是历史学家。确切地说，提出这一进路的是哲学家，大多数是专业哲学家，加上少数业余爱好者，后者通常受过科学训练。我就是一个很好的例子。尽管我的大部分生涯都致力于科学史研究，但我开始却是一位对哲学有着强烈业余兴趣，对历史几乎毫无兴趣的理论物理学家。是哲学的目标促使我向历史靠拢；哲学也是我最近十年或十五年里回归的领域；而且，今天下午我是作为一名哲学家在这里演讲。和我的革新者同人一样，我首先也是受当时科学哲学中的一些普遍公认的困难所激发，最突出的是实证主义或逻辑经验主义中的困难，但在其他类型的经验主义中也有困难。我们都以为，当转向历史，我们所做的就是把科学哲学建立在对科学生活的观察之上，历史记录为我们提供了数据。

107

　　我们每个人从小就相信（或较严格，或不严格）这样或那样的一系列传统信念，关于这些传统信念我将会简单而概略地提醒你们。科学从观察提供的事实出发。从这些事实是个体间的（interpersonal）意义上说，它们是客观的：对于所有标准装备的人类观察者来说，它们据说都是可通达的，并且是不容置疑的。当然，在它们能成为科学的数据之前，它们必须先被发现，并且对它们的发现经常要求发明新的精密仪器。但是，一旦这些观察的事实被发现了，那么搜寻它们的那种必要性就不会被看成对其权威性的威胁。它们作为能被所有人获得的客观出发点的地位，是牢不可破的。在旧的科学图景延伸之处，这些事实先于科学定律和理论，它们为这些科学定律和理论提供基础，反过来，定律和理论本身也是对自然现象做出说明的基础。

这些定律、理论和说明与其所依据的事实不同，它们不是被简单给予的。要发现它们，就必须对事实进行解释——发明适合于这些事实的定律、理论和说明。而解释是一个属人的过程，决不会对所有人都一样：可以预期不同的个人对事实做出不同的解释，发明不同特征的定律和理论。但是，观察事实又被说成提供了最终上诉的法庭。两套定律和理论通常决不会有完全相同的结果，于是设计一些检验来看看哪组结果被观察到了，这样将至少排除其中之一。

经过各种各样的理解，这些过程构成了某种称为科学方法的东西，有时被认为在 17 世纪就已经发明了。通过这种方法，科学家发现了关于自然现象的真实概括和对自然现象的真实说明。或者即使不完全真实，至少也是真理的近似。即使不是确信无疑的近似，那么至少也是高度可能的近似。这类东西我们都曾被教导过，而且我们都知道，试图对该科学方法的理解及其产物进行改善，会遭遇严重的（尽管是孤立的）困难，在经过几个世纪的努力之后，这些困难仍然没有得到相应的解决。正是这些困难将我们推向对科学生活的观察，推向历史，而且我们为那里所发现的东西而惊慌失措。

首先，被认为坚硬的观察事实实际上是柔软的。由明显不

108   同的人来观察相同的现象，所得的结果是不同的，尽管差距从不会很大。这些不同——尽管相差不远——常常足以影响到解释的关键点。另外，所谓的事实从不是纯粹的事实，并不独立于现有的信念和理论。生产事实需要仪器，而仪器本身就依赖理论，通常依赖那些要求实验检验的理论。即使仪器可被重新设计以排除或减少这些分歧，设计过程有时还迫使对正被观察的东西的概念做出修改。这么做之后，分歧虽然减少了，但仍然存在，有时仍足以对解释产生影响。也就是说，在是否应该接受某个特定的定律或理论这个问题上，观察，包括那些设计为检验的观察，总是为意见的分歧留有空间。这个分歧的空间经常被发挥：在局外人看来微不足道的差异，对受研究影响的人却常常至关重要。

    在这些情况下——我们在历史记录中所发现的第三个方面——致力于这种或那种解释的个人，有时会通过违反其专业行为准则的方式来为他们的观点辩护。我认为这主要不是那种比较罕见的欺诈行为。但是，不承认相反的发现，用个人化的含沙射影来替代论证，以及其他这类技巧则并不罕见。关于科学问题的论战有时更像是一场相互谩骂。

    从哲学上看，这种要求从来就不是问题。我刚才所说的事情，没有一件是完全新鲜的。从事传统科学哲学的人至少对此略知一二。它们被看成是一种提醒，即科学是容易犯错误的人在一个并不理想的世界里的实践活动。传统科学哲学关心的是提供方法论规范，它认为这些规范足够强大，能够经受得住偶然违反所造成的后果。它承认我刚才所描述的行为，但把它搁在一边；它认为这种行为在科学学说的形成中不起积极作用。但是，具有历史倾向的科学哲学家却以不同的方式看待这些观察。我们已经对主流传统产生了不满，正在寻找改革这一传统的行动线索。科学生活的这些方面提供了一个可能的出发点。

如果观察和实验不足以使不同的人达到同样的决定，那么我们认为，在他们视为事实的各种东西之间的差异，以及他们以事实为根据所作的各种决定之间的差异，必定是由于个人因素而导致的，这是以前的科学哲学所不承认的。例如，由于个人的历史和品味（这是他们研究议程的基础），个体之间可能会产生差异。差异的另一个可能来源可能来自个人决定所带来的预估的奖励或惩罚，不论经济上的还是声望上的。这些以及其他个人利益都可以在历史记录的资料中看到，它们是不可消除的。在这里，观察本身并不足以支配哪怕一个人的决定，只有类似这样的因素才能填补这一空隙，要不然就只有扔硬币了。

给出了个体的结论之间所存在的最初分歧之后，当务之急是确定一个过程，通过这个过程，信念的分歧在团体内被协调为最终的共识。这个过程是什么？也就是说，通过什么使得实验结果被唯一地确定为事实，通过什么使得新的权威信念——新的科学定律和理论——开始以该结果为根据？这些问题是我的下一代人研究的重点，对它们的主要贡献不是来自哲学，而是来自我这代人的工作所引发的一种新型的历史研究，以及特别是一种新型的社会学研究。这些研究从微观细节上论及了权威性的共识最终从科学共同体或团体中形成的过程,这类文献通常把这个过程称为"商谈"(negotiation)。其中一些研究在我看来才气横溢,所有这些研究都揭示了我们迫切需要了解的科学过程的诸多方面。我认为,在它们的新颖性和重要性方面都不会有什么问题。但是它们的实际结果,至少从哲学角度来看,是加深了而非消除了它们想要解决的这个真正的困难。

所谓的商谈寻求建立的是这样一些事实,从这些事实中应该得出科学的结论,以及应该基于这些结论的结论——新的定律或理论。商谈的两方面——事实的和解释的——是同时进行的,结论塑造事实描述,正如事实塑造从中得出的结论一样。这样一个过程显然是循环的,因此,要看到实验在确定其结果时会起什么样的作用就变得十分困难。由于商谈的要求似乎来自那种被普遍描述为只是传记事实方面的个人差异,又进一步加重了这一困难。导致商谈各方达成不同结论的原因,正如我曾指出的,是诸如个人历史的差异、研究议程的差异和个人利益的差异。这些差异也许可以通过再教育或洗脑而消除,但它们原则上无法进入理性的论辩或商谈。

由此引发了一个问题:如此近乎循环、如此依赖于个体偶然性的过程,怎么能被说成是导致了关于实在性质的真实的或可能的结论呢?我认为这是一个严肃的问题,不能对此做出回答是我们对科学知识之本性的理解的一个重大损失。但是,这个问题出现在 20 世纪 60 年代,当普遍存在着对各种权威的不信任时，这种把失当成得，在当时只是一小步。科学中的商谈和政治、外交、商业以及社会生活的许多别的方面中的商谈一样，被普遍认为——尤其被社会学家和政治科学家认为——受到利益支配，商谈的结果也取决于权威和权力的考虑。这就是那些最早将"商谈"这一术语用于科学过程的人的论题，这个术语承载了这个论题的许多方面。

我并不认为，不论这个术语，还是对它所涵盖的活动的描述，是完全错误的。利益、政治、权力和权威在科学生活及其发展中无疑起到了十分重要的作用。但正如我曾指出的，"商谈"研究所采用的形式使我们很难看到还有什么别的因素也可以起作用。的确，这场运动的最极端形式被其支持者称为"强纲领"，它被广泛理解为，声称权力和利益是所有一切。自然本身，无论它可能是什么，在关于自然的信念发展中，都似乎不起作用。至于证据、由证据得出的主张的合理性，以及这些主张的真实性或可能性，都仅仅被看成修辞术，在修辞的背后，得胜方掩藏起了权力。于是，把什么当作科学知识，就完全成了胜者的信念。

有些人已经发现，强纲领的主张是荒谬的，是一个发疯了的解构实例，我就是其中的一员。而且在我看来，当前力求替代它的更有资格的社会学和历史学表述都不令人更加满意。这些更新的表述坦率地承认对自然的观察在科学发展中的确起作用。但它们对这个作用——也就是自然进入商谈的方式，从而产生关于自然的信念——几乎没有提供一点信息。

111 强纲领及其后继者因其对一般权威尤其对科学的不加控制的敌对表述，遭到一再摒弃。有几年，我自己某种程度上也是那样反应的。但是，我现在认识到，这个简单的评价忽略了一个真正的哲学挑战。从作为微观社会学研究之基础的不可避免的初始观察，到他们的仍完全不可接受的结论，这之间有一条连续的线（或连续的光滑斜面）。在这条线上旅行，能学到很多不应放弃的东西。现在仍然不清楚的是，在不放弃那些教训的情况下，如何才能偏转或中断这条线，如何才能避免它的不可接受的结论。

最近，马赛罗·皮拉为我作了个评论，提出了解决这些困难的一条可能线索。他指出，微观社会学研究的作者太把科学知识的传统观点视为当然了。也就是说，他们似乎觉得，传统科学哲学在理解**知识**必须是什么上是正确的。事实必须放在第一位，而且不可避免的结论，至少关于概率性（probability）的不可避免的结论，必须以事实为基础。他们得出结论：如果科学在这个意义上不生产知识，那么它就根本不能生产知识。然而，很可能不论在获得知识的方法上，还是在知识本身的性质上，这个传统都是错的。也许正确理解的知识就是这些新研究所描述的过程的产物。我认为那类研究中有一些就是这种情况，在本次演讲的余下部分中，我将通过概述我目前研究工作中的几个方面来试着阐述这一点。

在本次演讲的开始，我指出了我这一代的哲学家/历史学家认为自己是在对实际科学行为的观察之上建立一种哲学。现在回过头来看，我觉得描述我们当时所做之事的图景是误导的。给定我所说的历史视角，一个人只要稍微看一下历史记录本身，就能得出我们所做出的许多核心结论。当然，那种历史视角对于我们所有人来说，开始都很陌生。引导我们考察历史记录的那些问题，是一种哲学传统的产物，这种哲学传统把科学看成一个静态的知识体，并且追问存在什么样的合理性根据使它的某个组成部分中的这一个或那一个为真。作为我们对历史"事实"研究的副产品，我们只能慢慢地学着将静态图景替换成动态图景——一个使科学成为不断发展的事业或实践的图景。而且我们花更长时间才意识到，随着这一视角的获得，我们从历史记录中得出的许多最核心的结论也可以从第一原则中得出。从这条进路得出这些结论减少了它们的明显的偶然性，使它们不易成为那些对科学怀有敌意的人进行丑闻调查的产物而遭到驳斥。此外，从原则出发的进路产生了一个完全不同的看法，即在被概括为诸如理性、证据和真理等概念的评价过程中，什么是至关重要的。这两种转变都是明显的进步。

历史学家典型关注的是随时间推移的发展，而且他或她的活动的典型结果都体现在叙事中。无论其主题是什么，叙事都必须通过设置阶段来打开，也就是通过描述一系列事件开端处的事件状态来打开，这构成了叙事本身。如果该叙事讨论关于自然的信念，那么它必须以描述人们当时所相信的东西作为开始。该描述必须使人类行动者（human actor）持有这些信念具有合理性，为此，它必须包括一个概念词汇表的详细说明，其中要有对自然现象的描述以及对关于现象的信念的陈述。随着阶段的设置，叙事真正开始了，它讲述了信念随时间变化的故事，讲述了语境变化的故事，正是在变化的语境中，发生了信念的转变。到叙事的结尾，这些变化可能相当大，但它们却以很小的增量发生，每一个阶段都历史性地处在与前一个阶段有些不同的思潮之中。在除了第一阶段之外的每一个阶段上，历史学家的问题不是去理解为什么人们会持有这些信念，而是去理解为什么他们会选择改变它们，为什么会发生这种渐进的变化。

对于采纳历史视角的哲学家来说，问题是一样的：理解小增量的信念**变化**。当该语境中出现了关于合理性、客观性或证据的问题时，它们并不针对转变前或转变后的信念，而仅仅针对转变本身。也就是说，给定一个作为开始的信念总体，为什么科学团体的成员会选择改变它？这一改变的过程很少会是纯粹的累加，通常都要求对少数现有信念进行调整或放弃。从哲学观点来看，这两种表述——信念的合理性与信念渐进变化的合理性——的区别是很大的。在许多重要区别中，我将只简略地谈及三种区别，因为每一种区别所需要的讨论篇幅都比我能够在这里给出的要长。

正如我已经说过的，传统认为，信念的好理由只能通过中立的观察给出，即这类观察对所有观察者都是相同的，并且独立于所有其他信念和理论。这些提供了一个稳定的阿基米德平台，一个用来确定特定信念、定律或有待评价的理论的真或概率性所要求的平台。但是，正如我已经指出的，满足这种标准的观察是很罕见的。传统的阿基米德平台为信念的合理性评价所提供的根据并不充分，强纲领及其相关论述已对此作了详细讨论。然而，从历史的视角来看，信念的转变是争论之所在，结论的**合理性**只要求所援用的观察对于做决定的团体成员来说是中立的，或被他们所共享，而且对他们来说，只有这时才会做出决定。出于同样原因，所涉及的观察不再要求独立于所有在先的信念，而是只独立于那些（作为变化的结果）将会被修改的信念。很大部分不受变化影响的信念为能够讨论变化的可取性提供了基础。这些信念中的某些或全部也许会在未来某一天被搁置，但这根本无关紧要。为提供一个合理讨论的基础，它们和讨论所援用的观察一样，只需要为讨论者们所共享就行。就讨论的合理性来说，没有比这更高的标准了。所以说，历史的视角也援用阿基米德平台，但它不是固定不变的。毋宁说，它随着时间而移动，随着共同体和亚共同体、文化和亚文化而变化。所有这类变化都不妨碍它为（针对特定时间特定共同体中信念总体所出现的变化所做的）理性的讨论和评价提供一个基础。

对信念的评价与对信念变化的评价之间的第二种区别可作更简要的表述。从历史视角来看，有待评价的变化总是很小。其中一些变化在回溯中显得很大，而且它们常常影响了相当一部分信念。但是，所有这些变化都是被渐渐地、一步一步地准备起来的，只留下一块拱顶石由名垂后世的创新者安放。而且这一步也同样很小，先前的那些步骤明确地预示了它：只有在追溯中，在这一步已经走出之后，它才获得拱顶石的地位。难怪评价变化可取性的过程似乎是循环的。向创新者提议变化之性质的许多深思熟虑，同时也为接受该创新者的建议提供了理由。这个问题最早来自观念或观察，类似于鸡和蛋的问题，而且**这个**问题从未让人怀疑该过程的一个结果是鸡。

从信念评价到信念变化之评价的转变的第三个影响是密切相关的，也许更引人注意。在以往的科学哲学传统的主要表述中，用其真实性或成为真的概率性来评价信念，这里的真实性意味着某些与实在的、独立于心灵的外在世界相对应的东西。还有一个次要的表述，用有效性来评价信念，但是，由于时间关系，在这里我必须略过这种表述。我将不得不用一个教条式的断言来取代讨论：这种表述无法说明科学发展的重要方面。

坚持主张真实性是评价目标的那种表述，就会发现它要求评价是间接的。人们几乎或绝对不会把一个新提出的定律或理论直接与实在进行比较。毋宁说，为了评价，人们必须将其嵌入当前公认的相关信念总体之中——例如那些支配了仪器（相关观察需要通过这些仪器进行）的信念——然后应用于整套次要标准。第一是精确性，第二是与其他公认信念保持一致性，第三是适用性范围，第四是简单性，除此之外还有其他标准。所有这些标准都是含糊的，而且它们几乎不能同时得到满足。精确性通常是近似的，并且常常无法达到。一致性最多只是局部的一致：至少自 17 世纪以来，它从未将科学描述成一个整体。适用性范围随着时间而越来越窄，我将回过来谈这一点。简单性存在于观察者的眼中。等等。

微观社会学家也详细考察了这些传统的评价标准，他们并非不合理地问道：在这些情况下，它们如何能被看成不只是摆摆样子呢？但是，当这些同样的标准——我无法对它们做更多改进——被应用于比较性评价，应用于信念的变化，而不是直接应用于信念本身时，看看它们都发生了什么。询问这两个信念总体中哪一个**更精确**，表现出**更少**的不一致性，具有**更大**范围的适用性，或用**更简单**的方法达到这些目标，这些问题虽然不会消除所有分歧的基础，但很明显，这种比较性判断远远比它所根源的传统判断更容易处理。特别是由于必须进行比较的东西仅仅只是实际存在于历史情境中的诸信念集，情况更是如此。对于这种比较而言，即使一套有点含糊的标准经过时间的推移也可能是充足的。

我认为评价对象的转变既清楚又重要。但它是有代价的，而且它还可能有助于说明微观社会学观点的吸引力。新的信念总体可以**更加**精确，**更加**一致，适用范围**更**宽泛，也**更**简单，而无需诉诸那些使其**更真**的理由。的确，即使是"更真"一词也有着含糊的不合语法的调调：很难完全了解那些使用这个词的人是怎么想的。因此，有人会用"更可能"来代替"更真"，但这又导致了另一类困难，即被希拉里·普特南在细微差别的语境中加以强调的一类困难。所有关于自然的过去信念迟早都会被证明是错的。因此，在历史记录中，任何当下提出的信念将更好的概率必定接近于零。剩下要说的主张体现在这个传统中产生的一句标准语言上：相继的科学定律和理论逐渐向真理逼近。当然，很可能是这么回事，但是目前来看，甚至都不清楚它想主张什么。只有一个固定的、刚性的阿基米德平台可以提供一个基础，从这个基础出发来测量当前信念与真实信念之间的距离。缺少这个平台，很难想象这种测量会是什么样子，"逼近真理"这个短语能意味着什么。

由于没有足够的时间进一步展开我的这部分论述，我将简单地表明或重申三个信条。第一，外在于历史、外在于时间和空间的阿基米德平台已经一去不复返了。第二，由于没有了这个平台，比较性评价成为全部。科学发展就像达尔文式的进化，它是一个从后面推的过程，而不是朝着某个固定的、它要逼近的目标拉的过程。第三，如果真理的概念在科学发展中发挥作用的话——我将在其他地方证明它确实发挥作用——真理也不可能是完全类似于与实在相符的东西。我要强调的是，我不认为存在一个科学无法达到的实在。毋宁说，我的观点是，实在的概念不能像它在科学哲学中通常所起的作用那样被理解。

现在请注意，在这一点上，我的立场更像强纲领的立场——事实并不先于从中得出的结论，并且这些结论不能称为真理。但是，我是通过原则达到这一立场的，这些原则必须控制所有的发展过程，而无需诉诸科学行为的实际案例。沿着这条道路，不会提出用权力和利益代替证据和理性。权力和利益在科学发展中当然起作用，但除此之外还有很大空间。

为阐明科学发展的其他决定因素的进入途径，请允许我对历史视角或发展视角的第二方面做一些更加精炼的论述。这个方面和前一方面不同，它不是一个必然的或先天的特征，而是必须通过观察提出。然而，相关的观察并不限于科学，在任何情况下，它们需要的只不过是匆匆一瞥。我所考虑的是，不同的人类实践或专业的数量在人类历史过程中的明显不可阻挡的（虽然最终将自我限制的）增长。我将用"物种形成"这一术语来描述这方面的发展，尽管在这个问题上与生物进化的相似决没有像上次那么确切。在我最后的论述中，我将提及一个特别重要的反类比（disanalogy）。

我十分了解科学中的专业激增。也许它在科学中尤为突出，但它显然存在于人类活动的所有领域里。有法官和律师之前，国王和酋长主持正义。有军队之前就有战争，有陆、海、空军之前就有军队。或者，在宗教领域里，只需想想圣保罗教堂以及从中已经产生和仍在产生着的教堂数量。

如果说有什么区别的话，那么在科学中，这一模式更加明显。古代有数学——包括天文学、光学、力学、地理和音乐——以及医学和自然哲学，这里面没有一样你可能想要称之为科学，但它们被公认为以后成为科学的主要来源的实践活动。17世纪晚期，数学的各个组成部分从其母体中脱离出来，并彼此分离。同时，自然哲学中的思辨化学正是通过研究来自医学

和工艺的问题而开始成为一个独立的领域。将成为物理学的诸
专业开始从自然哲学中分离出来，同样的激增从医学中产生了
早期的生物科学。19世纪，这些共同构成科学的单个专业迅速
拥有了自己专门的学会、期刊、大学的系和专门的教席。

　　同样的模式在今天甚至更为迅速地延续，我可以很容易
地用本人的个人经历证明。我在1957年离开哈佛时，生命科
学只有一个系，生物系。我那时以为这种制度化是知识的自然
划分，刻在石头上，或者在哈佛是刻在砖上的。而当我到了加
利福尼亚之后，我相当震惊地发现，我的新家，伯克利，需要
用三个系来覆盖这个剑桥^① 只用一个系就可以覆盖的学科。现
在再回到剑桥，我发现生命科学有四个系，而如果现在伯克利
没有更多系的话，那才会令我惊讶。在这些进展的同时，我的
旧领域物理学所发生的显著变化也并不逊色多少。我获得学位
时，只有唯一一本期刊《物理评论》（ *Physical Review* ），发表美
国物理学家做出的大部分知识贡献。所有的专业人员都订阅这
本期刊，尽管只有少数人能够阅读（真正读的人更少）每一期
中的所有文章。现在该期刊已经分成了四份，很少有个人订阅
超过一份或两份。尽管各系并未分开，但对专业的亚结构有着
相当详尽的描述：更多的亚团体拥有自己的学会和自己专门的
期刊。其结果是不同的领域、专业和亚专业——生产科学知识
的事业就在这里推进——的结构既复杂精细，又摇摇欲坠。

―――――――――――

① 哈佛大学在美国马萨诸塞州的剑桥地区。——译者注

知识生产是亚专业的独特事业，其从事者奋力地**渐进**改进他们在受教育期间、在刚进入这一领域时所获得的整套信念的精确性、一致性、适用性范围和简单性。他们传播给其继承者的正是在这一过程中被修改了的信念，继承者们从这里开始，在前进中继续研究并修改科学知识。这一过程偶尔也会搁浅，专业的激增和重组通常是所需的补救措施的一部分。因而，我以极端简明扼要的方式提出：一般的人类实践和特殊的科学实践都经过了一段很长时期的进化，它们的发展形成了一种大致类似于进化树的东西。

各种实践的某些特征很早就进入了这一进化的发展中，并为所有的人类实践所共有。我认为，权力、权威、利益和其他"政治的"特征就在这一早期集合里。就这些特征来说，科学家并不比其他人更具有免疫力，我们对这一事实无需惊奇。后来在某个发展的分支点上，其他特征进来了，这些后来的特征只属于这样一些实践团体，它们来自该分支的后裔，由进一步的激增事件形成。科学构成了一个这样的团体，尽管科学的发展包含了不少分支点和大量重组。除了关心自然现象的研究外，该团体成员的特征在于我已经描述过的评价程序，以及其他类似的东西。我再一次想到诸如精确性、一致性、适用性范围、简单性等等这样的特征——这些特征及其说明在从业者中代代相传。

这些特征在不同的科学专业和亚专业中有一些不同的理解。而且在这些专业中，这些特征也不总是能被看到。不过，在它们

118

曾经扎根的领域里，它们为不断出现的越来越精致而且更专业化的工具，用来对自然做出精确的、一致的、广泛的和简单的描述，提供了说明。这仅仅是说，在这样的领域里，它们足以说明科学知识的不断发展。科学知识还会是什么？你还期望以这些评价工具为特征的实践生产些什么？

在做出这些评论之后，我要对我的题目所宣告的主题进行总结。我很快还将为那些了解我早期工作的人加一段十分简短的尾声。但首先请允许我对我们所达到的观点进行概括。我已经指出，历史的科学哲学之困境在于，通过将自身建立在对历史记录之观察的基础上，它破坏了科学知识的权威以前被认为所依赖的支柱，又没有提供任何东西来替代它们。我认为最重要的支柱有两个：第一，事实先于且独立于信念，事实被认为是为信念提供证据；第二，从科学实践中涌现的是关于独立于心灵和文化的外在世界的真理、概率性真理，或真理的近似。

自破坏发生以来，人们一直在努力，有的是支持那些支柱，有的通过表明即使在其自身的领域里科学也没有什么特殊权威，从而消除这些支柱的所有残余。我试图提出另一条进路。那些似乎破坏了科学权威性的困难不应仅仅被看成关于其实践的观察事实。毋宁说，它们是任何发展过程或进化过程的必要特征。这一转变使人们有可能重新构想科学家生产什么以及如何生产。

通过概述必要的重新概念化，我指出了它的三个主要方面。第一，科学家所生产和评价的不是简单的信念，而是信念的变化，我已经对这个过程进行了论证，它具有循环的内在要素，但不是恶性循环。第二，评价所要选择的不是与所谓真实的外在世界相符的信念，而只是当评价者达成判断时，实际呈现给他们的更好的或最好的信念总体。评价得以做出的那个准则是哲学家设置的标准：精确性、适用性范围、一致性、简单性等等。最后，我指出，这一观点的合理性依赖于不再将科学看成铁板一块的、被独一无二的方法所束缚的事业。毋宁说，它应该被看成是不同专业或种类的复杂但无系统的结构，每一个专业或种类都对一个不同的现象领域负责，每一个都致力于通过提高精确性和我所提到的其他标准准则来改变该领域的当前信念。我认为，就这项事业而言，我们可以看到，科学，必须被看成复数的科学，仍然保持着相当大的权威性。

以上是我的总结。现在请允许我做一个三分钟的尾声。你们中知道我的人可能主要知道我是《科学革命的结构》的作者。那本书最重要的概念一方面是"革命性变化"，另一方面是称为"不可通约性"的东西。对这些观点的阐述，尤其是对不可通约性概念的阐述是我目前的研究项目的中心，我在这里所提出的观点就是从那里提炼出来的。但是，我在这里并没有提及这两个概念，你们有些人可能想知道它们如何还能适用。我来给出答案的三个方面，由于每一方面都只能做非常简短的、提纲式的介绍，所以不可能完全讲清楚。我以明显增加的荒谬性为序对它们进行介绍。

120 　　第一，我曾描述为科学革命的事件和我在这里与物种形成相比较的事件有密切的联系。正是在这一点上引入了前面提到的反类比，因为革命直接替换了作为一个领域中早期实践基础的某些概念，并赞同其他概念，而这个破坏性因素在生物的物种形成中却几乎没有直接表现出来。但是，除了革命中的破坏性因素外，还有关注面的缩小。新概念所容许的实践模式决不会涵盖由以前模式所负责的所有领域。总有一些残余的领域（有时是非常大的残余），作为一个日益独特的专业，对它们的追求继续。尽管专业激增的过程常常比我提及的物种形成过程更复杂，但在革命性变化后，通常会出现比转变前更多的专业。包含更多内容的旧实践模式就这样消亡了：它们成为了化石，研究它们的古生物学家就是科学史家。

　　我回到过去的第二个方面是，具体说明是什么造成了这些专业的区别，是什么使它们保持分离，并在它们之间留下明显的空白空间。这些问题的答案是不可通约性，即两个专业所使用的工具之间存在的不断增加的概念差异。一旦这两个专业分开了，这种差别使得一个专业的从事者不可能与另一个专业的从事者进行充分交流。而且这些交流难题降低了（尽管从未完全消除）这两门专业产生丰富的子专业的可能性。

　　最后，取代这一个独立于心灵的大世界——科学家曾经说发现了关于这个世界的真理——的是各种各样的小生境，不同专业的从事者在这些小生境里实践着他们的事业。这些小生境既创造了其居住者用于实践的概念工具和器械工具，又为这些工具所创造。它们是坚硬的、实在的、抗拒任意转变的，正如外在世界曾被认为的那样。但是，与所谓的外在世界不同，它们并不独立于心灵和文化，也不会相加为一个单一的连贯整体，即我们以及所有单个科学专业的从事者都居于其中的整体。

　　我今天下午所提出的观点主要都是从上述语境（实在太简略了）中提炼出来的。我的尾声到此就结束了。为了满足管弦乐队成员的期望，我用一个标准的指令结束本文：乐曲从头反复（*da capo al fine*）。

第二部分

评论与答复

第六章　回应我的批评者[*]

　　《回应我的批评者》是对七篇论文的长篇答复，它们的作者分别是约翰·沃特金斯、斯蒂芬·图尔敏、L.皮尔斯·威廉姆斯、卡尔·波普尔、玛格丽特·马斯特曼、伊姆雷·拉卡托斯和保罗·费耶阿本德。这七篇论文每一篇都对库恩所提出的观点，特别是对《科学革命的结构》中的观点做出了或多或少的批评。1965年7月，第四届国际科学哲学讨论会在伦敦召开。前四篇论文附加库恩的一篇介绍性文章，以"发现的逻辑还是研究的心理学？"为题提交给本次大会中的"批判与知识的增长"主题研讨会。第五篇论文一年后完成，但最后两篇论文以及库恩的答复直到1969年才完成。随后，所有这些文章全部收录于《批判与知识的增长》（*Criticism and the Growth of Knowledge*, edited by Imre Lakatos and Alan Musgrave, London: Cambridge University Press, 1970）。重刊得到了剑桥大学出版社的惠允。

---

　　* 尽管我的出版最后期限使他们几乎没有多余的时间，但我的同事 C. G. 亨普尔和 R. E. 格兰蒂仍设法阅读了我的第一遍手稿，并且对它在概念上和格式上的改进提出了有用的建议。我对他们表示衷心感谢，但他们不应因为我的观点而受到指责。

四年前，在伦敦贝德福德学院召开的国际科学哲学讨论会上，沃特金斯教授和我交换了互相都不理解的观点。重读我们俩那时的文稿以及后来添加的内容，我很想提出两个托马斯·库恩的存在。库恩1是这篇论文的作者，也是这本文集①中早期文章的作者。[1] 他还在1962年出版了一本题为《科学革命的结构》的书，马斯特曼小姐和他在上文中讨论过这本书。库恩2是另一本同名著作的作者，那本书在这里被卡尔·波普尔爵士，被费耶阿本德、拉卡托斯、图尔敏和沃特金斯诸教授所反复引用。这两本书具有同样的书名不可能完全偶然，因为它们所提出的观点经常重叠，而且在任何情况下，都用同样的语言进行表述。但是，我断定，它们所关注的核心通常很不一样。正如他的批评者所说的那样（很遗憾我没有他的原文），库恩2所提出的观点有时似乎推翻了与他同名之人所概括立场的重要方面。

由于缺乏足够的机智来引申这个很有创意的初步想法，我只能解释一下为什么我会这么做。这本文集中的许多文章都证明了我以前描述为格式塔转换的东西，它将《结构》的读者分成两派。因此，和那本书一样，这本文集也提供了进一步

124

---

① "这本文集"指的是拉卡托斯所编的《批判与知识的增长》一书。库恩在下文中多次提到。——译者注

[1]　T. S. Kuhn, "Logic of Discovery or Psychology of Research?" in *Criticism and the Growth of Knowledge: Proceedings of the International Colloquium in the Philosophy of Science, London 1965*, vol. 4, ed. I. Lakatos and A. Musgrave (Cambridge: Cambridge University Press, 1970), pp. 1-23.

的例子来说明我在其他地方称之为部分交流或不完全交流的东西——各说各话（talking-through-each-other）这个词几乎完全概括了观点不可通约的参与者之间的对话。

这种交流故障十分重要，需要进行更多的研究。和费耶阿本德不同（至少就我和其他人对他的理解而言），我认为它永远都不是一个完全的或超越的诉求。在他只谈论不可通约性的地方，我通常还讨论部分交流，而且我相信它可以被改进到环境能够要求的和耐心所能容许的程度，这一点将在下面详细阐述。但是，我既不像卡尔爵士那样认为，"我们是被囚禁在我们的理论框架、我们的期望框架、我们过去经验的框架、我们的语言框架中的囚徒"这句话的意义仅仅是"匹克威克式的"。我也不认为"我们任何时候都能摆脱我们的框架……［进入］一个更好、更宽广的框架……我们任何时候都能够再一次摆脱这个框架"[2]。如果这种可能性能够常规性获得的话，那么为了评价的目的而进入其他人的框架就应该没什么特别的困难了。但是，我的批评者试图进入我的框架这件事情却说明了，框架、理论、语言或范式的改变在原则上和实践上所提出的问题，比前面引文中所认识到的要深刻得多。这些问题既不完全是常规对话的问题，也不能用完全相同的技巧解决。如果它们是常规的，或者如果框架的转变是常规的，任何时刻都能随意发生，那么它们就不能与——用卡尔爵士的话说——"激发出一些最伟大的思想革命

125

---

[2] K. R. Popper, "Normal Science and Its Dangers," in *Criticism and the Growth of Knowledge,* p. 56.

的文化冲突"（p.57）进行比较了。这种比较的可能性恰恰是使它们如此重要的东西。

这本文集里有一个特别有趣的方面，那就是它提供了一个完善的案例，这个案例涉及一个较小的文化冲突、描述这类冲突的严重交流困难，以及在试图终止这些冲突时使用的语言技巧。作为一个案例来看，它可以是研究和分析的对象，提供了我们知之甚少的一类发展事件的具体信息。我猜想，对一些读者来说，这些论文在思想问题之交锋上的不断失败，将使他们对这本书产生极大的兴趣。的确，由于这些失败所说明的现象恰恰是我本人观点的核心部分，因此这本书对我来说有着同样的兴趣。不过，由于我完全是一个参与者，介入太深，以至于无法提供交流故障之根据的分析。尽管我仍确信他们的攻击常常打错了地方，常常混淆了卡尔爵士和我的观点的重大区别，但在这里，我必须主要讨论我现在的批评者所提出的观点。

暂时先除去马斯特曼小姐在她那篇振奋人心的论文中所提出的观点，其余观点可以分成三个连贯的范畴，每一个范畴都阐释了我刚才所说的我们的讨论在问题交锋上的失败。就我的讨论而言，第一个范畴是我们方法中可察觉的（perceived）区别：逻辑与历史及社会心理学的区别；规范性的与描述性的区别。正如我将马上证明的那样，这些区别是一些奇特的对比，通过这些对比可以对这本文集的撰稿者进行区分。与最近成为科学哲学主流运动的那些成员不同，我们所有人都做历史研究，并且在提出我们的观点时既依靠历史研究，又依靠对当代

科学家的观察。而且，在这些观点中，描述性和规范性是相互
缠绕、密切结合的。尽管我们可能在标准上有所区别，在某些
实质的问题上也必定不同，但我们几乎不会通过方法做出区
分。我早先的一篇论文的题目是"发现的逻辑还是研究的心理
学？"②，选择这个题目不是要建议卡尔爵士**应该**做什么，而
是描述**他做了什么**。当拉卡托斯写道，"但是，库恩的概念框
架……是社会心理学的：我的是规范性的"[3]，我只能认为他在
使用一种诡计，为他自己保留一件哲学的外衣。当费耶阿本德
声称我的研究在不断做出规范性断言时，他当然是对的。同样
可以确定的是——尽管这一点仍需进一步讨论——拉卡托斯的
立场是社会心理学的，因为它不断依赖于一些决定，这些决定
并不受逻辑规律的支配，而是受训练有素的科学家的成熟的敏
感性所支配。如果我与拉卡托斯（或卡尔爵士、费耶阿本德、
图尔敏或沃特金斯）有所区别的话，那也是实质上的区别，而
不是方法上的区别。

　　就实质而言，我们最明显的区别与常规科学有关，我在讨
论完方法之后将立刻讨论这个问题。常规科学在这本文集中占
了很大比例，它引起了一些最为奇特的说法：常规科学并不存
在，**而且**是无趣的。在这个问题上，我们的意见确实不一致，

126

　　② 　《批判与知识的增长》论文集收录了库恩的两篇文章，除了本文之外，另一篇即
《发现的逻辑还是研究的心理学》，作为该文集的第一篇文章。——译者注

　　[3] 　I. Lakatos, "Falsification and the Methodology of Scientific Research Programmes,"
in *Criticism and the Growth of Knowledge,* p. 177.

但是我认为，并不是必然的不一致，也不是我的批评者所认定的方法上的不一致。当我开始讨论的时候，我将部分涉及从历史中追溯常规科学传统时的真正困难，但我的第一个更重要的观点将是一个逻辑的观点。常规科学之存在是革命之存在的必然结果，这个观点在卡尔爵士的论文中是隐含的，在拉卡托斯的论文中是明确的。如果它不存在的话（或者如果它对科学来说不是必要的，而是可有可无的），那么革命的存在也就危险了。但是，关于后者，我和我的批评者（图尔敏除外）的意见是一致的。经过批判的革命对常规科学的需求并不亚于经过危机的革命。"目的不同"（cross-purposes）这个词必然比"意见分歧（disagreement）"更好地抓住了我们对话的本质。

对常规科学的讨论引出了第三类问题，批判主要集中在这些问题上：从一种常规科学传统到另一种常规科学传统的变化的性质，以及解决由此引起的冲突的方法的性质。我的批评者将我在这个问题上的观点指责为非理性、相对主义以及为暴徒规则的辩护。这些标签我都坚决予以拒绝，即使它们被费耶阿本德用于对我的辩护。当我说，在理论选择的问题上，逻辑和观察的力量原则上不可能是强制性的，这既不是放弃逻辑和观察，也不是认为不存在什么好理由来赞同一种理论、反对另一种理论。当我说，训练有素的科学家在这类问题上是最高上诉法院时，这既不是为暴民规则辩护，也不是认为科学家可以决定接受任何理论。在这里，我的批评者和我再一次产生了分歧，但是我们必须看一看我们的分歧点是什么。

这三类问题——方法、常规科学和暴民规则——占了这本文集的最大篇幅，因为这个原因，它们也在我的回应中占最大篇幅。但是，只有超越它们，进一步思考马斯特曼小姐的论文中提出的范式问题，我才算完成了答复。我同意她的判断："范式"一词指出了我的书中作为核心的哲学方面，但它在书中的使用是极其混乱的。自从写了那本书之后，我的观点中没有哪个方面比它发展得更快了，而她的论文有助于这种发展。尽管我目前的立场在很多细节上都与她不同，但是我们在这个问题的研究上具有同样的态度，包括对语言哲学和隐喻的相关性的共同信念。

我在这里无法完全涉及我最初使用范式时所提出的问题，但是两点考虑使我必须简单地涉及它们。即使简单的讨论也要容许区分我在书中使用该术语的两种完全不同的方式，从而消除妨碍我和我的批评者的一系列混淆。此外，作为结果的澄清将使我能够指出我与卡尔爵士唯一而最根本的分歧之根源。

卡尔爵士及其追随者与更为传统的科学哲学家共有一个假定，即理论选择的问题可以通过在语义上中立的技术来加以解决。两种理论的观察结果首先都用一种具有共同基础的词汇表（不必完全或永久）进行陈述。于是，对它们真/假之值的某种比较性测量提供了在两者之间进行选择的基础。因此，卡尔爵士和他的学派与卡尔纳普及莱欣巴赫是一样的，对他们来说，合理性的标准唯一来源于逻辑语法和语言语法的标准。保罗·费耶阿本德给出了一个证明该规则的例外情况。通过否认存在这样的词汇表，该词汇表对于中立的观察报告是充分的，他立刻得出结论：理论选择具有内在的非理性。

这当然是一个匹克威克式的结论。如果没有非常曲解"非理性"一词的话，那么科学发展的基本过程中没有一个可以被贴上"非理性"的标签。因此，幸运的是，这个结论不是必要的。人们可以像费耶阿本德和我那样，否认存在一种为两种理论所完全共有的观察语言，而且仍然希望保留在两者之间进行选择的好理由。然而，为了达到这一目标，科学哲学家必须追随当代的其他哲学家，以一种前所未有的深度，考察语言适合世界的方式，询问术语如何附于自然，如何学习这些附于，以及它们如何被语言共同体成员一代代地传播下去。因为范式（在该术语的两种可分离的意义中的其中一种意义上）是我试图回答这类问题的基础，它们也必定在本文中有一席之地。

方法论：历史和社会学的作用

对我的方法是否适合我的结论的质疑，将这本文集中的许多论文联系在一起。我的批评者声称，历史和社会心理学不是哲学结论的恰当基础。不过，他们的保留并不是铁板一块。因此，我将逐一考察卡尔爵士、沃特金斯、费耶阿本德和拉卡托斯在论文中所采取的不同形式。

卡尔爵士在论文的结论部分指出，对他来说，"为了在科学的目标及其可能的进步方面得到启迪而转向社会学或心理学

（或……转向科学史），这个观点令人惊奇而失望……"他问道，
"向这些通常是假性科学的倒退，如何能够在这个特殊难题上
帮助我们呢？"[4] 我对这些评论意指什么十分疑惑，因为在这个
地方，我认为卡尔爵士和我没什么区别。如果他指的是对构成
社会学和心理学（以及历史？）中公认理论的一般性概括是编织
科学哲学的脆弱芦苇，那我就不敢苟同了。我的研究对它们的
依赖并不比他多。从另一方面说，如果他质疑的是历史学家和
社会学家收集起来的各类观察与科学哲学的相关性，我倒想知
道如何来理解他自己的作品了。他的作品充满了历史案例，充
满了对科学行为的一般性概括，其中一些还在我前面的论文中
讨论过。他确实写关于历史主题的作品，而且他还在他的主要
哲学著作中引用这些文章。对历史问题的浓厚兴趣以及参与原
始历史研究的意愿，将他所培养的人与科学哲学当前任何其他
流派的成员区别开来。在这些观点上，我是个坚定的波普尔主
义者。

约翰·沃特金斯提出了一种不同的质疑。他在文章的开头 129
写道："方法论……涉及的是最好的科学，或者应该被操作的科
学，而不是被雇佣的科学"[5]。至少在更精确的表述上，我完全
同意这个观点。接下来，他认为我所说的常规科学就是被雇佣
的科学，于是他问道，为什么我如此"关注于抬高常规科学而

[4] Popper, "Normal Science," pp. 57-58.

[5] J. W. N. Watkins, "Against 'Normal Science'," in *Criticism and the Growth of Knowledge*, p. 27.

贬低非常科学（Extraordinary Science）"（p.31）。由于这个问题特别针对常规科学，我将稍后做出回答（在这一点上，我还将试图澄清沃特金斯对我的立场的极度歪曲）。但沃特金斯似乎还问了一个更一般性的问题，这个问题与费耶阿本德提出的问题密切相关。他们都认可，至少为了他们的论证都认可，科学家确实像我所说的那样行事（我稍后将考虑他们做出这一让步的条件）。他们接着问道，为什么哲学家或方法学家把这些事实看得如此重要呢？他所关注的毕竟不是对科学的完整描述，而是揭示科学的本质，即合理性重建（rational reconstruction）。历史学家/观察者或社会学家/观察者通过什么样的权利和标准来告诉哲学家，科学生活中的哪些事实是他必须包括在重建之中的，哪些是他可以忽略的？

为了避免将本文变成一篇关于历史哲学和社会学哲学的冗长的专题论文，我把自己限定在个人答复上。与科学哲学家相比，我也不少涉及合理性重建，涉及本质的发现。我的目标也是理解科学，理解其具有特殊效力的理由，及其理论的认知地位。但是，与大多数科学哲学家不同，我是作为一名科学史家，通过严密考察科学生活的事实开始研究的。在这个过程中，我发现许多科学行为，包括最伟大的科学家的科学行为，都不断违反公认的方法论标准，我不得不问，为什么这些不遵守标准的行为似乎根本没有阻止这项事业的成功？后来，我发现，当关于科学性质的看法发生改变时，会把以前被看成反常的行为转化为对科学成功之解释的重要部分，这一发现是对这种新解释的信心之源。因此，我用来强调科学行为之任一特殊方面的标准是，既不仅仅因为它发生了，也不仅仅因为它频繁发生，而是因为它适合某个科学知识的理论。相反，我对该理论的信心源于它连贯地理解许多事实的能力，这些事实，从原先的观点上看，要么是反常的，要么是不相关的。读者会从这个论证中发现一个循环，但它不是恶的循环，而且它的出现完全不会在我的观点和我现在批评者的观点之间造成分歧。在这里，我也正在像他们那样行事。

130

　　我的一些用来区分观察到的科学行为中的基本要素和非基本要素的标准，在相当大的范围内是理论的标准，这一点也为费耶阿本德所说的我的表述的模糊性提供了答案。他问道，库恩关于科学发展的论述应该读成描述（descriptions）还是处方（prescriptions）？[6] 答案当然是它们应该同时以两种方式阅读。如果我有一个关于科学如何运作以及为什么运作的理论，那么它必然牵连着科学家的行为方式，如果他们的事业蒸蒸日上的话。我认为，我的论证结构既简单又无懈可击：科学家以下述方式行事；这些行为模式具有（理论在这里进入）下述基本功能；在缺少一个**将会提供类似功能的**替代模式时，如果科学家关心的是增进科学知识，那么他们就会基本上像他们平时那样行事。

---

　　[6]　P. K. Feyerabend, "Consolations for the Specialist," in *Criticism and the Growth of Knowledge,* p. 198. 对描述性和规范性相互结合的一些内容做出进一步深入详细的考察，见 S. Cavell, "Must We Mean What We Say?" in *Must We Mean What We Say? A Book of Essays* (New York: Scribner, 1969), pp. 1-42。

请注意，在这个论证中没有设定科学本身的价值，与此相对应，费耶阿本德的"诉诸享乐主义"（p. 209）也是不相关的。这部分是因为他们误解了我的处方（我还将回到这一点上来），卡尔爵士和费耶阿本德都在我所描述的事业中发现了危险。它"很有可能败坏我们的理解力，削减我们的乐趣"（费耶阿本德，p. 209）；它"对我们的文明的确是……一种威胁"（卡尔爵士，p. 53）。我并没有得出这一评价，我的许多读者也没有，在我的论证中，也没有任何东西取决于它是错的。说明一项事业为什么运作，并不是去赞成它或反对它。

拉卡托斯的文章提出了关于方法的第四个问题，这是所有问题中最根本的问题。我已经承认我不能理解他的某些话的意思，比如当他说："库恩的概念框架……是社会心理学的，我的概念框架是规范性的。"不过，如果我问的不是他的意图，而是他为什么觉得这种修辞是恰当的，于是一个重要的观点出现了，这个观点在他第四节第一段中几乎十分明确。在我对科学的说明中所使用的一些原则是不可还原的社会学原则，至少现在如此。特别是当面对理论选择的问题时，我的答复结构大致如下：给最有才能的一个**团体**以最合适的激励；在某一门科学上，以及在他们即将做出选择的相关专业上对他们进行培训；给他们灌输本学科（很大程度上还包括其他科学领域）当前的价值体系和意识形态；最后，**让他们做出选择**。如果这种方法不能说明我们所了解的科学发展，那么没有任何方法可以说明。不可能存在一组选择规则，能够充分规定这些具体情形中（科学家在其学术生涯中将遭遇这些情形）所期望的**个人行为**。不论科学进步可能是什么，我们对它的说明都必须通过考察科学团体的性质，通过揭示它重视什么、容忍什么和鄙弃什么。

这个立场从本质上来说是社会学的，而且它本身也是对传统所许可的说明标准的重大退却，这个传统被拉卡托斯称之为教条的、幼稚的证实主义和证伪主义。我稍后将对它做进一步说明和辩护。但是，我目前所涉及的仅仅是它的结构，拉卡托斯和卡尔爵士都原则上不能接受的结构。我的问题是，他们为什么应该？他们两位自己也都在不断地使用同样结构的论证。

卡尔爵士确实没有始终这么做。他有一部分作品为逼真性寻求一个算法系统（algorithm），如果成功的话，将消除所有诉诸团体价值的要求，诉诸由有准备的（以一种特定方式）心灵（minds）做出判断的要求。但是，正如我在先前那篇文章的结尾处指出的那样，贯穿卡尔爵士的作品，有许多段落只能被解读为对价值和态度的描述，如果在关键时刻，科学家想要成功地推进他们的事业，那么他们必须持有这些价值和态度。拉卡托斯精致的证伪主义走得更远。在除了少数几个方面的所有方面中，只有两个方面是重要的，他的立场现在与我的立场十分接近。在我们立场一致的这些方面中，有一个方面，尽管他尚未看到，是我们对说明性原则的共同使用，而这些原则在结构上最终是社会学的或意识形态的。

拉卡托斯精致的证伪主义孤立了许多问题，采用这一方法的科学家必须对这些问题个人地或集体地做出决定。（我很怀疑这个语境中的"决定"一词，因为它意味着在采取一种研究立场之前对每一个问题进行审慎考虑。不过，目前我还将使用它。一直到本文最后一部分，是否将做一个决定和发现自己处在由于做这个决定所导致的立场上区别开来，都无关紧要。）例如，科学家必须**决定**，哪些陈述是"根据**命令**（*fiat*）不可证伪的"，哪些陈述不是。[7] 或者说，当涉及概率理论时，他们必须**决定**概率阈值，在阈值以下，统计证据将与该理论"不一致"（p. 109）。最重要的是，当把理论看成是历时评价的研究纲领时，科学家必须**决定**，给定时间的给定纲领是"进步的"（因而是科学的）还是"退步的"（因而是非科学的）（p. 118ff.）。如果是前者就进行研究，如果是后者则加以拒斥。

现在请注意，此类决定的要求可以用两种方式解读。它可以被用来命名或描述决定点（decision points），可应用于具体情形的程序仍必须被提供这些决定点。在这种解读中，拉卡托斯必须告诉我们，科学家如何根据他们的**命令**选择特殊的不可证伪的陈述；他还必须详细说明当时可被用于区别退步和进步研究纲领的标准；等等。否则，他就等于什么都没说。另一个选择是，他关于需要特殊决定的论述，也可以被解读为对科学家需要遵守的指令或准则的已经完成的描述（至少在形式上——它们的特定内容可以是初步的）。在这个解释中，第三条决定指

---

[7] Lakatos, "Falsification," p. 106.

令是这样的："作为一名科学家，你不得不决定你的研究纲领是进步的还是退步的，而且你必须承担你的决定的后果，在一种情况下放弃这个纲领，在另一种情况下继续从事这个纲领。"相应地，第二条指令这样写道："在使用概率理论时，你必须不断地问自己，某个特定实验的结果是否不太可能，以至于与你的理论不一致，而且作为一名科学家，你还必须做出回答。"最后，第一条指令是："作为一名科学家，你将不得不冒险选择特定的陈述作为你的研究基础，而且至少直到你提出研究纲领为止，你都将不得不冒险忽略所有对这些陈述的实际的和潜在的攻击。"

当然，第二种解读比第一种弱多了。它要求同样的决定，但它既不提供也不承诺提供将决定其结果的规则。相反，它把这些决定同化为价值判断（关于这个问题我还会说更多），而不是对比如重量的测量或计算。不过，如果仅仅把这些指令看成使科学家做出特定决定的命令的话，它们就强大到足以深刻影响科学的发展。一个团体的成员如果对努力做出这类决定（但相反强调其他决定，或根本没有决定）没有责任感的话，那么这个团体将以完全不同的方式行事，而且他们的学科也将相应地改变。尽管拉卡托斯关于决定指令的讨论常常含糊不清，但我相信，他的方法论恰恰依赖于这第二类效用。当然，他几乎没有对他要求做出的决定的算法系统进行详细说明，而且他在对幼稚的、教条的证伪主义的讨论中主要提出，他不再认为这种说明是可能的。不过，在这种情况下，他的决定命令在形式上与我是一致的，尽管在内容上并不总是如此。它们阐明了意识形态的承诺，如果科学家的事业要成功的话，那么他们就必须共享这些承诺。因此，在与我的说明性原则相同意义和相同程度上，它们不可还原地是社会学的。

在这些情况下，我不能确定拉卡托斯批评的是什么，或者他认为我们在此处的分歧在哪里。不过，在他的文章的最后有一个奇怪的脚注，它可能提供了一条线索：

> 有**两类心理学的科学哲学**。根据其中一类，可以没有科学哲学：只有科学家个人的心理学。根据另一类，有"科学的""理想的"或"正常的"心灵的心理学：这将科学哲学变成了这种理想心灵的心理学。……库恩似乎没有注意到这一区别。（p.180，n.3）

如果我对他的理解是正确的话，拉卡托斯把我等同于第一类心理学的科学哲学，把他自己等同于第二类。但这是他对我的误解。我们不像他所描述的那样有这么大的分别，而且他字面上的立场将会要求放弃我们的共同目标，这倒是我们确实有分歧的地方。

部分被拉卡托斯所拒斥的是这样一些说明，它们要求诉诸使特定科学家个体化（individuate）的那些因素（"科学家个体的心理学"相对"'正常'心灵的心理学"）。但这并不能对我们进行区分。我唯一诉诸的是社会心理学（我更愿意是"社会学"），我要重申 n 次，这个领域完全不同于个体心理学。相应地，我的说明对象是正常的（即非病态的）科学团体，考虑的是其成员之间的差别，而不是使任何特定个体成为独一无二的东西。此外，拉卡托斯甚至可能会拒斥正常科学心灵的这些特征，正是这些特征使它们成为人类的心灵。很明显，在说明实际科学的观察成果时，他只能用这种方式来保持一种理想科学的方法论。但是，如果他想要说明人们所从事的某项事业，他的方式将无法奏效。没有什么理想的心灵，从而也没有"这种理想心灵的心理学"可以作为说明基础。拉卡托斯引入理想的方式对于达到他的目的来说也是不必要的。共同的理想对行为产生影响，而无须使那些持有理想的人变得很理想。因此，我要问的是这类问题：一组特定的信念、价值和命令将如何影响团体行为？我的说明遵循对此的回答。我不能确定拉卡托斯还有什么别的意思，但是如果他没有别的意思的话，那么在这个地方我们就没什么分歧。

由于误解了我的立场中的社会学基础，拉卡托斯以及我的其他批评者必然无法注意到一个特殊的特征，它源于将正常的团体看成一个单元，而不是把正常的心灵看成一个单元。给定一个共同的算法系统，让我们假定它足以用来在竞争的理论之间做出个体选择，或者足以辨别严重的反常，那么一个科学团体中的所有成员都将做出同样的决定。即使这个算法系统是概率性的，情况也是如此，因为所有使用这个算法系统的人都将以同样的方式评价证据。但是，共同的意识形态的影响却不会那么统一，因为它的应用模式是一种不同的类型。给定一个团体，其所有成员都要在两个理论之间进行选择，而且在做出选择时，还要考虑诸如精确性、简单性、范围等等价值，那么单个的情形下的单个成员的具体决定仍将不同。团体行为将受到共同承诺的决定性影响，但个体选择还将是个性、教育以及专业研究的先天模式的函数（这些变量**确实是**个体心理学的知识范围）。对我的许多批评者来说，这种可变性似乎是我立场中的弱点。然而，当考虑危机和理论选择的问题时，我将要论证它反而是一个强项。如果一项决定必须在这样的情况下做出，即哪怕最慎重的、最深思熟虑的判断也可能出错的话，那么，不同的个体以不同的方式做出决定可能是极为重要的。作为整体的团体还能怎样与其对冲赌注呢？[8]

常规科学：其性质和功能

那么，就方法而言，我所采用的方法与我的波普尔主义批评者所采用的方法并没有明显区别。当然，通过这些方法的使用，我们得出了多少有些不同的结论，但即使这些结论也并不像我的几位批评者所认为的那样，有如此大的差别。特别是，除了图尔敏之外，我们所有人都深信，科学发展的中心事

---

[8] 如果不讨论人的动机的话，同样的效果也可以这样达到：先计算概率，然后将职业中的特定部分**分配**到每一个竞争理论中，确切分配了多少则取决于概率计算的结果。这个替代方案某种程度上用归谬法得出了我的观点。

件——这些事件使游戏值得玩下去，也使玩值得研究——是革命。沃特金斯从他自己的假想中构造出了一个对手，把我描述成"贬低"了科学革命、对它们采取"哲学的反感"，或认为它们"几乎完全不能被称为科学"[9]。首先，正是因为发现了革命的令人迷惑的性质，才把我引入科学史和科学哲学的研究。从那以后，我写的几乎所有东西都涉及它们，沃特金斯指出了这个事实，接着又忽略了它。

然而，如果说我们在这一点上能达成许多共识的话，那么我们在常规科学上就完全不可能产生分歧，但正是我书中有关常规科学的方面大大冒犯了我现在的批评者。就其本性而言，革命不可能是科学的全部：在两次革命之间必然会发生某些不同的东西。卡尔爵士令人钦佩地提出了这一观点。在通常被我认为是我们的一个主要的一致方面，他强调"科学家**必定**在一个明确的理论框架中提出他们的观点"[10]。而且，对他来说，对我也一样，革命要求这样的框架，因为革命总是涉及对一个框架或这个框架的某些部分的拒斥和替换。由于我称之为常规科学的科学恰恰是在一个框架中进行研究，因此它只能是硬币的反面，正面是革命。卡尔爵士无疑"朦胧地知道"常规科学和革命之间的"区别"（p. 52）。这可以从他的前提中推出来。

---

[9] Watkins, "Against 'Normal Science'," pp. 31, 32, and 29.

[10] Popper, "Normal Science," p. 51, 黑体为本文作者所加。除非明确指出，本文引文中的所有黑体都为原文所有。

136　　从这个前提中还可以推出其他东西。如果框架对科学家来说是必要的，如果打破一个框架就不可避免地要进入另一个框架——卡尔爵士明确地采纳了这些观点——那么科学家心灵中所持有的框架就不能**仅仅**被解释为他"被教坏了……成为教化的牺牲品"的结果（p. 53）。也不能像沃特金斯所认为的那样，**完全**用三流心灵的流行对它进行解释，说它仅仅适合"单调乏味的、不加批判的"工作。[11] 这些东西的确存在，大多数的确具有破坏作用。不过，如果框架是研究的前提条件，那么它们对心灵的把控就既不仅仅是"匹克威克式的"，也不能被十分恰当地说成："如果我们尝试的话，我们就能随时摆脱我们的框架。"[12] 既要是重要的，同时又要是完全可有可无的，这就是自相矛盾。当我的批评者采纳这个观点时，他们变得不连贯了。

　　上述内容并不是要努力表明我的批评者真的同意我的观点，只是希望他们认识这一点。但他们并没有认识到！毋宁说，我在试图通过排除不相干的事物，揭示出我们不一致的地方。迄今我已经论证了卡尔爵士的"不断革命"一词并不比"方的圆"更多地描述出可能存在的现象。框架在能被打破之前必须被接受和被考察。但那并不意味着科学家不应该以不断打破框架为目标，无论这个目标多么难以实现。"不断革命"可能提

---

[11]　Watkins, "Against 'Normal Science'," p. 32.

[12]　Popper, "Normal Science," p. 56.

出了一个重要的意识形态命令。如果说卡尔爵士和我在常规科学上有任何分歧，那就是在这一点上。他和他的团体认为，科学家应该在任何时候都努力成为批判者和成为替代理论的大量提出者。我则极力主张另一种策略，这个策略为特殊场合保留了这种行为。

这个分歧仅限于研究策略，它已经比我的批评者所设想的更狭窄了。要看清利害关系，就必须对它做进一步限制。迄今为止所说的每一样东西，尽管说的是科学和科学家，都同等地应用于许多其他领域。然而，我的方法论处方是专门针对科学以及科学中的一些领域，这些领域显示了被称为进步的特殊发展模式。卡尔爵士巧妙地抓住了我脑海中的这个区别。在他论文的开篇，他写道："'一个从事某项研究的科学家……可以立刻进入一个有组织的结构的核心……进入一个普遍公认的问题情境的核心……把它留给其他人，以便把他的贡献纳入科学知识的框架之中。'……而哲学家，"他继续写道，"则发现自己处于一种不同的立场中。"[13] 然而，卡尔爵士在指出这个区别之后便把它搁在一边，向科学家和哲学家推荐了相同的策略。在这个过程中，他遗漏了关于特殊细节和精确性的研究设计的结果，而通过这些结果，正如他所说的，一个成熟科学的框架才

137

[13] Popper, "Normal Science," p. 51. 读过我的《科学革命的结构》(*Structure of Scientific Revolutions,* Chicago: University of Chicago Press, 1962) 的读者将会看出，卡尔爵士所说的"把它留给其他人，以便把他的贡献纳入科学知识的框架之中"多么密切地抓住了我对常规科学之描述的基本含义。

得以指导其从业者做些什么。在缺乏那种具体指导的情况下，卡尔爵士的批判策略在我看来是最可得的。它既不会导出可以表征，如物理学，的那种特殊发展模式，也不会导出任何其他的方法论处方。然而，如果给定一个真正提供这类指导的框架，那么我确实想要运用一下我的方法论建议。

让我们思考一下自文艺复兴结束以后的哲学或艺学（arts）的演进。这些领域经常被用来与既有的科学进行对比，被认为没有进步。这种反差不能被归因于缺乏革命，或缺乏常规实践的干预模式。相反，在注意到科学发展的类似结构之前的很长一段时间，历史学家就把这些领域描绘成通过传统之演替的发展过程，打断这些传统的是艺学风格和品味的革命性改变，或哲学观点和目标的革命性改变。这种反差也不能被归因于缺乏波普尔方法论意义上的哲学和艺学。正如马斯特曼小姐对哲学的论述那样[14]，恰恰在这些领域（哲学是最佳例证）中，从业者们发现当下传统的沉闷，努力打破它，并且经常性地寻找一种他们自己的风格或哲学观。特别在艺学领域，那些没有成功创新的人的作品被描述为"衍生品"，值得注意的是，这个贬义词在科学话语中并不存在，另一方面，科学话语中确实反复提到"时尚"。不论是在艺学还是哲学领域中，不能改变传统实践的从业者都不会对学科的发展产生重要影

[14] M. Masterman, "The Nature of a Paradigm," in *Criticism and the Growth of Knowledge*, p. 69 ff.

响。[15] 简而言之，卡尔爵士的方法对这些领域至关重要，因为　138
如果没有持续地批判，没有新的实践模式的大量出现，就不会
有革命。用我的方法论替代卡尔爵士的方法论就会导致停滞，
这正是我的批评者所强调的理由。然而，他的方法论并没有在
任何明显的意义上产生进步。这些领域中革命前后的实践之间
的关系，并不是我们已经知道的从发达科学那里找到的关系。

　　我的批评者会说，导致这种区别的理由是显而易见的。
像哲学和艺学这样的领域既不能被称之为科学，也不满足卡
尔爵士的划界标准。也就是说，它们决不会产生这样的结果，
这些结果原则上可以通过与自然的点对点比较的方式进行检
验。但是，这一论证在我看来是错误的。由于不满足卡尔爵士
的标准，这些领域不能成为科学，但它们仍然可以像科学那样
进步。在古代和文艺复兴时期，是艺学，而不是科学，提供了
进步的公认范式。[16] 很少有哲学家会去寻找原则上的理由，来
解释为什么他们所从事的领域没有稳定地向前发展，尽管对它
无法进步有许多哀叹。无论如何，存在许多我称之为前科学
（proto-sciences）的领域，在这些领域中，实践确实产生了可检

---

[15]　详细讨论科学共同体和艺学共同体的区别，以及相应的发展模式之间的区别，
见我的 "Comment" ［on the Relations of Science and Art］, *Comparative Studies in Society and
History* 11 (1969): 403-412; 重刊为 "Comment on the Relations of Science and Art," in *The
Essential Tension: Selected Studies in Scientific Tradition and Change* (Chicago: University of
Chicago Press, 1977), pp. 340-351。

[16]　E. H. Gombrich, *Art and Illusion: A Study in the Psychology of Pictorial
Representation* (New York: Pantheon, 1960), pp. 11 ff.

验的结论，但尽管如此，这些领域在其发展模式上仍然类似于哲学和艺术，而不是类似于既成的科学。比如，我想起18世纪中期以前的化学和电学领域，19世纪中期以前的遗传和演化研究，或者当今的许多社会科学。尽管这些领域也满足卡尔爵士的划界标准，但是，为一个新起点而进行不断地批判和连续的斗争是它们的主要动力，而且也需要成为主要动力。然而它们并没有比哲学和艺术取得更多的明确进步。

总之，我的结论是，前科学与艺学和哲学一样，都缺少某种要素，正是这种要素使成熟科学具有更为明显的进步形式。然而，它不是方法论处方所能够提供的。与我的目前几位批评者不同（在这一点上，拉卡托斯也包括在内），我既没有提出什么治疗方案来帮助前科学转变为科学，也没有假定任何这类转变是可得的。如果像费耶阿本德所说的那样，一些社会科学家从我这里吸取了这样的观点，认为可以通过先制定一致的基本原则，再转入解谜，从而提高他们领域的地位，那么，他们就严重误解了我的观点。[17] 我在讨论数学理论的特殊效用时曾用过的一句话，也同样适用于这里："就像在个体发展中那样，成熟一定属于那些知道如何等待的人，在科学团体中也是如此。"[18] 幸运的是，尽管没有处方会强迫它，但许多领域都在向成熟转

[17] Feyerabend, "Consolations for the Specialist," p. 198. 但是请注意，费耶阿本德在注释3中所引的段落完全没有涉及他所说的东西。

[18] See T. S. Kuhn, "The function of Measurement in Modern Physical Science," *Isis 52* (1962), p. 190.

变，它值得等待，也值得为之奋斗。当前的每一门既成科学都来自过去某个相对确定时期内的自然哲学、医学或工艺的先前更为思辨的分支。其他领域未来也必然要经历同样的转变。只有在发生转变之后，进步才会成为该领域的显著特征。也只有这时，我的批评者所指责的我的这些处方才会起作用。

关于这种转变的性质，我在《结构》一书中已经详细论述了，在这本文集的前面一篇文章中 ③ 就划界标准进行讨论时，我也做出了较为简单的论述。在这里，我只需给出一个抽象的描述性摘要。首先，让我们把注意力集中在以详细说明某些范围的自然现象为目的的领域。（如果正如我的批评者所指出的那样，我的进一步描述既适用于神学，又适用于抢银行，那就不会因此产生任何问题了。）只有具有了满足以下四个条件的理论和技术时，这样的一个领域才得以成熟。第一是卡尔爵士的划界标准，没有它，任何一个领域都不可能成为科学：对某些范围的自然现象来说，具体的预测必须来自该领域的实践。第二，对某些有趣的小范围现象来说，无论预测成功与否，都必须持续一致地实现。（托勒密天文学总是在公认的误差范围内预测行星的位置。相应的占星学传统除了潮汐和平均月经周期之外，都不能事先明确指出，哪些预测能获成功，哪些预测将会失败。）第三，预测技术必须要根植于一个理论，这个理论无论多么形而上，都要同时能为它们做出辩护，说明它们有限的

---

③ 指"发现的逻辑还是研究的心理学？"一文——译者注

成就，并为它们在精确性的提高和适用范围的扩大方面提供手段。第四，预测技术的改进必须是一项有挑战性的工作，它往往要求最高的才能和无比的热爱。

140　　　这些条件当然等同于对一个好的科学理论的描述。但是，一旦放弃了对治疗处方的希望，那就没什么理由再去指望别的了。我认为——这是我在常规科学方面与卡尔爵士唯一的真正分歧——有了这样一个理论之后，不断地批判和理论激增的时代就已经过去了。科学家第一次有了别的选择，这个选择不仅仅是模仿以前的做法。相反，他们能够用他们的才能去解决现在被拉卡托斯称为"保护带"中的谜题。因而，他们的目标之一是要扩展现有实验和理论的范围和精确性，还要使两者更相符。另一个目标是要消除冲突，既要消除应用于他们研究工作的不同理论之间的冲突，又要消除单个理论的不同应用方法之间的冲突。（我现在认为，沃特金斯指责我在书中赋予理论间谜题和理论内谜题的作用太小，他是对的。但拉卡托斯试图将科学还原为数学，不给实验留下任何重要作用，他又走得实在太远了。比如，他认为巴耳末公式与玻尔原子模型的发展毫不相干，这就大错特错了。[19]）这些谜题和其他类似的谜题构成了常规科学的主要活动。尽管我不能在这里再论证一遍这

---

[19] Lakatos, "Falsification," p. 147. 这种对待实验作用的态度贯穿拉卡托斯论文中的许多部分。有关巴耳末公式在玻尔研究中的实际作用，请参见 J. L. Heilbron and T. S. Kuhn, "The Genesis of the Bohr Atom," *Historical Studies in the Physical Science* 1 (1969): 211-290。

个观点，但它们既不是给雇佣者的（对不起，沃特金斯），也不是类似于应用科学和工程的问题（对不起，卡尔爵士）。当然，着迷于谜题的人属于一个特殊的群体，但哲学家或艺学家也是。

不过，即使给出一个容许常规科学的理论，科学家也不必须解它所提供的谜题。相反，他们可以像前科学的从事者那样行事；也就是说，他们可以寻找通常大量存在的潜在弱点，并努力围绕它们建立替代理论。在我现在的批评者中，大多数都认为他们应该这么做。我只在策略上不同意这种看法。费耶阿本德以一种令我非常遗憾的方式对我做出了错误表述，例如，他说我"批评玻姆破坏了当代量子论的统一性"[20]。我作为一个麻烦制造者的记录应该还难以与他的报告相符。实际上，我要向费耶阿本德承认，我虽然也有玻姆那样的不满，但我认为，由于他只关注这一点，所以几乎注定失败。我指出，在将量子论悖论与当今物理学中的某个具体的技术难题联系起来之前，没有人有可能解决这些悖论。与哲学不同，在发达科学中，正是这些技术难题为革命提供了通常的时机，并且还常常提供具体的材料。这些难题的获得以及它们所提供的信息和信号，很大程度上说明了科学进步的特殊性质。因为成熟科学的从事者通常都能够承认当前的理论，开掘它，而不是批判它，

141

---

[20]　Feyerabend, "Consolations for the Specialist," p. 206. 费耶阿本德把我对作为批评者的玻姆和爱因斯坦的态度作了一个对比，关于这个对比将在下文中找到隐含的答案。

所以他们可以自由地深入细致地探索自然，否则的话是很难想象的。因为这种探索最终将隔离出一些严峻的难点，所以他们可以确信，对常规科学的从事将会告诉他们，何时何地他们能最有用地成为一名波普尔主义批判者。即使在发达科学中，卡尔爵士的方法论也有其重要地位。当常规科学出现问题时，当学科遭遇危机时，这种策略就适用了。

我在别处已经详细讨论了这些观点，所以在这里就不再详述了。让我回到开头的概括来对这一节做个总结。不论我的批评者为此花费了多少精力和篇幅，我都不认为刚才所概述的立场与卡尔爵士的立场有多大的分歧。在这一系列问题上，我们的差别是微乎其微的。我认为，在发达科学中，批判的时机无须刻意寻求，而且对大部分从事者来说都不应去刻意寻求。当它们被发现时，恰当的第一反应是做出适度约束。尽管卡尔爵士也明白，当理论受到首次攻击时，需要对它进行捍卫，但他比我更加强调有目的地寻找弱点。在我们两人之间不存在更多的选择。

那么，为什么我当前的批评者们在这里看到了我们的重大分歧呢？我已经指出了一个理由：他们感觉我的策略性处方违反了一个更高的道德。这个感觉是我所没有的，而且它无论如何都是无关紧要的。第二个理由是，他们显然不能从历史案例中看到，常规科学的崩溃为创造革命的条件所起到的具体作用，这一点我将在下一节讨论。在这一方面，拉卡托斯的历史案例特别有意思，因为他清楚地描述了研究纲领从进步阶段向退步阶段的转变（从常规科学到危机的转变），而接下来似乎又否定了所导致的结果的批判性意义。不过，我现在必须讨论第三个理由。它来源于沃特金斯所提出的批判，但它在当前语境中所服务的目标决不是他的原意。

"与相对清晰的可检验性观念相比，"沃特金斯写道，"［常规科学］'不再足以支持一个解谜传统'的概念在本质上是模糊的。"[21] 我同意对这种模糊性的指责，但他错误地认为，是这种模糊性区分了我和卡尔爵士的立场。正如沃特金斯也同样指出的，卡尔爵士的确切立场是原则上可检验性的观念。我在很大程度上也依赖这个观念，因为当应用于科学的解谜活动时，没有一个**原则上**不可检验的理论能够充分发挥作用或停止起作用。尽管沃特金斯奇怪地没有看到这一点，但我的确十分认真地看待卡尔爵士的证伪和证实的不对称概念。然而，我立场中的模糊之处在于，当决定解谜活动中的某个特定失败是否归因于基础理论，从而成为一个深入关注的契机时，所运用的那些实际的标准（如果这就是所要求的）。但是，这个决定在类别上等同于另一个决定，即一个特定检验的结果实际上是否证伪了一个特定理论，而在这个问题上，卡尔爵士必然和我一样模糊。为了在这个问题上给我和卡尔爵士划清界限，沃特金斯将原则上可检验性的清晰性转换成实践上可检验性这样一个可疑的领域，甚至没有提示这种转换是如何实现的。这不是一个难

142

---

[21]　Watkins, "Against 'Normal Science'," p. 30.

以预料的错误，而且它往往使得卡尔爵士的方法论显得比实际上更合逻辑，更少意识形态化。

此外，当回到上一节结尾所提出的观点时，人们有理由问，沃特金斯称为模糊性的东西是不是一个缺点。所有科学家都必定被教导——这是他们意识形态中的一个重要因素——对理论的崩溃有所警惕，并为之负责，无论这种崩溃被描述成严重反常还是证伪。而且，他们必定会被提供一些例子，告诉他们只要有足够的耐心和技巧，他们的理论能够期望做什么。只给他们这么多条件，他们当然会经常在具体情形中做出不同的判断，一个人看到危机的原因，在另一个人看来只不过是研究能力有限的证据。但是他们确实都做出了判断，而且他们的缺乏一致性可能恰恰拯救了他们的专业。认为一个理论不再足以支持一个解谜传统的大多数判断，都被证明是错的。如果每个人都同意这样的判断，那就没有人会留下来证明现有理论如何能够说明那些明显的反常，就像它通常所做的那样。另一方面，如果没有人愿意冒险寻找替代理论，那就不会有科学发展所依赖的革命性变化。正如沃特金斯所说，"必定存在一条临界线，在这条线上，可容忍的反常数量变成不可容忍的反常数量"（p. 30）。但是这条线不应对所有人都一样，任何个人也无须提前确定自己的容忍度。他只需确定自己有一个容忍度，并且知道存在各种差异，正是这些差异使他趋向于这一容忍度。

常规科学：从历史中检索

迄今为止，我已经论证了，如果存在革命，就必定存在常规科学。但是，人们仍可以合理地追问是否只存在其中一个。图尔敏就是这么问的，而且我的波普尔主义批评者们难以从历史中检索到一个有意义的常规科学，使得革命的存在依赖于这个常规科学的存在。图尔敏的问题具有特殊价值，因为对这些问题的回答将要求我面对《结构》中的一些真正的困难，并相应地修改我最初的表述。然而，不幸的是，图尔敏看到的并不是这些困难。在将这些困难分离出来之前，必须先扫除他带来的灰尘。

我的书出版之后的七年里，尽管我的立场已经发生了重大改变，但是并没有从关注宏观革命退却到关注微观革命这样的变化。图尔敏通过对比 1961 年**读到**的一篇论文和 1962 年**出版**的书，发现了部分退却。[22] 可是，这篇论文是在那本书之后写作和发表的，它的第一个脚注就说明了被图尔敏搞颠倒的关系。图尔敏又将那本书与本文集中我的第一篇论文的手稿进行比较，从中找到了另一个退却的证据。[23] 但就我所知，没有人曾

---

[22]　S. E. Toulmin, "Does the Distinction between Normal and Revolutionary Science Hold Water?" in *Criticism and the Growth of Knowledge,* pp. 39 ff.

[23]　也见 S. E. Toulmin, "The Evolutionary Development of Natural Science," *American Scientist 55* (1967): 456-471; especially p. 471, n. 8。这篇传记性谣言，在它声称所根据的文章发表之前就发表了，这给我带来了很多麻烦。

经注意到他所强调的区别,而且那本书的关注核心无论如何都是十分清楚的,而他却只在我最近的作品中才发现。在书的正文中所讨论的革命里,有例如 X 射线的发现和天王星的发现。书的序言中写道:"诚然,〔把'革命'一词向这些事件的〕扩展超越了习惯用法的界限。但我会继续把发现看成革命性的,因为恰恰是有可能将发现的结构与诸如哥白尼革命的结构联系起来,才使这个扩展的概念在我看来如此重要。"[24] 简而言之,我所关注的从来就不是这样的科学革命:"在一个给定的科学分支中,每二百年左右才会发生一次的革命。"[25] 毋宁说它贯穿于一种很少被研究的概念变化(图尔敏现在也这么认为),这种概念变化在科学中频繁发生,而且对科学发展至关重要。

对于这一点来说,图尔敏的地质学类比是非常恰当的,但不是以他所使用的方式。他强调了均变论者和灾变论者之争论的一个方面,研究把灾变归因于自然原因的可能性。他指出,一旦解决了这个问题,"'灾变'就可以像任何其他的地质现象和古生物学现象一样,成为**统一的**、受规律支配的"(p. 43,黑体是我所加)。但是,他插入"统一的"一词是没有根据的。除了自然原因之外,这个争论还有第二个重要方面:灾变是否存在,地质演化的主要作用是否应该归因于类似地震和火山活动这种比侵蚀和沉积更突然、更具破坏性的现象。在这部分争论

---

[24]　参见 *Structure*, pp. 7 f. 在第 6 页中,将这个概念扩展到微观革命的可能性被描述成全书的"基本论点"。

[25]　Toulmin, "Does the Distinction," p. 44.

中，均变论者失败了。当争论结束时，地质学家认识到了两类地质变化，它们都很独特，因为都是由于自然原因造成的；一类是逐渐地、均匀地变化，另一类是突然地、灾难式地变化。即使在今天，我们仍然不会把潮汐看成侵蚀的特殊情况。

与此相对应，我不认为革命是不可预测的单位事件，我的观点是，就像地质学一样，在科学中也存在两种变化。一种是常规科学，它是一个普遍积累的过程，通过这个过程，科学共同体的公认信念得到充实、阐明和扩展。这是科学家所接受的训练，英语世界的科学哲学主流传统也来自对这种训练的范例成果之考察。不幸的是，正如我在前一篇文章中指出的，这种哲学传统的支持者都普遍从另一类变化中选择他们的范例，再将那类变化改造一下以适应这些范例。结果是无法认识到这类变化的盛行，在这类变化中，作为某个科学专业的实践基础的概念承诺必须被放弃或替换。当然，正如图尔敏所说，这两类变化是互相渗透的：革命不是科学的全部，也不是生活的其他方面的全部，历史学家或其他人通过革命认识到了连续性，但却并没有人放弃这个概念。这是《结构》一书的弱点，它只能命名这个不断被指称为"部分交流"（partial communication）的现象，却不能对它作出分析。但是部分交流决不是像图尔敏说的那样"完全［相互］不理解"（p. 43）。它提出了一个有待解决的问题，而不是使它更加费解。除非我们能够更多地认识它（我将在下一节中提供一些线索），否则我们将继续误解科学进步的本质，从而可能误解知识的本质。在图尔敏的文章中，没

145

有什么能够让我相信，如果我们继续把所有的科学变化都当成一类变化的话，我们将会获得成功。

不过，他的文章中的根本性挑战仍然存在。我们能够把共同信念的纯粹阐述和扩展，与涉及重建的变化区别开来吗？在极端情况下，答案显然是"可以"。玻尔的氢原子光谱理论是革命性的，而索末菲关于氢原子的精细结构理论则不是；哥白尼天文学理论是革命性的，而绝热压缩的热质说则不是。但是，这些例子过于极端，不能提供全面的信息：进行对比的理论之间有太多的不同，而且革命性变化也影响了太多的人。不过，幸好我们没有局限于这些：安培的电路理论是革命性的（至少在法国电学家中），因为它切断了电流和静电效应的关系，而之前这在概念上被认为是统一的。欧姆定律也是革命性的，并因此而受到了抵制，因为它要求对先前分别应用于电流和电荷的概念进行重新整合。[26]另一方面，把导线中产生的热，与电阻和电流联系起来的焦耳－楞次定律是常规科学的产物，因为不论定性的结果还是定量所要求的概念都是现成的。另外，从一个不那么明显理论化的层面上看，拉瓦锡关于氧的发现（虽然可能不是舍勒的发现，更不是普里斯特列的发现）是革命性的，因为它与燃烧和酸的新理论不可分离。但是，氖的发现就不是革命性的，因为氦已经提供了惰性气体的概念，同时还提供了

---

[26]　关于这个话题，请参见 T. M. Brown, "The Electric Current in Early Nineteenth-Century French Physics," *Historical Studies in the Physical Sciences* 1 (1969): 61-103; M. L. Schagrin, "Resistance to Ohm's Law," *American Journal of Physics* 31 (1963): 536-537。

元素周期表中必要的一栏。

但是，有人可能会问，这种甄别的过程可以推进到什么程度，多普遍？我不断地被人询问，某某发展是"常规的还是革命性的"，我总是不得不回答：我不知道。问题并不在于我或其他什么人能够回答每一种可想象的情形，而在于这种甄别能够被应用于比迄今所应用的多得多的情形。回答这个问题的困难部分在于，甄别常规事件和革命性事件需要细致的历史研究，而科学史中很少接受过这种研究。人们不仅必须知道变化的名称，还必须知道变化发生前后的团体承诺的性质和结构。为了确定这些，人们通常还必须知道，当变化被首次提出时，以何种方式为人们所接受。（没有什么领域使我更深切地意识到进行额外的历史研究的必要，尽管我不赞同皮尔斯·威廉姆斯从这种必要中得出的结论，而且我很怀疑这些研究的结果会把卡尔爵士和我拉得更近。）然而，我的困难在于一个更深入的方面。尽管很多东西依赖于更多的研究，但是所要求的研究并不仅仅限于上述类型。而且，《结构》中的论证结构某种程度上模糊了那些被遗漏的东西的本质。如果我现在重写这本书的话，我会对它的构架作重大改变。

问题的要害在于，要回答"常规的还是革命性的?"你必须先问："对谁而言?"有时候答案很简单：哥白尼天文学对所有人而言都是革命；氧的发现对化学家而言是革命，但是对数理天文学家而言却不是，除了像拉普拉斯这样的对化学和热学也感兴趣的人。对于数理天文学家团体来说，氧只不过是另一种气体，它的发现仅仅只是增加了一项他们的知识；对于作为天文学家的他们来说，在这项发现的接受中，没什么根本变化。然而，通过命名科学学科——天文学、化学、数学等——的方式来识别具有共同认知承诺的团体，却并不总是可能的。但那就是我刚刚在这里所做的，也是我以前在我那本书中所做的。有些科学学科——如对热的研究——在不同时期属于不同的科学共同体，有时同时属于几个科学共同体，但却没有成为任何一个科学共同体的特殊研究领域。另外，尽管科学家远比哲学和艺学的从事者更容易达成一致的承诺，但是也有各种科学学派，有从非常不同的观点研究同一个学科的各种科学共同体。法国电学家在 19 世纪头几十年都是一个学派的成员，这个学派当时几乎没有一个英国电学家，等等。如果我现在重写那本书，我就会从讨论科学的共同体结构开始写，而且我不会只借助于共同的学科来写。共同体结构是我们目前了解得比较少的话题，但它最近已经成为社会学家的一个主要关注点，而且历史学家也正在逐渐关注它。[27]

这些研究问题绝不是无足轻重的。参与研究的科学史家必须不再仅仅依赖思想史家的方法，他们也必须使用社会史家和文化史家的方法。即使研究几乎尚未起步，但每一条理由

---

[27] 对该书进行重新构架的更为详细的讨论，以及一些初步的参考书目，都包括在我的文章中："Second Thoughts on Paradigms," in *The Structure of Scientific Theories, ed. F. Suppe* (Urbana: University of Illinois Press, 1974), pp. 459-482; reprinted in *The Essential Tension*, pp. 293-319。

都预期它会成功，尤其对发达科学来说，它们已经切断了它们在哲学共同体或医学共同体中的历史根源。于是，人们得到的将是不同专家团体的名单，通过这个名单可以看到科学在各种不同时期的进步。特定专业的从业者将成为一个分析的单位，教育和实习上的共同因素将他们结合在一起，他们了解彼此的工作，以他们相对充分的专业交流和相对一致的专业判断为特征。在成熟科学中，这类共同体的成员通常认为（别人也这么认为）他们自己是唯一的负责人，对给定的学科和目标负责，包括培训他们的接班人。然而，研究还将揭示出竞争学派的存在。至少在当代的科学场景中，典型的共同体可以由上百人组成，有时甚至更多。个人，特别是最能干的人，可以同时或相继地属于几个这样的团体，而且随着他们从一个团体转到另一个团体，他们会改变或至少调节他们的思考。

148

我认为，类似这样的团体应该被看成生产科学知识的单位。当然，没有作为成员的个体，它们也无法发挥作用，但正是把科学知识作为私人成果的想法，呈现出与私人语言的概念同样的内在问题。我将会回到这个相似上。不论知识还是语言，当它们被设想成可以被个体单独拥有和发展的东西时，就都不会保持不变。因此，"常规的还是革命的？"的问题恰恰应该针对这样的团体来问。于是，许多事件对任何共同体而言都不是革命性的，许多则仅仅对一个小团体来说是革命性的，还有一些对几个共同体来说都是革命性的，少数事件对所有科学共同体都是革命性的。我相信，如果以这种方式来提问的话，答案将会与我的区分所要求的一样准确。我马上将会通过这个方法在一些具体案例中的应用来阐明我这样思考的一个理由，这些案例曾经被我的批评者用来对常规科学的存在和作用提出怀疑。但是，我首先必须指出我目前立场中的一个方面，它远比常规科学更为明确地呈现了我的观点和卡尔爵士观点之间的深刻分歧。

刚才概括的方案比以前更为清楚地阐明了我立场中的社会学基础。更重要的是，它强调了以前可能不清楚的地方：在某种程度上，我把科学知识本质上看成是专家共同体聚集的产物。卡尔爵士看到了"专业化中的巨大危险"，而且他做出这一评价的语境暗示了他在常规科学中也看到了同样的危险。[28] 但是，至少对前者而言，这场战役从一开始就已经明显失败了。这并不是说，人们不希望找到好的理由来反对专业化，而且甚至成功了，而是说这种努力也必然会反对科学。每当卡尔爵士把科学与哲学进行对比，正如他在文章开头所做的那样，或者把物理学与社会学、心理学和历史进行对比，正如他在文章结尾所做的那样，那么他就是在把一门只有内行才懂的、孤立的、很大程度上自成一体的学科，与一门仍然旨在与比自己专业更广泛的受众交流和说服的学科进行对比。（科学不是从业者可被分成不同共同体的唯一活动，但它却是唯一一个每个共同体都是其自身专属听众和裁判的活动。[29]）这个对比并不是一

---

[28] Popper, "Normal Science," p. 53.

[29] 见我的 "Comment" ［on the Relations of Science and Art］。

个新的对比，它是大科学和当代场景的特征。数学和天文学在古代就是只有内行才懂的学科；伽利略和牛顿之后，力学成为一门只有内行才懂的学科；库仑和泊松之后，电学成为只有内行才懂的学科；等等，直到今天的经济学。因为大部分向封闭的专家团体的转变，都是向成熟转变的一部分，我在上述考察解谜活动的出现时已经讨论过了。很难相信它是个可有可无的特征。也许科学就像卡尔爵士希望的那样，可以再一次成为与哲学类似的学问，但我怀疑，他那时就不会那么崇拜它了。

为了结束这部分讨论，我现在转向一些具体案例，我的批评者正是借助这些案例来阐明他们在寻找常规科学及其在历史中的作用时的困难。我首先要考虑的是卡尔爵士和沃特金斯提出的一个问题。他们俩指出，"在关于**物质**（*matter*）理论的漫长历史中，"没有出现过诸如基本原则的一致："从前苏格拉底时代到现在，在物质概念的连续性和不连续性之间，在一方是各种不同的原子理论，另一方是以太、波和场理论之间，都存在着无休止的**争论**。"[30] 费耶阿本德通过比较解决物理学问题的力学途径、现象学途径和场论途径，对 19 世纪后半叶也提出了十分类似的观点。[31] 他们对所发生之事的所有描述我

---

[30] Watkins, "Against 'Normal Science'", pp. 34 ff., 54-55. 正如沃特金斯指出，达德利·夏皮尔在他对《结构》的书评中提出过类似观点（Philosophical Review 73 ［1964］: 383-394），与原子论在 19 世纪上半叶化学中的作用有关。我很快会在下文中涉及这个案例。

[31] Feyerabend, "Consolations for the Specialist," p. 207.

都赞同。但是，"物质理论"这个词至少直到三十年前，甚至都没有区分是科学的关注点还是哲学的关注点，更不用说挑选一个共同体或一小组共同体对这个主题负责，并成为该主题的专家。

我不是说科学家没有物质理论，或没有使用物质理论，也不是说他们的研究不受这些理论的影响，更不是说他们的研究结果在其他人所提出的物质理论中不起作用。但是，一直到本世纪为止，物质理论都只是科学家的工具，而不是研究主题。不同的专业选择不同的工具，有时还互相批评对方的选择，但这并不意味着它们不在进行着常规科学。常常听到这样的概括：在波动力学出现以前，物理学家和化学家使用特有的、不可调和的物质理论。这个概括过于简单化了（部分原因是，即使在今天，它同样也能适用于不同的化学专业）。但是，正是这样一个概括的可能性，暗示我们必须沿着沃特金斯和卡尔爵士的提问方式前进。就此而言，一个给定共同体或学派的从业者并不总是需要共有一个物质理论。19世纪前半叶的化学就是一例。尽管它的许多基本工具——定比、倍比、化合量等——都已经通过道尔顿原子论提出，并且成为公共财产，但使用者在此事件之后，仍可能对原子的性质甚至原子的存在采取十分不同的态度。他们的学科，或至少是学科中的许多部门，都不依赖于共同的物质模式。

我的批评者即使在承认常规科学存在的地方，也常常难以发现危机及其作用。沃特金斯给出了一个案例，并依据前面采用的那种分析方法立刻找到了解决方案。沃特金斯提醒我们，开普勒定律与牛顿的行星理论是不相容的，但天文学家以前并未对此感到不满。沃特金斯由此断言，天文学危机并不先于牛顿对行星运动的革命性论述。但是，为什么它应该先于呢？首先，**对天文学家来说**，从开普勒轨道到牛顿轨道的转变不需要（我缺少可靠的证据）革命。大多数天文学家都遵循开普勒，并且用力学术语，而不是用几何学术语来描述行星轨道的形状。（也就是说，他们的描述并没有使用椭圆的"几何完美性"——如果有的话，也没有使用被牛顿式的摄动所偏离的轨道的其他特征。）尽管从圆到椭圆的转变对他们来说也是革命的一部分，但正如牛顿所做的，对机械的小小调整就可以说明对椭圆的偏离。更重要的是，牛顿对开普勒轨道的调整是他力学研究的副产品，数理天文学家共同体在他们的序言中顺便提到了力学领域，但此后这个领域在他们的工作中就只起到一种最总体化的作用。然而，牛顿确实在力学中引发了一场革命，自从哥白尼学说被接受以后，力学领域存在一个普遍公认的危机。沃特金斯的反例为我提供了最好的材料。

　　最后，我要讨论拉卡托斯提出的一个扩展的历史案例，即玻尔的研究纲领，因为它阐明了在他那篇常常令人钦佩的文章中最令我困惑的地方，它还表明了即使残余的波普尔主义仍然可以如此深刻。尽管他的术语体系完全不同，但是他的分析工具如其需要的那样与我的十分相近：硬核、在保护带中工作和退化阶段十分类似于我的范式、常规科学和危机。然而，在重

151

要的方面，拉卡托斯却没有看到这些共同的概念如何起作用，即使当它们应用于对我而言的理想情形时。让我来展示他本可以看到，本应论述的一些东西吧。我的版本与他的或其他人的历史叙述一样，将是一种合理性重建。但是，我既不会要求我的读者在我的文章中添加"大量趣味"，也不会加些脚注指出我的文章里所说的东西是错的。[32]

让我们来考察拉卡托斯对玻尔原子之起源的说明。他写道："背景问题是为什么卢瑟福原子……能保持稳定；因为根据充分确证的麦克斯韦－洛伦兹电磁理论，它们应该坍缩。"[33] 这是一个真正的波普尔式问题（而不是一个库恩式谜题），它来自两个逐渐确立的物理学部门的冲突。此外，它也在一段时间里成为一个潜在的批判焦点。它并不是来自 1911 年的卢瑟福模型；辐射的不稳定性对大多数旧的原子模型来说同样是个难题，包括汤姆逊模型和长冈模型。而且，这个问题在玻尔那篇

---

[32] Lakatos, "Falsification," pp. 138, 140, 146, and elsewhere. 人们可以合理地询问要求这种资格（qualification）的案例的证据力度（而且"资格"是个完全正确的词吗？）。然而，在另一个语境中，我将十分感谢拉卡托斯的这些"历史案例"。因为它们比我所知道的任何其他案例都更明晰，所以它们更清楚地阐明了哲学家与历史学家在研究历史的方法上存在的区别。问题不在于哲学家可能会犯错误——拉卡托斯掌握的事实比许多写作这些题材的历史学家还要多，而且历史学家也会犯下大错。但是，一个历史学家不会**在他的叙述中包括**一个他**明知**是假的事实报告。如果他这么做了，他会对这种冒犯十分敏感，不可能会去加个脚注来引起别人注意。这两种人都十分严谨，但他们在严谨的对象上是不同的。我在《科学史与科学哲学的关系》（"The Relations between History and Philosophy of Science," in *The Essential Tension*, pp. 1-20.）一文中讨论过一些这类区别。

[33] Lakatos, "Falsification," p. 141.

1913 年的著名三部曲论文中得到了解决（在某种意义上），从而开创了一场革命。无疑，拉卡托斯是想把这个引起革命的问题作为研究纲领的"背景问题"，但它显然不是。[34]

相反，这个背景问题完全是个常规谜题。玻尔着手改进的是 C. G. 达尔文④ 在一篇论述带电粒子穿过物质的能量损耗的论文中提出的物理近似值。在这个过程中，他做出了一个对他来说不可思议的发现：与当时的其他模型不同，卢瑟福原子在力学上是不稳定的，而且他还发现，为稳定它而使用的一个类普朗克的特设性设计，为门捷列夫表中的元素周期提供了一个很有希望的解释，这是他不曾期待的东西。这时，玻尔模型还没有激动人心的地位，玻尔还没有想到把它应用于原子光谱。然而，当他试图使他的模型与 J. W. 尼科尔森提出的一个明显不相容的模型相调和时，这些步骤便接踵而至，而且，在这个过程中，他看到了巴尔末公式。因此，和许多引起革命的研究一样，玻尔在 1913 年取得的最大成就源于一个研究项目的成果，但这个研究项目原先致力的目标跟它所获得的结果却很不相同。尽管如果他不知道普朗克研究给物理学带来的危机，就不可能用量子化的方法来稳定卢瑟福模型，但是他自己的研究十分清楚地表明了常规研究谜题的革命性效力。

最后，我们来考察一下拉卡托斯历史案例的结论部分：旧

---

[34] 关于接下来的内容，见 Heilbron and Kuhn, "The Genesis of the Bohr Atom"。

④ C. G. 达尔文（C. G. Darwin），英国数学家、物理学家，他是进化论创始人 C. R. 达尔文的孙子。——译者注

量子论的退化阶段。这个故事的大部分他都讲得很好，我只是简单地强调一下。从 1900 年起，物理学家逐渐形成了一种普遍共识：普朗克量子给物理学带来了根本性的不一致。一开始，许多人试图消除这个不一致，但到了 1911 年以后，特别是发现了玻尔原子之后，他们逐渐放弃了这些重要的努力。爱因斯坦是唯一一个在十多年时间里，持续把精力放在追求一致的物理学上的著名物理学家。其他人则学会了容忍不一致，并试着用现成的工具解决技术谜题。特别在原子光谱领域、原子结构领域和比热领域，他们的成就是空前的。尽管物理学理论的不一致已经得到了广泛地认识，但物理学家仍然可以开掘它，在 1913 年到 1921 年之间，他们以惊人的速度做出了许多根本性的发现。然而，突然间，从 1922 年开始，他们发现这些非凡的成就分离出三个顽固的问题：氦模型、反常塞曼效应和光的色散。物理学家逐渐相信，这些问题不能通过任何现有的方法解决。结果是，许多人改变了研究立场，他们对旧的量子论提出了比以前更多、更激进的看法，他们设计并试验每一个针对这三个公认难点的尝试。

153　　正是这个最后阶段，即 1922 年及以后，被拉卡托斯称为玻尔纲领的退化阶段。对我来说，这是一个有书面记录的危机案例，它在出版物、通信和轶事上有明确的档案。我们俩都以几乎相同的方式看待它。因此，拉卡托斯本应该讲述这个故事的剩下部分。对于那些经历过这场危机的人来说，在引起危机的三个问题中，有两个被证实具有极大的信息量，它们是色散和反常塞曼效应。经过一系列复杂到无法在这里概述的连贯步骤，对这两个问题的研究首先导致人们采纳了哥本哈根学派的原子模型，在这个模型中，所谓的虚振子耦合离散量子态，随后又产生了量子理论的色散公式，最后产生了矩阵力学，结束了仅仅三年的危机。就量子力学的第一个表述而言，旧量子论的退化阶段既为它提供了时机，又为它提供了许多详细的技术支撑。就我所知，科学史中没有第二个案例像它这样清晰、详细、令人信服地说明了常规科学和危机的创造性功能。

然而，拉卡托斯忽略了这一章，跳到了波动力学，这是新量子论的第二种表述，也是最初完全不同的表述。首先，他把旧量子论的退化阶段描述为充满了"更多无结果的不一致和更多的特设性假说"（"特设性"和"不一致"是对的；"无结果"就大错特错了；这些假说不仅导致了矩阵力学，而且还导致了电子自旋理论）。其次，他提出了解决危机的改革，就像魔术师从帽子里拉出一只兔子一样："一个竞争的研究纲领很快出现了：波动力学……很快赶上、战胜并替换了玻尔的研究纲领。当玻尔的研究纲领退化时，德布罗意的论文出现了。但**这仅仅是巧合**。人们不禁要问，如果德布罗意在 1914 年就发表了他的论文，而不是到 1924 年才发表，那会发生些什么呢？"[35]

---

[35] Lakatos, "Falsification," p. 154; 黑体为本文作者所加。

对于最后一个反问句，答案很明显：什么都不会发生。德布罗意的论文，以及从这篇论文到薛定谔波动方程的道路，都具体依赖于 1914 年后出现的发展：依赖于爱因斯坦和薛定谔自己的研究，还依赖于 1922 年康普顿效应的发现。[36] 即使这个观点不能得到具体证明，但是，当巧合被用来解释两个独立的、最初完全不同的理论的同时出现，且这两个理论都能够解决一个只持续三年的危机时，难道巧合没有被歪曲得面目全非吗？

我再谨慎一些。尽管拉卡托斯完全没有看到旧量子论危机本质上的创造性功能，但他在论述旧量子论与波动力学之发明的相关性上，并不是完全错误的。波动方程不是针对 1922 年开始的危机做出的反应，而是针对始于普朗克 1900 年的研究的危机的反应，这个危机在 1911 年之后已经被大多数物理学家所抛弃。如果爱因斯坦不是固执地拒绝把他对旧量子论根本上的不一致的深深不满放在一边（并且如果他不能把这一不满与电磁涨落现象的具体技术谜题联系起来——他在 1925 年后发现这种现象没有等价物），那么波动方程就不会在那个时候出现，也不会以那种形式出现。这条通向它的研究道路完全不同于通向矩阵力学的道路。

但是，这两者既不是独立的，而且它们的同时终止也不是仅仅出于巧合。在将它们联系在一起的几个研究事件中，有一

---

[36] 见 M. J. Klein, "Einstein and the Wave-Particle Duality," *The Natural Philosopher* 3 (1964): 1-49; V. V. Raman and P. Forman, "Why Was It Schr?dinger Who Developed de Broglie's Ideas?" *Historical Studies in the Physical Sciences* 1 (1969): 291-314。

件是康普顿在 1922 年对光的微粒性的确证，这是关于 X 射线散射常规研究的一个非常高级的副产品。在物理学家能够想到物质波观念以前，他们先是认真对待了光子的想法，而在 1922 年以前则很少有人这么做。德布罗意的研究从光子理论出发，它的主要推进是调和普朗克辐射定律与光的微粒结构；物质波沿着这条道路进来了。德布罗意自己可能不需要康普顿的发现就能认真地对待光子，但是他的法国读者和外国读者肯定不能。尽管波动力学绝不是从康普顿效应中得出的，但两者之间却存在历史纽带。在矩阵力学的道路上，康普顿效应的作用更为明显。哥本哈根学派首次使用虚振子模型是为了表明，在**不求助爱因斯坦光子**——玻尔众所周知地不愿接受光子概念——的情况下，如何能够说明康普顿效应。同一个模型接下来又被用于色散，并且发现了矩阵力学的线索。因此，康普顿效应是一座桥梁，它跨越了拉卡托斯隐藏在"巧合"下的鸿沟。

我在别处已经提供了许多关于常规科学和危机之重要作用的其他案例，这里就不再进一步赘述。由于缺乏额外的研究，我无论如何都不能给出足够的例子。这项研究一旦完成，就无须证明我的观点了，但是，迄今为止所做的研究肯定都不支持我的批评者。他们必须进一步寻找反例。

155

非理性与理论选择

现在考察我的批评者提出的最后一组关注，这是他们与其他许多哲学家共有的关注。它主要来自我对一些程序的描述，科学家通过这些程序在竞争的理论间进行选择。该描述导致了一些诸如"非理性"、"暴民规则"和"相对主义"的指责。在这一节中，我力求消除这些误解，我自己过去的言辞无疑对这些误解也要负部分责任。在我接下来的最后一节里，我将简单涉及一些由理论选择问题引发的更深入的问题。那时，"范式"和"不可通约性"这两个我迄今为止几乎完全避免涉及的词，将必然重新进入讨论。

在《结构》中，常规科学在一个地方被描述为"一种艰苦而投入的努力，将自然强行纳入专业教育所提供的概念框架中"（p. 5）。后来，当讨论在几组竞争的框架、理论或范式之间进行选择的问题时，我将它们描述为：

> 关于说服的技巧，或关于一种情况下的论证和反论证，在这种情况下……证据或错误都不是关键所在。从效忠一种范式到效忠另一种范式的改变是一种改宗经历，它是不能被强迫的。终身抵抗……不是违背科学标准，而恰恰标志了科学研究本身的性质。……尽管历史学家总能找到几个人——如普里斯特列——不讲道理地抵抗到底，但是他也找不到一个点，在这一点上抵抗变得不合逻辑或不科学。他最多只能说，在整个专业都已改宗后，那个继续抵抗的人事实上已经不再是科学家了。（p. 151）

毫不奇怪（尽管我自己曾感到非常奇怪），类似这样的段落在某些方面被解读为，它暗示了在发达科学中，强权产生正义。我被认为主张这样的观点：一个科学共同体的成员能够相信任何他们喜欢的事，只要他们首先确定一个一致观点，然后再向他们的同事、向自然强行推行这个观点。那些决定他们选择相信什么的因素，从根本上说是非理性的、偶然的、关乎个人品味的。在理论选择中，既不涉及逻辑，也不涉及观察或好的理由。不论科学真理可能是什么，它都彻头彻尾是相对主义的。

156

不论我自己应该对这些看法的出现负多大的责任，但所有这些都是具有破坏性的误解。尽管这些误解的消除仍将在我和我的批评者之间留下深刻的分歧，但揭示我们之间的不同意见却是一个前提条件。不过，在逐一讨论这些误解之前，先作一个总体评论是很有益处的。刚才概括的这些误解只是哲学家们提出的，这些人早已对类似上文中所提出的观点耳熟能详。与那些不熟悉这种观点的读者不同，他们有时还认为我所意指的比我实际所说的还要多。但是，我想说的仅仅只是下面这些。

在理论选择的论战中，没有一方给出的论证类似逻辑或形式数学中的证明。在后者的证明中，推论的前提和规则都是预先约定的。如果在结论上有什么分歧，论战多方可以一步一步地追溯他们的步骤，在先前约定的基础上对每一步进行检查。检查到最后，必定有一方承认他在论证的某个孤立的点上错了，违反了或是误用了先前公认的规则。承认之后，他就无所依靠了，他的对手的证明自然就令人信服了。只有当双方发现他们在约定规则的意义或适用性上存在分歧时，发现他们先前的一致并没有给证明提供充分的基础时，随之发生的论战才类似于科学中不可避免的论战。

这些相对熟悉的论点并不表明科学家在他们的论证中不**使用**逻辑（和数学），包括那些旨在说服同事放弃喜爱的理论并接受另一个理论的科学家。当卡尔爵士宣告我自相矛盾时，我无言以对，因为我自己也使用了逻辑论证。[37] 也许更恰当地说，我不指望仅仅因为我的论证是逻辑的，它们就让人信服。当卡尔爵士把它们描述成逻辑的但又错误的时，他强调的是我的观点，而不是他的，随后他就不再尝试分离这个错误，或不再展示它的逻辑特征。他的意思是，尽管我的论证是逻辑的，但他不同意我的结论。我们的分歧必定关乎前提或使用前提的方式，这种情况在对理论选择进行论战的科学家中是很普遍的。当它发生时，他们求助于说服，以此作为证明可能性的前奏。

把说服称为科学家的依靠，并不是认为在选择一种理论而非另一种时，不存在许多好的理由。[38]"采纳一种新的科学理

---

[37] Popper, "Normal Science," pp. 55, 57.

[38] 这种观点的一个版本是，库恩坚持认为，"一个科学共同体采纳一种新范式的决定不能建立在任何类型的（无论是事实的还是其他的）好理由之上"。见 D. Shapere, "Meaning and Scientific Change," in *Mind and Cosmos: Essays in Contemporary Science and Philosophy,* ed. R. G. Colodny, University of Pittsburgh Series in the Philosophy of Science, vol. 3 (Pittsburgh: University of Pittsburgh Press, 1966), pp. 41-85; especially p. 67。

论是直觉的或神秘的事情，关乎心理学描述，而不是逻辑的或方法论的汇编。"[39] 这绝对**不是**我的观点。相反，《结构》中的一章——上述引文就是从这一章中提炼出来的——明确否定了"新范式通过某种神秘的美学标准最终获得成功"，而且这些否定之前的几页内容包含了对理论选择好理由的初步汇总。[40] 这些正是科学哲学中具有温和标准的理由：精确性、适用范围、简单性、富有成果性等。最重要的是，科学家被教以评价这些特征，并且他们被给予各种范例，在实践中对它们进行阐述。如果他们持有的不是这样的价值，他们的学科就会以完全不同的方式发展。例如，我们注意到，艺学史作为进步史的时期也是艺学家以表象的精确性为目标的时期。随着这种价值的放弃，这种发展模式产生了巨大改变，尽管仍有十分重要的发展继续存在。[41]

因此，我所反对的既不是好理由的存在，也不是否认这些理由就是通常所描述的那些理由。但是，我坚持认为，这类理由构成了做出选择时所使用的价值，而不是选择的规则。共有这些理由的科学家在同一个具体情况下仍然可能做出不同的选择。这深刻关系到两个因素。第一，在许多具体情况下，不同的价值尽管都构成好的理由，却导致不同的结论、不同的选择。在这些价值冲突的情况下（例如，一种理论更简单，但另

---

[39]　参见 I. Scheffler, *Science and Subjectivity* (Indianapolis: Bobbs-Merill, 1967), p. 18。

[40]　参见 *Structure*, p. 157。

[41]　Gombrich, *Art and Illusion*, p. 11 f。

158 一种理论却更精确），不同的人对不同价值的相对权重可以在单
个选择中起到决定性作用。更重要的是，尽管科学家共有这些
价值，而且只要科学还存在，他们必定继续共有它们，但他们
并不总是以同样的方式使用这些价值。简单性、适用范围、富
有成果性甚至精确性，都可以被不同的人完全不同地加以判断
（这并不是说他们会任意地判断）。同样，在不违反任何公认规
则的情况下，他们也可能得出不同的结论。

正如我在前面联系到危机的认识时提出的，判断的可变性
甚至对科学发展来说也是至关重要的。理论选择，正如拉卡托
斯所说，相当于研究纲领的选择，它要冒很大的风险，特别在
其早期阶段。一些科学家必须凭借一个在其应用上非同一般的
价值体系，很早就选择它，否则它就不会发展到具有普遍说服
力的水平。然而，这些非典型的价值体系所导致的选择往往都
是错的。如果共同体的所有成员都以同样的高风险方式使用价
值，那么这个团体的事业就会停止。我认为，拉卡托斯遗漏了
这最后一点，与之一起遗漏的还有个体可变性在该团体的一致
决定（仅仅是迟到的一致决定）中所起的根本作用。正如费耶
阿本德同样强调的，赋予这些决定以"**历史的特征**"，或者表明
它们仅仅是"**用后见之明**"做出的决定，就剥夺了它们的功能。[42]
科学共同体不能等待历史，尽管某些成员可以。相反，通过分

---

[42] Lakatos, "Falsification," p. 120; Feyerabend, "Consolations for the Specialist,"
pp. 215 ff.

配必须由共同体成员承担的风险，才能获得需要的结果。

在这个论证中，有什么地方表明像根据"暴民心理学"做决定这样的措词是恰当的吗？[43] 我认为没有。相反，暴民的特征之一是拒绝其成员通常共有的价值。当科学家们这么做时，结果将是他们的科学的终结，李森科事件告诉我们它将会有什么样的结局。但是，我的论证甚至走得更远，因为它强调，与大多数学科不同，应用共同科学价值的责任必须由专家团体来负。[44] 它甚至不能扩展到所有的科学家，不用说所有受过教育的外行，更不用说暴民了。如果专家团体像暴民一样行事，否认其常规价值，那么科学已经无可挽救了。

同样，在这里或在我的书中，没有一处论证暗示了科学家可以选择任何他们喜欢的理论，只要他们都同意这个选择，并且从那时起就强制执行。[45] 大多数常规科学的谜题都直接由自然呈现，而且所有谜题都间接地涉及自然。尽管不同时期把不同的解决方法看成是有效的，但自然却不能被塞进一套任意的概念框架中。相反，前科学的历史表明，只有在一个非常特殊的框架下，常规科学才是可能的；发达科学的历史表明，自然

[43] Lakatos, "Falsification," p. 140, n. 3, and p. 178.

[44] 参见 *Structure*, p. 167。

[45] 下面的这件事，让我对以这种方式和相关方式解读我那本书感到有些惊讶和懊恼。在一次会议上，我与我相识的一位关系不太近的朋友兼同行交谈，从发表的评论谈到对我这本书的热情。她转向我说，"那么，汤姆，在我看来，你现在最大的问题是要证明，在哪种意义上，科学可以是经验的"。我听了目瞪口呆，半天合不拢嘴。我至今还能完全回忆起当时的情景，这是自 1944 年戴高乐进入巴黎以来最令我难忘的事了。

不会被无限期地限制在科学家迄今为止所构造的任何一个框架中。如果我有时候说，科学家基于他们过去的经验，遵照他们的传统价值所做出的任何选择，对那个时期来说事实上都是有效的科学，那么我只是在强调一个同义反复罢了。以其他方式所做的决定，或者不能以这种方式所做的决定，都没有为科学提供基础，也不会成为科学的。

关于非理性和相对主义的指责仍然存在。不过，我已经论述了第一个指责，因为我已经讨论了引起这个指责的各种问题，除了不可通约性问题。但是，我对此并不乐观，因为我以前和现在都不完全理解，当我的批评者使用类似"不合理的"、"非理性"这样的词来形容我的观点时，他们的意思是什么。这些标签在我看来仅仅是些口号，是共同事业——不论是对话或是研究——的障碍。然而，当这些词不是用来批判我的立场，而是用于对我的立场进行辩护时，我理解上的困难就更加明显、更加严重了。在费耶阿本德论文的最后一部分中，有很多显然是我同意的，但是把这个论证描述成对科学中非理性的辩护，在我看来不仅荒谬，而且是有点下流的。我会把它与我自己的观点描述为这样一种尝试，即表明现有的合理性理论并不完全正确，为了说明科学为什么如其所是地运作，我们必须对它们作重新调整或改变。相反，假定我们拥有独立于我们理解科学过程之本质的合理性标准，就是打开了一扇脱离现实的幻境之门。

对相对主义之指责的回答肯定比前面那些要复杂得多，因为这个指责不仅仅来自误解。在该词的某种意义上，我可能是一个相对主义者；在更本质的意义上，我不是。在这里，我希望能将两者分开。我的科学发展观从根本上说是进化的，这一点肯定已经清楚了。因此，想象一个进化的树状图，它代表了科学专业从它们共同起源（如最初的自然哲学）的发展。再想象一下，从树干底部到某条树枝的顶端有一条线，而这条线本身没有折返回来。沿这条线找到的任何两个理论彼此都有血统关系。现在考虑两个这样的理论，每个理论都选自离其起源不太近的一点。我相信，很容易设计一套标准——包括预测的最大精确度、专业化程度、具体的解难题方案的数量（但不是范围）——这些标准使任何一个不涉及这两个理论的观察者都能够辨别哪个是旧理论，哪个是后来的理论。因此，对我来说，科学发展就像生物进化一样，是单向的、不可逆的。在做科学家通常所做的那些事时，一种科学理论并不像另一种理论那么好。在这个意义上，我不是一个相对主义者。

但是，我被称为相对主义者也是有理由的，这些理由与某些语境有关，在这些语境中，我对"真理"一词的使用十分谨慎。在当前这个语境下，这个词在理论内的使用在我看来是毫无问题的。特定科学共同体的诸成员将会普遍赞同：一个共有理论的哪些结果经受了实验的检验，因而是真的；当下使用的理论哪些是错的；还有哪些是未经检验的。在对涵盖同样范围的自然现象的诸理论进行比较时，我更加小心谨慎。如果它们是历史上的理论，就像上述那些理论一样，那么我就可以采用卡尔爵士的说法：每个理论在当前都被认为是真的，但后来被当作错的而放弃。此外，我可以说，作为常规科学的实践工具，较后的理论更好，我还可以希望加入足够的意义，在这些意义上能更好地说明科学的主要发展特征。当我能够走这么远时，我自己并没有觉得我是一个相对主义者。不过，许多科学哲学家都想要走出另一步，或另一类型的步，我却拒绝这么做。他们希望把理论作为自然的表象来进行比较，作为关于"真正外在之物"的陈述来进行比较。当他们承认两个历史理论都不是真的时，他们不过是在寻找某种意义，在这种意义上，较后的理论更接近于真理。我认为，这种意义是无法找到的。另一方面，在这种立场下，我不再感到失去了什么，尤其是说明科学进步的能力。

参考卡尔爵士的文章和他的其他著作将会澄清我所拒斥的观点。他提出了一个逼真性标准，他写道，"一个较后的理论……t2……由于比 t1 更接近真理而取代了 t1"。当讨论相继的框架时，他也认为该系列中的每一个较后的框架都比其前任"**更好，而且具有更大空间**"；而且他暗示，至少如果无限进行下去的话，该系列的极限就是"塔尔斯基意义上的'绝对的'或'客观的'真理"。[46] 然而，这些立场呈现出两个问题，在第一个问题上，我不能确定卡尔爵士的立场。例如，当谈到场论比早先的物质和力（matter-and-force）的理论"更接近真理"时，

[46]　K. R. Popper, *Conjectures and Refutations: The Growth of Scientific Knowledge* (London: Routledge & Kegan Paul, 1963); Popper, "Normal Science," p. 56; 黑体为本文作者所加。

除非这些词被古怪地使用，否则这应该指的是自然的最终构成要素更类似于场，而不是物质和力。但是，在这个本体论语境下，如何使用"更类似"一词还远远没有搞清楚。历史理论的比较并没有给出任何这样的意思，说它们的本体论正在趋向一个极限：在某些根本方面，爱因斯坦的广义相对论更类似于亚里士多德物理学，而不是牛顿力学。无论如何，得出本体论极限之结论的证据都不是对整个理论的比较，而是对它们的经验结果的比较。这是一个重大的跳跃，特别在面对下述定理时，即一个给定理论的任何有限的结果都可以来源于另一个不相容的理论。

卡尔爵士对塔尔斯基的涉及突出了另一个难题，这是个更加根本的问题。真理的语义学概念通常以此例为典范："雪是白的"是真的，当且仅当雪是白的。因此，要在两个理论的比较中使用这个概念，人们必须假定，它们的支持者都赞同，雪是否是白的这类事实问题在技术上是等值的。如果这个假定只是关于对自然的客观观察的话，那么它就不会出现难以克服的问题，但是它又涉及这样一个假设，即这些客观的观察者要以同样的方式理解"雪是白的"，而如果在下面这句话中："元素按重量的定比相结合"，情况就可能不是那么明显了。卡尔爵士想当然地认为，竞争理论的支持者确实都共有一种足以比较这类观察报告的中性语言。我将要论证，他们并不共有这样的语言。如果我是对的，那么"真理"一词就像"证据"一词一样，只能在理论内部使用。只要中性观察语言的问题得不到解决，

162

那些人将使混淆一直持续下去，他们指出（如沃特金斯在答复我对"错误"的类似论述时指出的[47]），"真理"这个词具有常规的用法，就好像它从理论内语境变换到理论间语境没有任何影响一样。

不可通约性与范式

我们终于来到了把我和我的大多数批评者区分开来的一组核心问题面前了。我很抱歉经过这么长的旅途才来到这一点，但是我认为只有部分责任在于旅途中的那些需要清理的小问题。不幸的是，从这些问题转入我的结论章节的必要性导致了一个相对粗略和教条的论述。我只能寄希望于分离出我观点中的某些方面，它们是我的批评者普遍忽略或摒弃的；我还希望能给大家提供进一步的阅读和讨论的动机。

对两个相继理论进行逐点比较需要一种语言，至少两者的经验结果可以无损失或无改变地翻译成这种语言。至少从 17 世纪以来，人们就普遍认为，这样一种语言是唾手可得的。当时，哲学家们把纯粹感觉报告的中立性视为理所当然，为了把它们都用一种语言来表述，他们还寻找一种能够表现所有语言的"普遍特征"。理想上，这种语言的原始词汇表应该由纯粹感觉材料的术语加句法连接词构成。哲学家们现在已经放弃了实

---

[47] Watkins, "Against 'Normal Science'," p. 26, n. 3.

现任何这类理想的希望，但许多人继续认为，理论可以通过诉诸一个基本词汇表的方法进行比较，构成这个词汇表的所有语词都以毫无问题的方式附于自然，而且在某种程度上必然独立于理论。卡尔爵士的基本陈述就是以这个词汇表为框架的。他需要这个词汇表来比较两个交替理论的逼真性，或者证明一种理论比它的前任"具有更大的空间"（或包含它的前任）。费耶阿本德和我已经详细论证了不存在这样的词汇表。在从一个理论到下一个理论的转变中，语词的意义或适用条件以微妙的方式发生了变化。[48]尽管革命前后使用的符号大部分是相同的——例如，力、质量、元素、化合物、细胞——但是其中一些符号附于自然的方式却多多少少发生了改变。因此我们说，相继的理论是不可通约的。

163

　　我们选择的"不可通约"这个词困扰了许多读者。尽管它并不是指它在原有领域中的"不可比较的"意思，但是，批评者们通常都坚持认为，我们不能按照字面上的意思来意谓它，因为持不同理论的人的确在互相交流，并且还不时地改变彼此的观点。[49]更重要的是，批评者常常从观察到这种交流的存在——这一点我自己也强调过——滑向这样一个结论：它不会

---

　　[48]　夏皮尔在《结构》的书评中批评了我在书中讨论意义变化的方式，这个批评在某种意义上是十分确切的。在这个过程中，他要求我明确说明，一个术语在意义上的变化，和它在使用上的变更之间的"现金差别"（cash difference）。在当前的意义理论下，我必须说，没有。使用两个术语中的任何一个都可以得出相同的观点。

　　[49]　例如，见 Toulmin, "Does the Distinction," pp. 43-44。

呈现出任何根本问题。图尔敏似乎满足于承认"概念的不相容性",但接着又继续像以前那样了(p. 44)。当拉卡托斯告诉我们如何比较相继的理论,并从而把这种比较看成纯粹逻辑的时,他附加插入了一个短语"或者来自语义学的重新解释"[50]。卡尔爵士则以一种特别有趣的方式驱赶这个难题:"说不同的框架就像相互不可翻译的语言,这仅仅是个教条,一个危险的教条。事实是即使完全不同的语言(如英语和霍皮语,或汉语)也不是不可翻译的,而且有许多霍皮人或中国人很好地掌握了英语。"[51]

我承认语言上的相似是有用的,也的确很重要,因此我将在这方面做一些探讨。大概卡尔爵士也承认这一点,既然他使用了这个相似。如果他确实承认的话,那么他所反对的教条就不是那些框架与语言类似,而是语言是不可翻译的。但是没有人这么认为!人们所认为的,使这个相似如此重要的,是学习第二种语言的困难不同于翻译的困难,而且问题也少得多。尽管为了翻译,人们必须懂得两种语言,而且尽管翻译在一定程度上总能做到,但是它可以给甚至最精通两种语言的人都带来重大的困难。他必须在不相容的目标之间找到最可行的妥协。必须要保留细微的差别,但又不能以句子太长为代价,否则的话就会中断交流。原原本本地直译当然很好,但是如果这需要

---

[50] Lakatos, "Falsification," p. 118. 也许仅仅是因为它过于简短,拉卡托斯在 p. 179, n. 1 上再次提到这个问题时也同样没什么帮助。

[51] Popper, "Normal Science," p. 56.

引入太多的外来词汇，而这些词汇又必须在一个术语表或附录里分别讨论的话，那就不好了。那些想要完美地追求表述的精确性和恰当性的人都觉得翻译太痛苦了，有些人则根本无法做到。

　　简而言之，翻译总是包含了妥协，妥协则改变了交流。翻译者必须决定什么样的改变是可接受的。为了做到这一点，他需要了解原文中的哪些方面最为重要，是要保留下来的，他还要多少了解一些将要阅读他的作品之人先前的教育和经历。所以毫不奇怪，一部完美的翻译应当是什么样的，实际的翻译在多大程度上能接近那个理想，这些问题在今天看来都是深刻的、尚未解决的问题。蒯因最近得出了一个结论："［为翻译做准备的］分析性假设的诸竞争体系，在每一种有关的语言中都可以符合所有的言语排列，而且在无数情况下都可以强行规定出完全不同的翻译。……两个这样的翻译甚至可能在真值上明显相反。"[52] 人们无须走那么远就能认识到，讨论翻译只是剥离出了那些导致费耶阿本德和我谈论不可通约性的问题，但却并没有解决这些问题。至少对我来说，翻译的存在表明了持不可通约理论的科学家是可以有依靠的。不过，那种依靠不必以一种理论结果的中性语言来完全重述。理论比较的问题仍然存在。

---

[52]　W. V. O. Quine, *Word and Object* (Cambridge, MA: Technology Press of the Massachusetts Institute of Technology, 1960), pp. 73 ff.

　　为什么翻译——不论是理论间的翻译还是语言间的翻译——如此困难？因为，就像通常所说的那样，语言以不同的方式割裂世界，而且我们无法获得一个中性的、亚语言的报告手段。蒯因指出，尽管参与彻底翻译的语言学家能够轻易发现，他研究的那些土著人说"Gavagai"这个词是因为看到了一只兔子，但是要发现"Gavagai"这个词应该如何翻译却更为困难。语言学家该把它译成"兔子"、"兔类"、"兔子的一部分"、"兔子的出现"，还是译成某个他甚至无法想到要表达的词？我把这个例子扩展了一下，假设在所考察的群落中，兔子在雨季会改变颜色、毛长、特有的步态等等，再假设它们在那时的出现引出了"Bavagai"一词。"Bavagai"是不是应该翻译成"湿兔子"、"长毛兔子"、"癞兔子"，或是所有这些词的总和？语言学家是否应该断定，这个土著群落没有认识到"Bavagai"和"Gavagai"指称同一种动物？要从这些选项中做出一个选择，其相关的证据将来自进一步的调研，结果将是一个合理的分析假设，该假设同时也关系到其他术语的翻译。但是，它将仅仅是个假设（上述所有选项都不必正确）；任何错误所导致的结果都可能成为以后交流中的困难；当问题出现时，人们将完全弄不清楚它是不是与翻译有关，如果是的话，也完全弄不清楚问题症结之所在。

　　这些例子表明，一本翻译手册必然体现一种理论，这个理论提供了与其他理论一样的回报，但也容易产生同样的危险。对我来说，它们还表明，翻译者既包括科学史家，也包括努力与信奉不同理论的同行进行交流的科学家。[53]（但是，请注意，科学家和历史学家的动机和相关的敏感性是完全不同的，这一点说明了他们各自结果中的许多系统性差别。）他们常常具有无法估量的优势：在两种语言中使用的符号都是相同的，或几乎相同；大多数符号在两种语言中以同样的方式发挥功能；而且在功能发生改变的地方，仍然存在丰富的理由来保留同样的符号。但是，这些优势也给他们带来了麻烦，这在科学话语和科学史中都可以举出例子说明。他们很容易就忽视了功能的改变，而如果伴随着符号的改变的话，那么这些功能的改变应该是很明显的。

历史学家和语言学家的任务之间的相似之处突出了翻译的一个方面，这是蒯因没有涉及的（他不需要），这个方面给语言学家带来了很多麻烦。[54]在教学生亚里士多德物理学时，我常常指出，物质（《物理学》中的物质，不是《形而上学》中的物质）是一个物理上可有可无的概念，这恰恰是由于它的无所不在和性质上的中立。构成亚里士多德之宇宙的，说明了其多样性和规则性的，是非质料的（immaterial）"本性"或"本质"；与当代元素周期表的恰当的相似之物，不是亚里士多德的四元

166

---

[53]　这些有关翻译的观点很多都是在我的普林斯顿讨论班上提出的。现在我无法把我的想法和参加讨论班的学生和同事的想法区分开来。但是，泰勒·伯格的一篇论文对我尤其有帮助。

[54]　特别见 E. A. Nida, "Linguistics and Ethnology in Translation-Problems," in *Language and Culture in Society: A Reader in Linguistics and Anthropology,* ed. D. H. Hymes (New York: Harper and Row, 1964), pp. 90-97。十分感谢莎拉·库恩提醒我注意这篇文章。

素，而是四种基本形式的四边形。同样，当教到道尔顿原子论的发展时，我指出它意味着一种新的化合观念，其结果是，区分术语"混合物"和"化合物"之指称对象的界线移动了；合金在道尔顿之前是化合物，之后是混合物。[55] 这些论点是我将从前的理论翻译成现代术语之尝试的重要部分，经过我的处理之后，我的学生对原始资料的解读完全不同于以前，尽管这些资料都已经被译成英文。同样原因，一本好的翻译手册，特别是针对另一个区域和文化的语言的翻译手册，应该包括或附有一些话题性段落，用来说明当地人如何看待世界，他们采用哪种本体论范畴。学习翻译一种语言或一种理论，部分是学习描述该种语言或理论起作用的世界。

在引入翻译，从而阐释了把科学共同体看成语言共同体所能得到的启示之后，我现在要把它暂时放在一边，以便考察这个相似性中的一个特别重要的方面。无论学一门科学还是学一种语言，词汇通常是与至少一组最基本的概括一起获得的，这些概括展示了该词汇如何应用于自然。但是，在任何情况下，这些概括所体现的自然知识都不及在学习过程中习得的一小部

---

[55] 这个例子十分清楚地表明了舍夫勒观点的不足，他认为，如果用指称同一性代替意义同一性，那么费耶阿本德和我提出的问题就会消失（*Science and Subjectivity,* chapter 3）。不论"化合物"的指称是什么，在这个例子中，它都改变了。但是，正如我在下述讨论中将要指出的，在关系到我和费耶阿本德的任何使用中，指称同一性的困难都不比意义同一性的困难少。"兔子"的指称对象与"兔类"或"兔子的出现"的指称对象是一样的吗？请考虑适合每个术语的个性化标准和自我同一性标准。

分。许多知识（不论是什么知识）恰恰体现在将术语附于自然相关联的机制中。[56] 自然语言和科学语言都是为了如其所是地描述世界而设计的，而不是描述任何想象的世界。诚然，自然语言比科学语言更容易适应意想不到的情况，但通常以冗长的语句和不可靠的句法为代价。不能用一种语言**轻易**说出来的事物，是说这种语言的人不期望有机会说出来的事物。如果我们忘记了这一点，或低估了它的重要性，那可能是因为它的反面不成立。我们能够轻易地描述许多我们不期望能看见的事物（比如独角兽）。

那么，我们如何获得被构筑在语言之中的自然知识呢？大部分和我们学习语言本身一样——不论日常语言还是科学语言——在同一时间，采用同样的方法。部分过程众所周知。字典中的定义告诉我们单词的意思，同时还告诉我们可能需要读或说的对象和情境。通过在各种各样的语句中碰到这些单词，有些单词我们懂得了更多，还有些单词我们全懂了。在这些情况下，正如卡尔纳普指出的，我们学会自然定律的同时也学会了关于意义的知识。给出电荷存在的两个检验的文字定义，每一个都是权威检验，我们既学会了"电荷"这个术语，也

---

[56] 进一步扩展的例子，见我的 "A Function for Thought Experiments," in *Mélanges Alexandre Koyré,* vol. 2, *L'aventure de l'esprit,* ed. I. B. Cohen and R. Taton (Paris: Hermann, 1964), pp. 307-334; reprinted in *The Essential Tension,* pp. 240-265。在我的 "Second Thoughts on Paradigms" 一文中可以找到更为分析性的讨论。

懂得了，通过一个检验的物体也将通过另一个检验。但是，这些语言－自然的学习程序是纯语言学的。它们将语词与其他语词联系起来，只有我们已经拥有了一些通过非语言过程或不完全的语言过程习得的词汇，它们才能发挥作用。也许那部分学习是通过实例显示或某种详细阐述，将所有语词或短语直接与自然匹配。如果卡尔爵士和我有一个根本性的哲学争论，那就是关于这个最后的语言－自然学习模式与科学哲学的相关性。尽管他知道，科学家需要的许多语词，特别是用于陈述基本语句的语词，是通过一个不完全的语言过程习得的，但是他认为这些术语以及与这些术语一起习得的知识都是毫无问题的，至少在理论选择的语境下是毫无问题的。我认为他忽略了最主要的一点，正是这一点导致我在《结构》中提出了范式的概念。

当我谈及嵌入术语和短语中的知识通过某个类似于实例显示的非语言过程习得时，我同样是在提出这样一种观点，即我在书中通过反复地提及的，范式的作用在于具体的解难题方案，在于以实例显示的范例。当我谈及这种知识作为科学和理论建构的结果时，我看到了马斯特曼小姐对范式所强调的东西，她指出，它们"可以在理论不存在时起作用"[57]。然而，对任何一个不像马斯特曼小姐那样认真看待范式概念的人来说，这些联系都不可能是明显的，因为正如她恰如其分地强调

168

---

[57] Masterman, "The Nature of a Paradigms," p. 66.

的，我以许多不同的方式使用该术语。为了揭示目前的问题之所在，我必须短暂地离开正题，先澄清一些混淆，既然这些混淆完全是我自己制造的。

我在前面提到，《结构》如果出新版，我会以共同体结构的讨论来展开。在隔离出一个单个的专家团体之后，我接下来要问，其成员所共有的、使他们能够解谜的、说明他们在问题选择和解难题方案之评价上相对一致的是什么？我的书中允许对这个问题给出的一个回答是"一个范式"或"一组范式"。（这是马斯特曼小姐所说的该术语的社会学意义。）我现在想用某个其他短语来替代它，也许是"学科基体"(disciplinary matrix)："学科的"，因为它对特定学科的从事者来说是共同的；"基体"，因为它由需要单独规范的有序要素组成。在我的书中被描述成范式、范式的或范式之部分的所有承诺对象都将在学科基体中找到一个位置，但是它们不会堆在一起，单个地或共同地组成范式。它们之中将会有：共同的符号化概括，如"$f=ma$"，或"元素按重量的定比相结合"；共同的模型，不论形而上学模型，如原子论，还是启发式模型，如电流的流体力学模型；共同的价值，如前面讨论的对预测精确性的强调；以及其他这类要素。在其他要素里，我特别要强调具体的解难题方案，也就是科学家最早在学生实验室里、在科学文献的章末问题里以及在考试中遇到的种种标准例题。如果可以的话，我将把这些例题解答称为范式，因为正是它们首先引领我选择这个术语。但是，由于失去了对这个词的控制，我以后将称它们为范例

（exemplars）。[58]

169 　　这类例题解答通常被认为是对已习得理论的纯粹应用。学生用它们来做练习，在使用他已经学到的东西中获得才能。在解了足够多的谜题之后，这种描述无疑是正确的，但我认为，一开始绝不是这样的。毋宁说，解谜题就是学习一个理论的语言，是获得内在于这种语言的自然知识。例如，在力学中，许多问题涉及牛顿第二定律的应用，这个定律通常表示为"$f=ma$"。但是，这个符号表达式是定律的概括，而不是定律。在每一个物理题中，它都必须在使用逻辑和数学推导之前被重新写成不同的符号式。对于自由落体，它变成了

$$mg = \frac{md^2s}{dt^2};$$

对于摆，它是

---

[58]　这一修改以及本文余下的几乎所有内容都在我的《对范式的再思考》（Second Thoughts on Paradigms）一文中更详细、更证据确凿地讨论过。我甚至把它作为参考文献请读者查阅。不过，我在这里附加了一个额外的评论。刚才我的文章中所概述的变化使我不能再在描述一个科学专业的成熟过程时诉诸"前范式时期"和"后范式时期"这两个词组。回顾过去在我看来是有好处的，因为在该术语的两种意义上，范式始终都为任何科学共同体所拥有，包括我以前称之为"前范式时期"的那些学派。我以前没有理解这一点，这当然促使我把范式看成一个半神秘性的实体或属性，就像克里斯玛一样，改变了那些受它影响的人。但是，请注意，正如上文所指出的，术语的变化完全没有改变我对成熟过程的描述。大多数科学的早期发展阶段都以许多竞争学派的出现为特征。后来，通常在出现重大的科学成就之后，所有这些学派或大多数学派都消失了，这个变化使保留下来的共同体成员可能具有更强有力的专业行为。在整个这个问题上，马斯特曼小姐的论证（"The Nature of a Paradigm," pp. 70-72）显得十分有力。

$$mg \sin\theta = -ml\frac{\mathrm{d}^2\theta}{\mathrm{d}t^2};$$

对于耦合谐振子，它变成了两个方程，第一个方程可以写成

$$m_1\frac{\mathrm{d}^2 s_1}{\mathrm{d}t^2} + k_1 s_1 = k_2(d + s_2 - s_1);$$

等等。

由于没有足够的篇幅进行论证，我只能简单地断言，物理学家共有很少的规则——不论是外在的还是内在的，而通过这些规则，他们可以把定律的概括变换成具体问题所要求的特定的符号形式。相反，一系列的范例式问题解答则教导他们把不同的物理情形看成彼此相似的情形；如果你愿意的话，你就在牛顿力学的格式塔中看到它们。一旦学生们获得了这种能力，能够以这种方式看待许多问题情形，那么他们就能随意地写出其他这类情形所要求的符号形式。但是，在获得这种能力之前，牛顿第二定律对他们来说只不过是一串未经解释的符号。尽管他们共有这串符号，但他们并不知道这意味着什么，从而无法通过它来了解自然。不过，他们必须学习的东西并不是体现在额外的符号表达式中。毋宁说，它是通过一种类似实例显示的过程获得的，即直接面对一系列的情形，并被告知，每一个都是牛顿力学的情形。

把问题情形看成彼此类似，看成相似方法之使用的主题，这也是常规科学研究的一个重要方面。有一个例子可以阐释并使人理解这一点。伽利略发现，沿斜面滚下的小球所获得的

170

速度，刚好可以使它回到具有任意斜度的第二个斜面的相同垂直高度；他还学着把这种实验情形看成有质点的摆的一次摆动。接着，通过设想摆的伸展物由伽利略的点摆构成，点摆间的连接可以在摆动中的任何一点松开，惠更斯解决了物理摆的振荡中心问题。当这些连接松开后，单个点摆将自由摆动，但是，当每一个点摆都达到最高点时，它们的共同重心只在某一个高度，伸展摆的重心就是从这一高度开始下降。最后，丹尼尔·伯努利也是在没有牛顿定律的帮助下，就发现了如何使贮槽孔中流出的水流类似于惠更斯摆。先确定贮槽中的水的重心在无穷小时间里的下降。接着想象每一个水粒子在流出来后就各自向上运动，由于它自身有速度，它会在开始下降的瞬间达到最大高度。那么，这些单个水粒子的重心的上升必定等于贮槽中的水的重心的下降。从这个角度来看待问题，长期探索的流出速度立刻得到了解决。这些例子表明，当马斯特曼小姐把范式从根本上看成一种人工物（artefact）时，她所考虑的是什么。这种人工物不仅把问题转变为谜题，而且即使没有适当的理论，也能使问题得到解决。

　　我们回到了语言及其所附的自然，这一点清楚了吗？在上述所有例子中，只用到了一个定律，即活力（vis viva）原理，它被普遍表述为"实际的下降等于潜在的上升"。对于学习该定律中这些词的单个意义或共同意义来说，或者对于学习它们如何附于自然来说，对这些例子的思考都是一个基本的部分（尽管只是部分）。同样，它也是学习世界如何运转的部分。两者是不可分离的。教科书中的问题起到了同样的双重作用，学生从中学习诸如发现自然中的力、质量、加速度，并且在此过程中认识"$f=ma$"的意义，以及它如何附于自然，如何为自然立法。当然，在所有这些情况中，这些例子都不是单独起作用的。学生必须了解数学，了解一些逻辑，最重要的是要了解所有自然语言以及它所适用的世界。但是后两者在很大程度上是以同样的方式，通过一系列的实例显示而习得的，这种实例显示教会他认识母亲通常的样子，并且区别于父亲和姐妹，也教会他认识彼此相似的狗，但又不同于猫，等等。这些学到的异同关系是我们所有人每天都毫无疑问使用的关系，而不需要能对我们用以辨认和区别的特征进行命名。也就是说，它们先于一系列的标准，这些标准加上一个符号化概括，曾经使我们能够定义术语。确切地说，它们部分是以语言为条件的看世界方式，或是与语言相关的看世界方式。在学会它们之前，我们根本无法看世界。

要想更从容、更进一步地说明语言－理论之相似性的这一方面，我不得不向读者指出先前引用的那篇文章，最后几段的许多内容都是从那篇文章中提炼出来的。然而，在回到理论选择问题之前，我至少必须先陈述那篇文章主要捍卫的观点。当我谈及通过实例显示的方式一起学习语言和自然时，特别是当我谈及学习把概念对象聚集成相似物的集合，而无须回答诸如"与什么相似?"这样的问题时，我并不是在诉诸某种神秘的过程，贴上"直觉"的标签就不管了。相反，我所考虑的这类过程可以在计算机上很好地模拟出来，因此，它可以与更常见的学习模型进行比较，这种常见的学习模型诉诸标准，而不是诉诸学到的相似关系。我目前处于这种比较的早期阶段，希望发现某些使这两种策略都更有效运作的情形。在这两种程序中，

172 计算机都将被赋予一组刺激（模拟成有序的整数集）和类别的名称，每一个刺激都选自这个类别。在标准学习的程序中，机器被命令抽象出容许对额外的刺激进行分类的标准，之后，机器就可以放弃令它学会做这项工作的原始刺激集合。在相似性学习的程序中，机器被命令保留所有刺激，并且通过对已遇到的、聚集在一起的范例的全面比较，对每一个新刺激进行分类。这两种程序都将是有效的，但它们会给出不同的结果。它们就像判例法和成文法一样，在许多方式和理由上都不相同。

因而，我的一个观点是，我们长期以来一直忽略了一种方式，通过这种方式，自然知识可以默会地体现在整个经验中，而无须介入对标准或概括的抽象。这些经验由已经知道它们是哪种范例的一代人在教育和专业启蒙的过程中呈现给我们。通过消化足够多的范例，我们学会了认识我们的老师们已经认识的世界，并与之合作。我过去对这个观点的主要应用当然就是常规科学及其通过革命而改变的方式，但另一个应用也值得在此说明。承认范例的认知功能也可以洗刷来自我早期关于决定之论述（我将其描述为基于意识形态的决定）的非理性污名。只要给出一些关于一个科学理论研究什么的例子，以及必定通过共有价值来持续研究科学的例子，人们不需要拥有什么标准

就可以发现什么东西错了，也可以在有分歧时进行选择。相反，尽管我至今仍没有过硬的证据，但我相信，我的相似性程序与标准程序的区别之一将是前者用来处理这类情况的特殊有效性。

在这个背景下，我最终回到了理论选择问题和翻译所提供的依靠上来。常规科学实践所依赖的事物之一是一种习得的能力，即把对象和情境组合成一些相似性类别的能力。这种组合无须对"与什么相似？"这样的问题做出回答就可以完成，在这个意义上，这些相似性类别是基本的。因此，每场革命的一个方面就是某些相似性关系的改变。革命前组合在同一个集合中的对象，革命后被组合到不同集合中去了，反之亦然。想想哥白尼前后的太阳、月亮、火星和地球；伽利略前后的自由落体运动、单摆运动和行星运动；或者道尔顿前后的盐、合金和硫/铁锉混合物。由于即使变化了的集合中的大多数对象仍继续组合在一起，这些集合的名称就被普遍保留下来了。不过，一个子集的变化能够对诸集合间的相互关系网产生决定性影响。金属从化合物集合转变为元素集合，是新的燃烧理论、酸理论的组成部分，也是物理燃烧和化学燃烧之区别的组成部分。这些变化在短期内迅速遍及了所有的化学领域。当相似性集合中的对象发生这样的重新分布时，曾经能够完全理解地进行过一段时间对话的两人，可能突然发现他们自己对同样的刺激做出了不相容的描述或概括。正是因为他们两人都无法说："我根据某某标准使用'元素'（或'混合物'，或'行星'，或'自由运动'）

173

一词",他们交流故障的来源才可能格外难以分离和回避。

我并不认为在这种情况下就无所依靠了,但是在询问它是什么之前,让我来先强调一下这种区别是多么之大。它们不仅仅是关于名称和语言的区别,它们同样也是并且不可分离地是关于自然的区别。我们无法确信地说,这两个人看到了相同的事物,掌握了相同的数据,但却以不同的方式识别或解释它。他们对刺激做出了不同的反应,而在看到任何事物以前,或者在任何数据被给予感官之前,刺激都要接受大量的神经处理。由于我们现在知道(而笛卡尔并不知道),刺激 – 感觉的关联既不是一对一的,也不是独立于教育的,因此我们有理由怀疑它在某种程度上随共同体变化而变化,这种变化与语言 – 自然之相互作用中的相应差异彼此相关。现在考虑的这类交流故障是一些可能的证据,即这两个人不同地处理特定的刺激,从中接受不同的数据,看到不同的事物,或者以不同的方式看到了相同的事物。我个人认为非常可能的是,许多或所有将刺激归入相似性集合的组合活动,都发生在我们神经系统处理器官中的刺激到感觉的部分;当刺激——我们被告知它们来源于同一个相似性类别的成员——呈现在我们面前时,该器官中的教育程序就会启动;当这个程序完成后,我们就认识了比如猫和狗(或者理解了力、质量和限定),因为它们(或它们所出现的情境)这时的确首次看起来像我们以前曾经看到过的例子。

然而,依靠必定存在。尽管没有直接通达它的渠道,但故障交流的参与者对之做出反应的那个刺激是相同的(否则就是唯我论）。他们的总体神经系统器官也是如此，尽管在程序上不同。更进一步，除了一些小范围的，如果非常重要的经验外，程序也必然是相同的，因为这两个人共有一个历史（除了刚刚发生的过去）、一种语言、一个日常世界，以及大部分的科学世界。给定他们所共有的东西，他们就能发现他们之间的许多不同之处。如果他们有足够的意志、耐心以及对模棱两可的宽容，那他们至少能这么做，但在这类问题上，这些品质并不是能够想当然地具备的。实际上，我现在谈及的这些治疗性的努力很少得到科学家的重视。

经历交流故障的两人首要的是能够通过实验——有时通过思想实验、空想的科学——发现故障发生的领域。这个困难的语言学重点通常将涉及一组术语，如元素和化合物，这两人可以毫无问题地使用这些术语，但现在我们却看到他们以不同的方式将这些术语附于自然。对他们每一个人来说，这些都是基本词汇表中的术语，至少它们在团体内部的常规使用是无须讨论、不要求说明、没有分歧的。然而，当发现就团体间讨论而言这些词成了特殊困难之所在时，这两人就可能诉诸他们共同的日常词汇表，以便进一步尝试阐明他们的麻烦。也就是说，他们都试图去发现，当对方接受某个刺激时会看到什么或说些什么，而自己对这个刺激的视觉和语言反应是不同的。随着时间的推移和技巧上的熟练，他们渐渐对彼此的行为有了很好的预测，这也是历史学家在处理旧的科学理论时通常学习做的事（或应该做的事）。

因此，交流故障中的每个参与者所发现的，当然是一种把对方的理论翻译成他自己语言的方法，同时也是描述该理论或语言所适用的世界的方法。没有在这个方向上的初始步骤，就不会有即使只是被试着描述成理论**选择**的过程。任意改宗（不过我怀疑在生活的任何方面有这类事情存在）可能就是如此。但是请注意，翻译的可能性并没有使"改宗"这个术语成为不合适。由于不存在中性语言，选择一种新理论就是决定采用一种不同的本土语言，以及在一个相应的不同世界里采用这种语言。不过，"选择"和"决定"这些术语并不十分适合这种转换，尽管事后想要使用它们的理由很清楚。用类似上述那些方法考察一个替代理论时，人们可能会发现自己已经在使用它了（就像人们突然意识到自己正在以另一种语言思考，而不是翻译成那种语言一样）。不存在这样一个点，在这个点上，人们突然明白自己已经做出一个决定，进行了一项选择。但是，这种改变是改宗，导致改宗的方法可以被很好地形容为治疗，因为只要治疗成功了，人们就知道了自己以前生病了。难怪在以后的报告中，这些方法受到抵制，变化的本性被掩盖。

第七章 作为结构变化的理论变化:
对斯尼德形式主义的评论

《作为结构变化的理论变化:对斯尼德形式主义的评论》一文最早发表于《认识》(*Erkenntnis* 10, 1976: 179-99)。重刊得到了克鲁尔学术出版社(Kluwer Academic Publishers)的惠允。

一年半前,斯太格缪勒教授惠赠我一册他的《理论与经验》[1],从而第一次将我的注意力引向了斯尼德博士的新形式主义及其与我自己研究工作的可能相关性。那时候,集合论对我来说是一门未知的、令人生畏的语言,但我很快说服自己必须找时间学会它。即使到现在,我仍然不能说获得了完全的成功,因此我在这里只是间或涉及集合论,决不想试图谈论它。不过,我所学到的东西足以使我热情地接受斯太格缪勒著作中的两个主要结论。第一个结论是,尽管新形式主义的发展仍然

---

[1]　W. Stegmüller, *Probleme und Resultate der Wissenschaftstheorie und analytischen Philosophie,* vol. 2, *Theorie und Erfahrung,* part 2, *Theorienstrukturen und Theoriendynamik* (Berlin: Springer-Verlag, 1973); reprinted as *The Structure and Dynamics of Theories,* trans. W. Wohlhueter (New York: Springer-Verlag, 1976).

处于早期阶段，但它开辟了可以通达分析的科学哲学的一个新的重要领域。第二，尽管这个新领域的初步图纸是用一支我仍然不大能够掌握的笔勾画出来的，但它们却与以前我从巡回的科学史家们带回来的零散的旅行者报告中勾画出来的地图有着惊人的相似。

177

这种相似性在斯尼德著作的结束章节[2]中被进一步加强，它那详尽的阐述是对斯太格缪勒著作的主要贡献。他们两人所看到的是真正的和解，这可以用下述事实来充分说明：斯太格缪勒通过斯尼德的著作走进我的著作，与那些不只是偶然引用它的哲学家相比，他比他们所有人都更理解我的著作。从这些发展中，我获得了巨大的鼓舞。无论它的局限性是什么（我认为很严重），形式表达法都为考察和澄清观点提供了主要的技巧。但是，传统的形式主义，不论在集合论上还是在命题上，都与我的观点没什么联系。不过，斯尼德博士的形式主义是有联系的，而且是在几个特别重要的战略点上有联系。尽管斯尼德、斯太格缪勒和我都不认为新形式主义能够解决科学哲学中的所有重要问题，但我们都一致把它看成一个重要工具，绝对值得做许多进一步的发展。

正是因为新形式主义阐明了我自己的一些典型的异端之说，所以我对它的评价不可能没有偏见。但是，我不会仅仅为

---

[2] J. D. Sneed, *The Logical Structure of Mathematical Physics* (Dordrecht, Boston: D. Reidel, 1971), esp. pp. 288-307.

了痛惜这种不可避免性就止步不前。相反，以对新形式主义某些方面（这些方面在我看来特别有意思）的粗略概述作为开始，我将进入我真正的主题。把它们作为前提之后，我将接着考察斯尼德－斯太格缪勒立场的两个方面，我认为它们在目前的形式上极其不完善。最后，我将考察一个核心困难，这个困难不能在形式主义中解决，可能需要诉诸语言哲学。但是，在进入这个论述程序之前，为了避免误解，我要先指出本文完全没有提到的一个领域。使我对斯尼德形式主义感兴趣的是问题——斯尼德形式主义使精确地考察这些问题成为可能——而不是为此目的而开发的特殊工具。关于诸如这些成就是否需要使用集合论和模型论这样的问题，我没什么根据。或者毋宁说，我只在一个意见上有根据：那些认为集合论不是分析科学理论之逻辑结构的合法工具的人，现在受到了以另一种方式得出类似结果的挑战。

对形式主义的评价

斯尼德形式主义一开始给我印象最深的是，即使它的基本结构形式也能够抓住科学理论与实践的重要特征，而这是就我所知的早期形式主义显然无法做到的。这也许并不令人吃惊，因为斯尼德在准备写他那本书时不断地探究这样一个问题：如何把理论介绍给理科生，并为他们所用（e.g., pp. 3f., 28, 33, 110-114）。这个过程的一个结果是消除了一些人为的东西，这些东西过去经常使哲学的形式主义似乎与科学实践者和科学史家都不相关。有一个我必须约见的物理学家在讨论完斯尼德的观点后就被它们所吸引。作为一名历史学家，我将在下面论及一种方式，形式主义已经开始以这种方式对我的研究产生影响。尽管就未来而言，即使是猜测都为时过早，但我仍将冒险一试。只要能够找到更简单、更合意的方式来表述斯尼德立场的本质，那么科学哲学家、科学实践者和科学史家就可能多年来首次找到跨学科交流的有效渠道。

为了使这个总的看法更加具体，我们来考察斯尼德的表述所要求的三类模型。第二类模型，即他的潜在偏模型（potential partial models）或 M_{pp} 模型，是（或包括）实体（entities），这些实体可以凭借它们在给定理论的非理论性词汇表中的描述而应用于该理论。他的第三类模型或 M 模型来自 M_{pp} 模型的子集，在进行适当的理论扩展之后，该理论的定律实际采用的是 M_{pp} 模型的子集。在传统的形式处理中，两者是明显相同的。但是斯尼德的偏模型，即他的 M_p 模型，却并非如此。它们是通过把理论函数加入 M_{pp} 中所有适当的各项而获得的模型集，从而在应用该理论的基本定律之前就对它们加以完善或扩展。在某种程度上，正是通过在理论重建中赋予了它们以重要地位，斯尼德才将有意义的逼真性加入作为结果的结构中。

由于没有时间做进一步论证，我将在这里满足于三点主张。第一，教导学生做潜在偏模型到偏模型的转换，是科学教育或至少是物理学教育的一个很大部分。这是学生实验室和教科书章节末习题所要求的内容。普通学生如果会解以方程形式表述的问题，却不能为实验室中展现的问题或用文字表述的问题创建方程，那么他还没有开始获得这一基本才能。第二点几乎是个推论，创造性想象要求找到一个与非标准的 M_{pp}（如，在此之前振动的膜或弦是牛顿力学的常规应用）相应的 M_p，它是有时可以用来区分大科学家和平庸之人的标准之一。[3] 第三，没有关注做这项工作所采用的方式，这个失误多年来一直掩盖了通过理论术语的意义所呈现出来的问题的本质。

179

除了完全数学化的理论之外，斯太格缪勒和斯尼德都没有太多涉及 M_{pp} 模型实际上如何扩展到 M_p 模型。但是，斯尼德为他的特殊情形而精确提出的观点，与我以前为普遍情形而含糊阐述的观点却有着惊人的相似，而且两者此后可以有效地相互影响，我还会回过来论述这一点。在这两种情形下，扩展的过程都依赖于假定该理论被正确运用于先前的一个或多个应用，以及依赖于之后当把一个新的 M_{pp} 转变为 M_p 时，将这些应用用作理论函数或概念之说明的指导。[4] 对于完全数学化的理论来说，这种指导由斯尼德称之为约束（constraints）的东西提供，

[3] 任何一个传统重建之步骤（如从 M_{pp} 中某项到其延伸项——M_p 中对应项）的缺失，都可能有助于解释，为什么我没有成功地使哲学家信服，常规科学决不是一个完全程序化的事业。

[4] 斯尼德和斯太格缪勒只考虑了数学物理学理论（在数学物理学理论中，只有数学化部分是描述他们的主题的较好方式）。因此，他们只涉及理论**函数**之说明中的约束的作用。我预先在对斯尼德形式主义的必要概括中加上了"或概念"。斯尼德本人认为，概念至少部分通过包括约束的数学化结构来加以说明，这一点将在下文中出现。

它是一种类似于定律的限定，限制的是成对的或成组的偏模型的结构，而不是单个模型的结构。（例如，一种应用中由理论函数所假定的值，必定与其他应用中所假定的值相容。）应用的相关概念和约束的相关概念在我看来都构成了斯尼德形式主义重要的概念创新，而且随后还有另一个更显著的创新。就他而言，同时也是就我而言，对一个理论的充分说明必须包括对某些范例应用的说明。斯太格缪勒书中的一节"什么是范式？"是对这个观点的一个杰出阐述（ pp. 195-207 ）。

迄今为止，我已经提到了斯尼德形式主义的几个方面，它们与我在其他地方提出的一些观点非常一致。我将很快回到其它相同的方面。但是，我不能确定我们观点上的密切联系是否对他构成支持，是否有其他理由来认真看待他的观点。在回到我的主题之前，我先提少数几个紧密相关的观点。

粗略地说，斯尼德把一个理论表述为一组截然不同的应用。在经典粒子力学中，这些应用可以是行星运动的问题、单摆问题、自由落体问题、杠杆和平衡问题等。（我是否需要强调：学习一个理论就是学习它以某个恰当秩序的连续应用，使用一个理论就是设计其他理论？）如果单个地考察，那么每一种应用都可以通过一个谓词演算中的标准公理系统加以重建（从而提出标准的理论术语问题）。但是单个的公理系统总会有些互不相同。[5] 在

---

[5] 比较 Kuhn, *The Structure of Scientific Revolutions,* 2d ed., rev. (Chicago: University of Chicago Press, 1970), pp. 187-191。

斯尼德的观点中，一部分是基本定律或所有人共有的定律（如牛顿第二运动定律），一部分是将这些应用结合成对，或至少结合成联接链的约束集，这两部分为各个公理系统提供了一致性，使一个充分集能够共同确定一个理论。

在这种集合论结构下，单个的应用扮演双重角色，这个角色从前在讨论还原语句的前理论层面时为我们所熟悉。个别地看，单个的应用和单个的还原语句一样，都是无意义的，这要么因为它们的理论术语无法解释，要么因为它们所做出的解释是循环的。但是当这些应用通过约束结合在一起时，就像还原语句通过理论术语的反复出现而结合在一起一样，它们一方面可以说明理论概念或理论术语必须被应用的方式，另一方面也可以同时说明该理论本身的某些经验内容。与还原语句一样，引入这些应用就是用来解决理论术语的问题；还和还原语句一样，约束也是经验内容的载体。[6]

由此得出了许多有趣的结果，我将在这里谈及其中的三个。由于理论术语不能轻易通过严格的定义来消除，这个发现使人们产生了一个疑惑：如何在引入传统因素和经验因素的过程中区分这两种因素。通过为它赋予一个额外的结构，斯尼德

181

---

[6] 这个过程的第三个例子（这一次是在观察术语的层面操作）以一种纠缠的混合形式引入了语言和经验内容，这个例子在库恩《对范式的再思考》一文（T. S. Kuhn, "Second Thoughts on Paradigms," in *The Structure of Scientific Theories*, ed. F. Suppe, Urbana: University of Illinois Press, 1974, pp. 459-482）的最后几页中作了概述。它在所有三个传统层面上（观察术语、理论术语和整个理论）的再现，在我看来可能十分重要。

形式主义澄清了这个疑惑。如果一个理论，如牛顿力学，只有一种应用（例如，确定由一根弹簧连接的两个物体的质量比），那么它所提供的对理论函数的说明将完全是循环的，而且这种应用也相应是无意义的。但是，从斯尼德的观点来看，迄今为止，没有一个单个的应用构成一个理论，而且，当几个应用结合起来时，潜在的循环就不再是无意义的，因为约束将其分布在全部应用集中。结果，其他一些特定问题（有时是吹毛求疵的问题）就改变了它们的形式，或者消失了。在斯尼德形式主义中，物理学家没有兴趣问这种人为的问题：质量或力的其中一个是否能被看成用来定义另一个的基本术语。对斯尼德来说，两者都是理论术语，在大多数方面都是等同的，因为只有在理论中才能够学习它们或赋予它们以意义，所以必定预设了该理论的一些应用。最后，也是具有最长远意义的一个结果，那就是斯尼德博士的形式主义中的拉姆塞语句所采取的新形式。正是因为约束和定律都具有经验结果，所以在关于理论术语的功能和可消除性上，才有一些新的重要东西可说。[7]

斯尼德形式主义的这些方面和其他方面，应该而且将会受到许多额外的关注，但对我来说，它们的重要性比另一些方面要小得多，我将以这个方面作为本节的结论。斯尼德形式主义比以前任何一种形式化模型具有更大的范围，也更加自然，

---

[7]　关于这些问题，见 Sneed, *Logical Structure*, pp. 31-37, 48-51, 65-86, 117-38, 150-51; Stegmüller, *Theorienstrukturen*, 45-103。

它使自身通向理论动力学的重建，理论通过这一过程得以变化和成长。当然，特别打动我的是，它的重建方式似乎要求存在（至少）两种完全不同的随时间变化的类型。在第一种改变中，斯尼德称之为理论内核的东西保持不变，一个理论至少有一些范例应用也保持不变。于是，进步的发生要么通过发现新的应用——这些新应用在外延上可以被等同为一个预期应用集 I 中的成员，要么通过构建一个新的理论内核网（对斯尼德旧词汇表中的内核的一组新的扩充）——这个新的理论内核网更准确地说明了成为 I 中成员的条件。[8] 斯太格缪勒和斯尼德都强调，这类变化与我在其他地方所说的常规科学的许多理论部分相符[9]，我完全接受他们的认同。由于就其本性而言，理论内核事实上免于直接证伪，因此，斯尼德也提出了，斯太格缪勒更是详细阐明了这种可能性，即至少有一些内核变化的情况与我所说的科学革命相符。[10]

在本文余下的部分中，将用很大的篇幅来确认第二个认同的困难。尽管斯尼德形式主义不允许有革命的存在，但是它目前实际上并没有澄清革命性变化的性质。而我认为，不允许革命存在是没有理由的，我打算在这里为这个目标而努力。再进

182

---

[8]　斯太格缪勒拒绝他称之为"斯尼德的柏拉图主义"的东西，他以不同的方式提出了这个观点，我发现自己似乎更支持他的进路。但是，如果要在这里介绍他的进路，将要求额外的符号工具，而这与本文的主旨无关。

[9]　Sneed, *Logical Structure*, pp. 284-288; Stegmüller, *Theorienstrukturen*, pp. 219-231.

[10]　Sneed, *Logical Structure*, pp. 296-306; Stegmüller, *Theorienstrukturen*, pp. 231-247.

一步说，即使没有革命，我的历史研究，以及我更多的哲学研究，都可以通过尝试把革命看成内核的变化而得到阐明。特别是，我发现我的许多有关量子论之起源及其在1925—1926年间之变迁的尚未发表的研究揭示了一些变化，这些变化可以被很好地表述为来自传统内核的要素与来自当前扩展内核的其他要素的重叠。[11] 这种看待革命的方式在我看来大有希望，因为它可能立刻使我第一次就贯穿它们始终的连续性说出某些有价值的观点。[12] 不过，我们首先必须进行研究。现在，我就开始提出一些可能的观点。

两个划界问题

我已经指出，斯尼德进路中的重要创新也许是他的约束概念。现在，我要补充说，它应该被有效地判定为一种甚至比他

---

[11] 例如，在我即将出版的一本有关黑体问题之历史的书中，我可能会以下述方式阐述该书的核心主题。从1900年到1906年《热辐射讲义》的出版，力学和电磁理论的基本方程是普朗克黑体理论的内核；能量元素的方程 $\varepsilon=hv$ 是其扩展内核的一部分。但是，在1908年，这个定义能量元素的方程成为一个新内核的组成部分；从力学和电磁理论中特别挑选出来的方程在其扩展内核之列。尽管两个**扩展**内核（许多连续性来源于此）所包含的方程有着相当大的重叠，但这两个内核所确定的理论结构却截然不同。

[12] 斯太格缪勒（pp. 14, 182）指出，我之所以无法解决我的立场所带来的一连串问题，原因在于我已经把一个理论的传统观点接受为一组陈述集。我将在下文中就他对这个看法的阐述提出我的保留意见，但这个问题却完完全全与连续性问题有关。对一个理论在一个给定应用上的成功来说至关重要的方程或陈述，不是该理论之结构的决定因素，注意到这一点使我们有可能更多地谈论下述问题：如何从不相容的先前理论所产生的要素中建立起新理论。

所归结的立场更为基本的立场。在提出他的形式主义时，斯尼德选择了一个理论，如经典粒子力学，作为开始。他强调说，这个理论必定预设了严格的确认标准。[13] 在考察这个理论时，他接下来区分了它所采用的非理论函数和理论函数，后者在该理论的**任何**应用中，如果不诉诸它的基本定律的话，都无法得到说明。最后，在第三步中引入约束，使理论函数的说明得以可能。这第三步在我看来正好是对的。但是我对作为其前提的前两步很不确信，因此我想知道是否有可能把引入它们的顺序颠倒过来。也就是说，是否可以不把各种应用和应用之间的约束作为原始概念引入，并使得接下来的研究揭示出理论确认之标准的范围，以及理论的/非理论之区分标准的范围？

例如，考虑力学和电磁理论的经典公式。这两个理论的任何一个理论，其大部分应用都无须依靠另一个理论，有充分的理由把它们描述成两个理论而非一个理论。但是，两者从来都不是绝对分开的。在诸如以太力学、恒星光行差、金属电子理论、X 射线或光电效应的应用中，它们互相渗透，从而彼此约束。而且，在这些应用中，当一方创造性地利用另一方时，通常都不会把对方看成一种预设的纯粹工具。相反，它们几乎被作为一个单独的理论而同时使用，在这个单独理论的大部分其他应用中，要么完全是力学方面的应用，要么完全是电磁方面

[13]　Sneed, *Logical Structure,* pp. 35; Stegmüller, *Theorienstrukturen,* p. 50.

的应用。[14]

184　　当认识到被我们通常看成截然不同的理论在一些偶然的重要应用中的确互相重叠后，我认为没什么更重要的东西了。但是，这个看法依赖于我准备同时放弃任何与斯尼德形式主义同样严格的，用来区分理论性和非理论性函数和概念的标准。这些可以通过考察他对经典粒子力学的讨论来阐明。由于只有当预设了该理论的某些应用之时，我们才能学习质量和力的函数，因此它们在粒子力学中被称为理论函数，从而与独立于该理论习得的空间和时间变量形成对比。这个结论的某些部分在我看来十分正确，但困扰我的是，这个论证似乎本质上依赖于把静力学——一种机械平衡的科学——毫无问题地看成一个研究运动中物质的更普遍理论的一部分。高等力学教科书为该理论的确认提供了貌似合理的辩护，但历史和初等教育学都指出，静力学应该被看成一个独立的理论，对它的学习是学习动力学的先决条件，就像学习几何学是学习静力学的先决条件一样。然而，如果力学以这种方式分裂的话，那么力函数只有在静力学中才是理论函数，它将在约束的帮助下从静力学进入动力学。牛顿第二定律将被要求只允许质量的说明，而不允许力

────────────

[14]　有关一个理论约束另一个理论的更进一步意义可以通过一个传统观点加以表明，即一种新理论与当前公认的其他理论的相容性，是对它的合法评价标准之一。

的说明。[15]

　　我并不是说这种细分力学的方式是正确的，而斯尼德是错误的。毋宁说，我认为他的论证中有启发性的东西可能独立于这种非此即彼的选择。什么是理论的，对此我的直觉可以通过下述观点得到满足，即一个给定的应用如果需要约束来引入一个函数或概念时，那么该函数或概念在该应用中就是理论的。像力这样的函数相对于整个理论来说也可以看成是理论的，这一点就可以通过进入该理论**大多数**应用的方式来加以说明。于是，一个给定函数或概念在一个理论的一些应用中可能是理论的，而在另一些应用中则是非理论的，这个结果在我看来并不麻烦。实际上，它似乎有可能威胁到的东西很早以前就被抛弃了，同时被抛弃的还有对中性观察语言的期待。

185

---

　　[15]　秤盘天平可以被用来测量（惯性）质量，这当然只有诉诸牛顿理论才能证明。也许这就是当斯尼德在论证（p. 117）质量必须是理论性的时候所想的，因为牛顿理论可以用来确定一个给定天平的设计是否适合于质量的确定。我认为，这个标准（用一个理论来确认一种测量仪器）与理论性判断有关，但它还例证了在将它们变成直言判断时所遇到的困难。牛顿力学理所当然被用来检查测量时间之仪器的适用性，最终的结果是：对标准的认识比恒星的周日旋转还要准确。我不是说斯尼德将时间定为非理论术语的论证缺乏说服力。相反，正如我已经指出的，这些论证及其结果与我的直觉十分吻合。但我确实认为，在理论术语和非理论术语之间保持明确区分的努力，现在可能已经是传统分析模式中的一个可有可无的方面。

　　我对斯尼德关于理论的/非理论的之区分的完全可执行性持保留意见，这一点很大程度上要感谢我与我的同事 C. G. 亨普尔的交谈。不过，它们最初是受斯太格缪勒反复提示（pp. 60, 231-243）的激发，他指出，这种区分可能需要构建一个严格的理论等级。于是，理论在一个层面上建立起来的术语和函数在紧接着的更高层面上可能就是非理论的。同样，我发现这一直觉很有启发性，但是我既看不到多少将它精确化的可能性，也找不到多少理由尝试去做。

在这一点上，我一直在指出，斯尼德进路中的许多最有价值的东西都可以保留下来，而无须解决由他目前提出形式主义的方式所引发的划界问题。但是，形式主义的其他重要使用预设了另一种区分，而且与之相关的标准似乎需要许多额外的说明。在讨论理论随时间的发展时，斯尼德和斯太格缪勒都反复提及理论内核与扩展理论内核的区别。前者提供了理论——经典粒子力学中的牛顿第二定律——的基本数学结构，以及支配该理论所有应用的约束。此外，一个扩展内核包括特殊应用所要求的一些特殊定律——如胡克的弹性定律，它还可能包括仅当这些定律被采用时所应用的特殊约束。因此，两个赞同不同内核的人根据事实持有不同的理论。但如果他们共同相信一个内核，并且共同相信该内核的某些范例应用，那么他们就是同种理论的支持者，尽管他们对它可允许扩展之程度的信念大大不同。相同的赞同标准和相同的理论适用于不同时期的单个个人。[16]

总之，一个内核是一种结构，它与扩展内核不同，在没有放弃相应理论时不能被放弃。由于一种理论的应用（也许除了那些由该理论所引起的应用外）依赖于特殊设计的扩展，因此，针对一个理论所提出的经验观点的失败，动摇的只能是扩展部分，而不是内核，从而也不是理论本身。斯尼德和斯太格缪勒

---

[16] Sneed, *Logical Structure*, pp. 171-84, 266f. 292f.; Stegmüller, *Theorienstrukturen*, pp. 120-134, 189-195.

186

应该是以一种明显的方式将这一洞见用于说明我的观点。我认为，同样明显的是他们提出下述观点的理由：至少某些内核的变化与我称之为科学革命的事件是一致的。正如我已经指出的，我希望并且倾向于相信这类说法是可以理解的，但是以它们目前这种形式，它们具有令人遗憾的循环的态度。为了消除它，就需要讨论更多有关如何确定（当应用一个理论时所使用的）结构的某个特殊要素，是归因于该理论的内核，还是归因于它的某些扩展。

尽管在这个问题上我只能提供一些直觉，但是它的重要性可以证明我对它们的简单考察是有道理的，我将从斯太格缪勒和斯尼德明确共有的一组观点开始。假设万有引力随距离的立方反比变化，或者弹力是位移的二次函数。在这些情况下，世界将完全不同，但是牛顿力学仍将既是牛顿学说又是力学。因此，胡克的弹性定律和牛顿的万有引力定律都属于经典粒子力学的扩展，而不属于确定该理论身份的内核。另一方面，牛顿第二运动定律必定处于该理论的内核之中，因为它在为质量和力的特定概念赋予内容时起到重要作用，没有这两个概念，粒子力学不可能是牛顿力学。从某种程度上说，第二定律由从牛顿的研究因袭下来的整个力学传统构成。

但是，我们怎么看待牛顿第三定律：作用力与反作用力的相等呢？斯尼德遵循斯太格缪勒，把它放到扩展内核中，这显然是因为从 19 世纪晚期开始，它与带电粒子和电场间相互作用的电动力学理论不相容。然而，即使我承认这个理由是正确的，它也仅仅解释了我之前称之为"循环的态度"的东西。第三定律之被放弃的必然性，是力学和电磁理论在 19 世纪晚期的许多公认冲突之一。至少对某些物理学家来说，第三定律和第二定律一样似乎都由经典力学构成。我不能说他们是错的，因为当时相对论力学和量子力学尚未提出并取代经典力学的地位。如果我们确实以那种方式推进，坚持认为经典力学的内核必定包含所有且仅仅这些要素，即在理论所持续的整个时期，所有称之为牛顿力学的理论都共同具有的要素，那么，内核变化与理论变化的相等将是完全循环的。有分析学家认为（有些物理学家也这么认为），狭义相对论是经典力学的顶峰，而不是对经典力学的颠覆，他可以通过单独定义来证明他的看法，即给出一个内核，这个内核对两个理论共同具有的要素都有限制作用。

　　总之，我的结论是，在斯尼德形式主义能够被用来有效地确认和分析事件（在这些事件中，理论变化通过替换发生，而不是仅仅通过增长）之前，必须找到一些其他方法来区分内核中的要素及其扩展物中的要素。没有什么原则问题可以阻碍这条道路，因为对斯尼德形式主义的讨论已经为它们的追求提供了许多重要线索。我认为，所需要的是在形式主义中对一些广泛共有的直觉进行清楚、全面的阐述，其中两个直觉已经在上文中给出了说明。为什么牛顿第二定律明确地由力学构成，而他的万有引力定律不是呢？什么使我们确信，相对论力学从概念上区别于牛顿力学，而拉格朗日力学和哈密尔敦力学却不是呢？[17]

在一封对早些时候表达的这些困难进行回复的信中，斯太格缪勒给出了一些进一步的线索。他指出，也许一个内核必须足够丰富，从而使理论函数的评价成为可能。他继续指出，为达到这个目标，牛顿第二定律是必需的，而第三定律和万有引力定律则不必需。这个观点正好是所需要的，因为它开始为内核的**充分性**或**完善性**提出最小条件。而且，即使以一种如此初步的形式，它也决不是无关紧要的，因为它的系统性发展将迫使牛顿第三定律从经典粒子力学的扩展，转变为它的内核。尽管在这些问题上没有专家，但我认为如果不诉诸第三定律的话，就无法区分惯性质量和重力质量（并从而区分质量和重量或力）。关于经典力学和相对论力学的区别，斯太格缪勒在信中的评论使我形成了以下尝试性的表述。也许可以找到对两个理论来说符号相同的内核，但它们的同一性仅仅是表面的。也就是说，这两个理论将会在说明它们的非理论性函数时使用不同的时空理论。显然，这类观点需要研究，但是它们的可轻易达到性已经是这项研究将会获得成功的理由。

188

---

[17] 接下来的讨论将表明，内核和扩展内核的区别问题与我自己的研究有个密切的对应：常规变化和革命性变化的区别问题。在讨论那个问题时，我也到处使用"构成"一词，我认为在某种程度上，革命性变化中必须被抛弃的是先前理论的构成部分，而不仅仅是偶然部分。因此，困难在于寻找"构成"一词的拆开方式。我最接近的解决方法（还仅仅是个概要）是，我指出构成要素在某种意义上是准分析的，即它们部分由讨论自然的语言所决定，而不是简单地由自然决定（Kuhn, *Structure*, pp. 183f.; "Second Thought," p. 469n. ）。

还原与革命

假定现在提出了一些足以区分内核及其扩展的方法。那么，讨论内核变化与我称之为科学革命的事件之联系的可能性是什么？对这个问题的回答最终将取决于把斯尼德的还原关系应用于成对理论（theory pairs），在这些成对理论中，一个理论在某一时刻取代另一个理论，成为研究的公认基础。就我所知，迄今为止，没有人把这种新形式主义应用到这样的成对理论中 [18]，但是斯尼德确实试探性地提出了这样一种应用可能试图表明的东西。他写道，也许"新理论必定是旧理论向之还原的新理论（的特殊情况）"（p. 305）。

斯太格缪勒在他的书中比他提交本次研讨会的论文更清楚地明确赞同这一相对传统的观点，并直接用它来消除我的观点中被他称为合理性鸿沟（Rationalitätslücken）的东西。对他和许多人来说，在我论述通过革命分离的成对理论之不可通约性中，在我随后强调的两者的支持者所面对的交流问题中，以及在我坚持这些问题阻碍了它们之间的任何完全系统的逐点

---

[18]　斯尼德的例子是把刚体力学还原为经典粒子力学以及牛顿、拉格朗日和哈密尔敦的粒子力学表述之间的关系（更接近于等价而非还原）。关于所有这些，他都讲了很多有趣的故事。但是从历史的最初近似来看，刚体力学比还原它的那个理论还要年轻，因此它的概念结构直接相关于该还原理论的结构。三种经典粒子力学表述的关系更加复杂，但它们却矛盾共存。没有什么明显的理由认为：除了牛顿力学之外，任何理论的引入都构成一场革命。

比较中，都能找到这些合理性鸿沟。[19] 当转向这些问题时，我立即做出让步：如果一种还原关系可以被用来表明，后来的理论解决了先前理论所解决的所有问题，以及更多的其他问题，那么人们合理地要求一种理论比较的方法，就理由十足了。但事实上，斯尼德形式主义并没有给斯太格缪勒的反革命性（counterrevolutionary）表述提供基础。相反，在我看来，形式主义的主要优点之一是一种特异性，通过这种特异性，它可以将不可通约性问题局部化。

为了表明问题之关键，我首先以一种比原先更精练的形式重新表述我的立场。我的大多数读者都认为，当我说理论是不可通约的时候，我指的是它们不可比较。但是，"不可通约性"是一个从数学中借用来的术语，它在数学中并没有这层含义。等腰直角三角形的斜边与直角边是不可通约的，但两者可以在任意精确度上比较。它们所缺乏的不是可比较性，而是可以对两者进行直接而准确地测量的长度单位。在把"不可通约性"一词用于理论时，我仅仅想要指出：不存在一种共同的语言，使得两种理论都可以用它进行完全表述，从而这种语言可以被

189

[19] Stegmüller, *Theorienstrukturen*, pp. 14, 24, 165-69, 182f., 247-52. See also Stegmüller, "Accidental ('Non-substantial') Theory Change and Theory Dislodgement," *Erkenntnis* 10 (1976): 147-78.

用于理论间的逐点比较。[20]

以这种方式来看，理论比较问题就成了翻译问题的一部分，我对它的态度可以通过讨论蒯因在《语词与对象》以及他后来的作品中提出的相关立场来简单地说明。和蒯因不同，我不认为自然语言或科学语言中的指称最终是不可知的，我认为它只不过是很难认识，人们从不能绝对地确定哪一个成功。但是，对一门外语中的指称的确认并不等同于创建一本该语言的系统性翻译手册。指称与翻译是两个问题，不是一个问题，而且这两个问题无法同时解决。翻译总是且必然包含不完美性和妥协；针对一种目标的最好妥协，当针对另一种目标时可能不是最好的；当一位优秀的翻译者翻译单独一个文本时，他并不是完全系统化地翻译，而是必须不断地改变他对单词和短语的选择，这取决于原文的哪个方面看起来最为重要，要予以保留。我认为，把一种理论翻译成另一种理论的语言也取决于这种妥协，因此具有不可通约性。但是，理论比较只需要指称的同一性，基于翻译固有的不完美性，这个问题带来更多的困难，但不是原则上不可能。

---

[20] 当我第一次使用"不可通约性"一词时，我把这种假想的中性语言构想成任何理论都可以用它来描述的语言。从那以后，我认识到，比较只要求与两种理论相关的中性语言，但我怀疑，即使是这样一种更有限的中立性能否被设计出来。交谈（conversation）揭示了，正是在这个关键点上，斯太格缪勒和我存在最明显的分歧。比如，考察经典力学和相对论力学的比较。他认为，当人们从经典（相对论）粒子力学，到没有牛顿第二定律的更一般的力学，再到粒子运动学，**等等**，沿等级往下降时，人们最终将达到一个层面，在这个层面上，非理论性术语对于经典理论和相对论理论来说是中性的。我对能否达到这样一个层面表示怀疑，我从他的"等等"里面找不到任何启发，因此，我认为，系统性的理论比较，要求确定不可通约的术语的指称对象。

在这个背景之下，我首先想要指出的是，斯太格缪勒对还原关系的使用完全是循环的。斯尼德对还原的讨论依赖于一个未经讨论的早期前提，我认为这个前提等同于完全可翻译性。理论 T 还原为理论 T' 的必要条件，是在两者的相应内核 K 和 K' 之间存在一个类似的还原性关系。它反过来又要求在表征这些内核的潜在偏模型之间存在一个还原性关系。也就是说，要求一个关系 ρ，这个关系 ρ 独一无二地将 M'_{pp} 集合中的每一项与普遍更小的 M_{pp} 集合中的单一项联系起来。斯尼德和斯太格缪勒都强调这两个集合中的各项可以被完全不同地描述，因此它们会呈现完全不同的结构。[21] 不过，他们都理所当然地认为，关系 ρ 的存在足够强大，可以根据它的结构把与 M'_{pp} 中一项相对应的，有着不同结构，用不同术语描述的 M_{pp} 的项辨认出来。我认为这个假设等价于无争议的翻译。当然，就我而言，它消除了围绕不可通约性展开的许多问题。但是，在目前这种表述中，我们可以仅仅想当然地认为存在这样一种关系吗？

我认为在定性理论中显然通常都不存在这种关系。我在其他地方提出过许多反例，我们只需考察其中一个。[22] 18 世纪的化学基本词汇主要是关于性质的词汇，因此化学家的主要问题是通过反应来追踪性质。物体被区分为土性的、油性的、金属性的等。燃素是一种加在各种截然不同的土中的物质，并且赋

191

---

[21]　Sneed, *Logical Structure*, p. 219f.; Stegmüller, *Theorienstrukturen*, p. 145.

[22]　Kuhn, *Structure*, 2d ed., p. 107.

予所有这些土以光泽、延展性等等已知金属的共有属性。到了19 世纪，化学家基本上都放弃了这种第二性的质（secondary qualities），转而赞同类似化合比例和化合量的特征。而认识一个给定元素或化合物的这些特征，并没有为这些性质提供任何线索，这些性质在上个世纪使其成为不同的化学种类。金属具有共同属性，这一点不再能够得到解释了。[23] 18 世纪被确认为铜的样品到 19 世纪仍然是铜，但是在 M_{pp} 集合中作为铜的模型的结构不同于 M'_{pp} 集合中代表铜的结构，而且从后者到前者之间没有通道。

没有什么能够如此明确地说明数学物理学相继理论间的关系了，斯尼德和斯太格缪勒都把他们的注意力局限在这种情况。给定一个运动尺的相对论性的运动学描述，人们总是能够计算出那把尺子在牛顿物理学中的长度和位置的函数。[24] 然而，

---

[23]　通过表明燃素理论的成功仅仅是一个偶然，它没有反映自然的特征，从而否定这种解释力的丧失，这是错误的。金属确实具有共同特征，而且它们现在可以根据它们的价电子的相似排列得到说明。它们的化合物很少具有共同特征，因为与其他原子的结合导致了这些电子在排列方式上的千变万化，它们松散地结合成分子。如果燃素理论不具有这种现代说明结构，那么它主要是通过假定在相异的矿石中加入相似性来源，从而造出金属，而不是假定从中减去相异性的来源。

[24]　在斯尼德的重建中，粒子运动学领域是一个低层次理论，它提供了要求将所有不同的粒子力学都形式化的 M_{pp} 集合（粒子力学是通过以各种可能的方式将力和质量函数加入 M_{pp} 集合而确定的）。经典粒子力学只有随着满足牛顿第二定律的（M_p 集合的）子集 M 的专业化才会出现。但我认为，当对牛顿力学与相对论力学进行比较时，这种区分模式将不起作用，因为这两者必定建立于不同的时空体系之上，从而必定建立于具有不同结构的 M_{pp} 集合的不同运动学之上。由于没有提出狭义相对论的形式主义，因此我将继续松散地讨论运动学，把它作为力学（运动学以力学为前提）的组成部分。

斯尼德形式主义的特殊性在于，它强调了从相对论进行计算，与在牛顿理论中进行直接计算的本质区别。在后一种情况下，人们从牛顿力学的内核入手，直接计算数值，在规定约束的帮助下从一种应用移到另一种应用。在前一种情况下，人们从相对论内核入手，在（对长度和时间函数的）约束——它们也可能不同于牛顿力学——的帮助下，在不同的规定应用中移动。只有在最后一步中，人们才通过设定 $(v/c)^2 \ll 1$，获得与先前的计算相同的数值。

192

斯尼德在他书中的倒数第二段强调了这个区别：

> 新理论中的函数以不同于旧理论中相应函数的数学结构出现：它们处于互不相同的数学关系之中，容许有不同的确定其数值的可能性。……当然，经典粒子力学处于与狭义相对论的还原关系之中，而且这些理论中的质量函数在这种还原关系中一致，这是一个有趣的事实。但是，这不应模糊另一事实，即这些函数具有不同的形式属性，在这个意义上，它们与不同的概念相联系。（pp. 305f.）

这些论述在我看来完全正确[25]，而且它们提出了下述问题。难道潜在偏模型间的还原关系 ρ 不要求具备陈述概念的能力，陈述形式属性的能力，或者陈述数学结构——这些数学结构构成

---

[25]　Kuhn, *Structure*, 2d ed., pp. 100-102.

了先于具体数值计算的 M'_{pp} 集合和 M_{pp} 集合的基础，而这些具体数值正是由这些结构部分确定的——的能力吗？是不是仅仅由于可以进行这些计算，才使得潜在偏模型间的关系 ρ 的存在看起来几乎毫无问题？

到目前为止，我已经专门论述了内核之间的还原性关系所呈现出来的难题。然而，在斯尼德形式主义中，一个理论的专业化不仅要求内核的专业化，而且还要求有一个预期应用（intended application）之集合 I 的专业化。因此，理论 T 向理论 T' 的还原，必定要求对 I 和 I' 集合中各项间的容许关系进行某些限制。特别是，如果 T' 可以解决 T 所解决的所有问题以及更多其他问题，那么 I' 必定包含 I。在定性理论的一般情况下，能够满足这种包含关系是令人怀疑的。（当然，正如前面对化学的论述所表明的，T' 并不总是能够解决 T 所解决的所有问题。）但是，如果这些理论甚至连粗略的形式主义都没有，那么这个问题就难以分析了，因此我将在这里只限定于论述牛顿力学和相对论力学的预期应用，在这种情况下，至少直觉是更高度发达的。对这个问题的考察将迅速把注意力引向在我看来斯尼德形式主义中唯一一个最引人注目的方面，也是最需要进一步发展的方面，不一定是形式上的。

如果相对论力学可以还原牛顿力学，那么后者的预期应用（即牛顿理论期望采用的结构）必须限制在光速小的速度。就我所知，没有什么证据表明，任何一个这样的限制在 19 世纪末以前进入过一个物理学家的头脑。牛顿力学应用中的速度，事实上只是根据物理学家实际研究的现象的性质来加以限制。由此得出，由预期应用，而不仅仅是实际应用构成的历史集合 I 包括了一些情境，在这些情境中，速度可以与光速差不多。为了使用还原关系，I 中各项必定被禁止，从而创立一个新建的、更小的预期应用集，我将称之为 I_c。

对于传统的形式主义来说，对牛顿力学的预期应用的限制并没有什么明显的重要性，而且一律遭到忽视。被还原的理论是通过牛顿力学的**方程式**构造的，而且这些方程式不论是直接设定，还是从相对论极限方程中导出，都保持不变。但是，在斯尼德形式主义中，被还原的理论是有序偶 $\langle K, I_c \rangle$，它与原始的 $\langle K, I \rangle$ 不同，因为 I_c 从系统上不同于 I。如果区别仅仅存在于两个集合的各项之间，那么这种区别就不重要，因为被排除的应用一律都是错的。然而，仔细观察 I_c 和 I 中各项的确定方式，就会发现，其中包含了某些更为重要的东西。

为了给这个评价提供理由，需要我短暂地离题，来考察最后一点，也是我和斯尼德观点之间特别惊人的相似之处。他在书中强调了预期应用集 I 中各项在外延上不能用一个列表给定，因为这样的话就可能会排除理论函数，而且理论也不能通过学习新的应用得到增长。此外，他对 I 中各项受类似一组充要条件的东西支配表示怀疑。当问到如何确定 I 中各项时，他神秘地提及维特根斯坦的谓项"是一场游戏"，他还指出，篮球、棒球、扑克等"可能是游戏的'范例'"（pp. 266-288, esp. p. 269）。斯太格缪勒在"什么是范式?"这一节中

194　对这些观点做了相当大的扩展，并且直接要求用相似性关系
（Ähnlichkeitsbeziehungen）来说明如何确定 I 中各项。你们许
多人都将发现，这种在专业培训课上学会的相似性关系很大一
部分也出现在我近来的研究中。[26] 我现在将简短地扩充并使用
我以前所讨论的内容。

　　在我看来，在每一场科学革命中，发生变化的事物之一
（有时也许只有唯一的事物）是相似性关系网中的某个部分，这
个关系网确定了预期应用集，同时为它赋予了结构。同样，最
清楚的例子还是采用定性的科学理论。例如，我在别处曾经指
出，在道尔顿之前，溶液、合金和混合大气常常被认为**相似于**
如金属的氧化物或硫酸盐，而**不相似于**诸如硫磺和铁锉之类的
物理混合物。[27] 道尔顿之后，相似性模式改变了，从而溶液、
合金和大气从化学应用集合转变为物理应用集合（从化学的化
合物转变为物理的混合物）。

　　由于没有对化学作哪怕最简略的形式主义研究，我无法继
续推进这个例子，但是，从牛顿力学到相对论力学的转换中，

---

[26]　Kuhn, *Structure*, 2d ed., pp. 187-91, 200f.; Kuhn, "Second Thoughts." 请注意，
当斯尼德博士和斯太格缪勒教授提出他们非常相似的观点时，他们并未读过我的这些
章节。

[27]　Kuhn, *Structure*, 2d ed., pp. 130-135. 请注意，我在这里所说的相似性关系不仅仅
依赖于与相同集合中其他项的相似，而且还依赖于与其他集合中各项的区别（比较 Kuhn,
"Second Thoughts"）。我认为，由于没有注意到适用于确定自然家族成员的相似性关系必
定是三值的而非双值的，这就造成了某些不必要的哲学问题，我希望以后再对这些问题进
行讨论。

这种同类的变化是显见的。在牛顿力学中，在确定一个 I 集合的候选项和该集合中以前公认的其他项之间的相似性时，不论是运动物体的速度还是光速都不起任何作用；另一方面，在相对论力学中，这两类速度都进入确定不同的 I' 集合各项的相似性关系中。然而，正是从后一个集合中才选出了构成 I_c 集合的各项，也正是这个集合，而不是历史集合 I，用来说明可以被相对论力学还原的理论。因此，它们之间的重要区别并不在于 I 包含了 I_c 所不包含的项，而在于即使两个集合的共同项也都通过完全不同的方法确定，因而都具有不同的结构和相应的不同概念。因此，从牛顿力学到相对论力学的转变所要求的这种结构转变或概念转换，也是从历史的（在任何通常意义上也是非还原的）理论 $\langle K, I \rangle$ 到满足斯尼德博士的还原关系所构建的理论 $\langle K, I_c \rangle$ 的转换所要求的。如果这一结果再次导致了合理性鸿沟，那么也许是我们的合理性概念出问题了。

195

我很荣幸用这些结语来表达我对斯尼德博士的形式主义和斯太格缪勒教授之使用的欣赏。即使在存在分歧的地方，我们的相互影响很大程度上澄清和扩展了至少我自己的观点。毕竟，从斯尼德所说的"不同的数学结构"或"不同的概念"，到我的"以不同的方式看待事物"或区分看的两种方式的格式塔转换，并不是一个很大的跨越。斯尼德的词汇表保证了一种精确性和清晰度，这是我不可能具有的，我很欢迎它所给出的前景。但是，在比较不相容理论的方面，它完全只是一个期望。在本文第一段中我已经指出了斯尼德的新形式主义使这个新兴的重要领域可以进入分析的科学哲学，在这最后一段中，我希望已经表明了该领域中最迫切需要研究的部分。只有开始进行这部分的研究，斯尼德形式主义才能为理解科学革命做出贡献，我热切期望它能够做到这一点。

第八章　科学中的隐喻

《科学中的隐喻》是对理查德·波义德的《隐喻与理论变化："隐喻"是什么的隐喻?》一文的两篇评论之一，该评论提交于 1977 年 9 月在位于厄巴纳－尚佩恩的伊利诺伊大学召开的"隐喻与思想"大会。(另一篇评论的作者是泽恩·皮利生。)整个会议的文集由安德鲁·奥特尼编辑，以《隐喻与思想》为书名出版(*Metaphor and Thought*, edited by Andrew Ortony, Cambridge: Cambridge University Press, 1979)。重刊得到剑桥大学出版社的惠允。

如果让我来准备一篇有关科学中隐喻之作用的主论文的话，那么我的出发点可能也正好是波义德选择的这些作品：马克斯·布莱克的那篇关于隐喻的著名论文，以及克里普克和普特南最近的几篇有关指称因果理论的论文。[1] 而且我选择这些

---

[1]　M. Black, "Metaphor," in *Models and Metaphors* (Ithaca, NY: Cornell University Press, 1962); S. A. Kripke, "Naming and Necessity," in *The Semantics of Natural Language,* ed. D. Davidson and G. Harman (Dordrecht: D. Reidel, 1972); H. Putnam, "The Meaning of Meaning" and "Explanation and Reference," in *Mind, Language, and Reality* (Cambridge: Cambridge University Press, 1975).

作品的理由可能也和他几乎完全相同，因为我们有许多共同的关注和信念。但是，随着我从那一堆文献提供的出发点开始推进，我很早就会转向一个不同于波义德的方向，沿着这条路，我将很快进入科学中的一个主要的类隐喻（metaphorlike）过程，一个被他忽视的过程。要想让我对波义德提案的回应变得容易理解，我必须要先概述这条路径，因此我的论述所采取的形式将是我自己部分立场的精简摘要，对波义德文章的评论正是以这种方式出现。由于就一个对指称因果理论几乎一无所知的读者而言，对波义德提出的每个观点进行详细分析可能毫无意义，因此这种形式显得更加重要。

波义德首先接受了布莱克的"互动"隐喻观。无论隐喻如何起作用，它既不预设也不提供一个被隐喻并置的主语在哪些方面相似的清单。相反，正如布莱克和波义德所指出的，它有时（也许总是）显示出，隐喻被看成创造或产生这种相似性，隐喻之起作用就基于这种相似性。我非常赞同这一立场，由于时间关系，我不能给出论证。另外，也是目前更重要的，我完全赞同波义德的下述论断：在引入以及随后使用科学术语的过程中，隐喻的开放性或者模糊性有一个重要的（而且我认为是精确的）相似之处。不论科学家用何种方式把"质量"、"电"、"热"、"混合物"或"化合物"这些术语应用于自然，通常都不是通过学习一系列的充要标准来确定相应术语的指称对象。

然而，在指称问题上，我比波义德还要更进一步。在他的论文中，隐喻的类比通常限制于科学的理论术语。我认为它们常常也同样支持过去称之为观察术语的术语，如"距离"、"时间"、"硫磺"、"鸟"或"鱼"。其中最后一个术语在波义德的例子中大量出现，这表明他不可能有异议。他和我一样都知道，科学哲学的新近发展已经使理论术语和观察术语的区分，丧失了任何与其传统价值相类似的东西。也许它可以被保留为先前可用的术语和为了响应新的科学发现或发明而在特殊时期引入的新术语之间的区分。但是，如果这样的话，那么隐喻的类比将同时支持两者。波义德对"引入"（introduced）一词之模糊性的理解比他本应理解的要少。当一个新术语**被引入**科学词汇表时，通常需要某个具有隐喻性质的东西。但是，当这类术语——现在已被确立为该专业的一般用语——被已经学会它们的用法的一代人**引介给**新一代科学人时，也需要这个具有隐喻性质的东西。正如必须为科学词汇表中的每一个新元素确立指称，每一代科学新人也必须重新确立公认的指称模式。这两种引入模式所涉及的方法许多都是相同的，因此它们适用于过去称之为"观察"术语和"理论"术语的任何一方。

198

　　为了确立并考察隐喻与固定指称（reference fixing）的相似之处，波义德既求助于维特根斯坦的自然家族或自然种类的概念，也求助于指称因果理论。我也是如此，但却是以一种完全不同的方式。正是在这一点上，我们开始分道而行。要了解它们如何做到的，让我们先来考察指称因果理论本身。正如波义德所说的，该理论源于专有名称的使用，如"沃尔特·斯科特爵士"，并且仍然发挥着最佳作用。传统的经验主义指出，专有名称根据一种相关的确定性描述来指称，人们选择这种描述来提供对该名称的一类定义：例如，"斯科特是《威弗利》的作者"。问题立刻出现了，因为对这个定义性描述的选择似乎是任意的。为什么决定"沃尔特·斯科特"这个名称之适用性的标准是成为小说《威弗利》的作者，而不是这个名称（无论用什么方法）确实指称的那个个体的历史事实？为什么写作《威弗利》是沃尔特·斯科特爵士的必然特征，而写作《艾凡赫》却是一个偶然特征呢？任何通过用更详细的确定性描述，或者通过限制确定性描述可能要求的特征来消除这些困难的尝试，都一律失败了。指称因果理论通过否定专有名称具有定义或与确定性描述有联系，从而打开了这个戈耳迪之结①。

另一种看法是，一个诸如"沃尔特·斯科特"这样的名称是一个标签或标记。它贴在这个个体身上，而不是贴在那个个体身上，或者根本不贴在任何个体身上，这都是一种历史的产物。在某个特定的时间点上，一个特定的婴儿被命名为"沃尔特·斯科特"，此后，无论他经历什么或做了什么（比如写作《威弗利》），他都叫这个名字。为了找到诸如"沃尔特·斯科特爵士"或"马克斯·布莱克教授"这类名称的指称对象，我们就去问某个认识他的人，我们要求他把那个人指给我们看。要不然我们就使用关于他的某个偶然性事实，比如他是《威弗利》的作

---

① 戈耳迪之结（Gordian Knot）：希腊神话中弗利基亚国王戈耳迪打的难解之结，按神谕，能入主亚洲者才能解开，后马其顿国王亚历山大挥利剑把它斩开，后世用来比喻难题、僵局。——译者注

者，或者是有关隐喻论文的作者，来确定这个偶然写了该作品的人的职业生涯。如果出于某种原因，我们怀疑自己是否正确地辨认出叫这个名字的人，我们只要在时间上追溯他的生活史或生命线，来看看它是否包含了恰当的命名活动。

和波义德一样，我也认为这种指称分析是一个巨大进步，而且我还和它的作者们具有同样的直觉，我认为类似的分析也应该适用于自然种类的命名：维特根斯坦的游戏、鸟（或麻雀）、金属（或铜）、热和电。普特南认为，"电荷"之指称对象的确定是通过指着电流计的指针说，"电荷"是使其发生偏转的物理量的名称，这个说法在某种程度上是对的。但是，尽管普特南和克里普克在这个问题上写了大量文章，但他们的直觉究竟哪一点是正确的却一点也不清楚。我指着一个人，如沃尔特·斯科特爵士，可以告诉你如何正确地使用相应的名称。但是，指着一根电流计的指针，同时提供导致它偏转之原因的名称，这只是把该名称赋予这种特定偏转的原因（或者也许赋予电流计诸多偏斜的一个未指明的子集）。对于"电荷"这个名称也毫不含糊地指称许多其他事件，它根本没有提供任何信息。从专有名称转换到自然种类的名称，就失去了通向职业生涯或生命线的通道，在专有名称那里，这些职业生涯或生命线可以使人们检查同一术语之不同使用的正确性。构成自然家族的个体都具有生命线，但自然家族本身没有。

正是在讨论与这个问题相类似的许多难题中，波义德走出了我认为很遗憾的一步。为了避开这些问题，他引入了"认识通道"（epistemic access）的概念，在这个过程中，他明确放弃了所有"命名"的用法，而且就我所知，他还隐晦地放弃了诉诸实例显示。在使用认识通道这一概念的同时，波义德用许多令人信服的事件，既讲述了为一种特定科学语言的用法进行辩护的是什么，又讲述了后来的语言与它所发展而来的先前语言的关系。我将在下文中回到他在这个领域的某些观点上来。我认为，尽管它有这些优点，但是在从"命名"到"认识通道"的转换中，仍然丢失了一些本质的东西。无论"命名"的发展有多不完美，但它仍被用于尝试理解在没有定义的情况下，如何能够完全确定单个术语的指称对象。当放弃命名或者置之不理时，命名所提供的语言与世界之联系也会消失。如果我对波义德的论述理解正确的话——我并不想当然地认为有些理解是正确的——那么当引入认识通道的概念时，它所指向的问题就会发生意想不到的变化。此后，波义德似乎仅仅假定，一个给定理论的支持者们通过某种方式认识他们的术语所指称的对象。他不再关注他们如何能够认识。他似乎已经放弃了指称因果理论，而不是对它进行扩展。

因此，让我来尝试一条不同的进路。尽管实例显示既是确立专有名称的指称对象的基础，也是确立自然种类术语的指称对象的基础，但是这两者在复杂性和性质上都不相同。就专有名称来说，单个的实例显示活动就足以固定指称。你们中曾见过一次理查德·波义德的人，如果记忆力好的话，在几年里都能够认出他。但是，如果我向你们展示一根偏转的电流计指针，并告诉你们偏转的原因被称为"电荷"，那么你们要把这个术语正确地用于暴风雨，或者用于你们的电热毯发热之原因的话，就不仅仅需要好记性了。在自然种类术语的问题上，需要许多实例显示活动。

对于像"电荷"这样的术语来说，多重实例显示的作用是难以理解的，因为定律和理论也介入了指称的确立过程。但是，在通常通过直接查看（direct inspection）所使用的术语中，我的观点确实得以明显呈现。维特根斯坦的例子——游戏，也和其他例子一样呈现其中。一个看过国际象棋、桥牌、投镖、网球和橄榄球比赛的人，同时又被告知这些都是游戏，那么他将毫无困难地把双陆棋戏和足球也看成游戏。要在更费解的情况下——如职业拳击赛或击剑比赛——确立指称，还要求揭示相邻家族的成员。像战争和打群架，它们和许多游戏共有一些显著特征（特别是它们都有交战各方，并且都有一个潜在的获胜方），但"游戏"这个词并不适用于它们。我在别处曾经指出，在学习认识鸭子的过程中，展示天鹅和鹅起到了根本作用。[2]电流计的指针可以受重力或磁铁的影响产生偏转，也可以受电荷影响产生偏转。在所有这些范围内，确立一个自然种类术语的指称对象不仅要求展示该种类中的各种不同成员，而且还要求展示其他种类的各种

---

[2]　T. S. Kuhn, "Second Thoughts on Paradigms," in *The Structure of Scientific Theories*, ed. F. Suppe (Urbana: University of Illinois Press, 1974), pp. 459-482; reprinted in *The Essential Tension: Selected Studies in Scientific Tradition and Change* (Chicago: University of Chicago Press, 1977), pp. 293-319.

成员——也就是有可能会被误用该术语的那些个体。只有通过大量的这类展示，学生才能学会本书中的其他作者（如科恩和奥特尼[3]）称之为**特征空间**（*feature space*）和**显著性**（*salience*）知识的东西，它们是联系语言与世界所需要的东西。

201

如果上述许多内容貌似合理的话（在这么简短的表述中，我不能期望使它们更合理），那么我一直指向的隐喻类比可能也是显而易见的。在向一位语言学习者展示了网球和橄榄球都是"游戏"一词的范例之后，请他对这两者（很快也对其他例子）进行考察，尽力发现它们类似的特征，这些特征使它们彼此相似，并从而与指称的确定相关。比如在布莱克的交互式隐喻中，例子的重叠产生了相似性，这些相似性正是隐喻的作用或指称的确定性所依赖的。对于隐喻来说也是如此，例子间交互作用的最终产物不是一个类似定义的东西，不是有且只有游戏才共有的特征集，或者人和狼共有且独有的特征集。这样的特征集是不存在的（并不是所有的游戏都具有游戏各方或获胜方），但这不会丧失任何功能上的精确性。自然种类术语和隐喻只做它们应该做的，而无需满足传统经验主义者宣称它们有意义时所需要的那个标准。

当然，我对自然种类术语的讨论尚未完全把我带入隐喻。把网球比赛和国际象棋比赛重叠起来，也许是确立"游戏"之

[3]　L. J. Cohen, "The Semantics of Metaphor," in *Metaphor and Thought,* ed. A. Ortony (Cambridge: Cambridge University Press, 1979), pp. 64-77; A. Ortony, "The Role of Similarity in Similes and Metaphors," in *Metaphor and Thought*, pp. 186-201.

指称对象的部分要求，但是在任何通常意义上，这两者都不是隐喻相关的。更确切地说，只有确立了在隐喻上可以与之重叠的"游戏"和其他术语的指称对象，隐喻本身才可能开始。一个尚未学会正确使用"游戏"和"战争"这些词的人，只会被"战争是一场游戏"的隐喻或"职业橄榄球赛是一场战争"的隐喻所误导。不过，我把隐喻看成本质上更高级的过程，实例显示正是通过这个过程进入自然种类术语的指称确立。一系列范例游戏的实际重叠突出了某些特征，这些特征使"游戏"一词能够被用于自然。术语"游戏"和"战争"在隐喻上的重叠突出了另一些特征，要使实际的游戏和战争能够构成独立的自然家族，就必须达到这些特征的显著部分。如果波义德是对的，即自然具有自然种类术语意图定位的"关节点"，那么，隐喻提醒我们，另一种语言可能定位不同的关节点，以另一种方式切分世界。

上面最后两句话提出了有关自然中的关节点之概念的问题，在我对波义德之理论变化观点的总结评论中，我将简要地回到这些问题上来。但是，我必须先要对科学中的隐喻提出最后一点。因为我认为这一点既没有隐喻那样显而易见，但又比隐喻更为重要，迄今为止，我已经强调了类隐喻过程，它在确定科学术语的指称对象中起到了重要作用。但是，正如波义德所正确指出的，真正的隐喻（或者更确切地说是类比）也是科学的基础，它们有时提供了"科学理论的语言机制中不可替代部分"，所起到的是"它们所表述之理论的**构成性**作用，而不仅仅是注释性作用"。这些都是波义德的原话，伴随这些话的例子也是很好的例子。我特别赞赏他对隐喻作用的讨论，这些讨论把认知心理学与计算机科学、信息理论以及相关学科都联系在一起。在这个领域，我无法在他所论述的内容上再加上任何有用的内容。

但是，在转移这个话题之前，我要说的是，波义德对这些"构成性"隐喻所进行的讨论可能比他所看到的具有更广泛的意义。他不仅讨论了"构成性"隐喻，而且还讨论了他所谓的"注释性或教学式"隐喻，比如那些把原子描述成"微型太阳系"的隐喻。他认为，这些在教授或说明理论时十分有用，但它们的使用仅仅是启发式的，因为它们可以被非隐喻性方法所取代。他指出："人们可以**准确地**说出，在哪些方面，玻尔没有使用任何隐喻性策略就认为原子像太阳系，而且当玻尔理论提出的时候，这确实是真的。"

我再一次赞同波义德的观点，不过我将集中讨论类似原子与太阳系相关的那些隐喻被取代的方式。玻尔和他同时代的人提供了一个模型，在这个模型中，电子和核子通过一些极小的带电物质在力学定律和电磁理论下的相互作用而呈现出来。通过这种方法，这个模型取代了太阳系隐喻，但却没有取代类喻过程。玻尔的原子模型旨在做某种程度的字面理解；电子和核子并不是被想象成完全像小弹子球或小乒乓球那样；只有一些力学定律和电磁理论被认为适用于它们；找出哪些定律和理论适用于它们，以及它们与弹子球的相似性在哪里，是量子论发展的主要任务。而且，即使探索潜在相似性的过程已经尽可能地进行（它从未完成过），模型仍然是理论的关键。没有它的帮助，即使到今天，人们都不能写出复合原子或分子的薛定谔方程，因为该方程中的各种术语所指称的恰恰是这个模型，而不是直接指称自然。尽管我目前并不打算论证这一点，但是我愿意冒险猜一下，布莱克在隐喻活动中分离出一种同样交互式的、创造相似性的过程，这个过程对于科学中模型的功能来说也是至关重要的。然而，模型不仅仅是教学式或启发式的。它们在新近的科学哲学中受到了太多忽视。

我现在开始讨论波义德章节中最庞大的部分，这部分涉及的是理论选择，但我只能不成比例地用很少的时间来讨论这部分内容。不过，这并不会像看起来那样有什么缺陷，因为对理论选择的关注与我们的主要话题——隐喻，并无太大关系。无论如何，波义德和我在理论变化的问题上有大量的共同点。而余下的领域也是我们有着明显分歧的领域，我很难澄清我们的分歧是什么。我们俩都是坚定的实在论者。我们的分歧关系到坚持一个实在论者的立场所包含的承诺。但是，我们都尚未对那些承诺给出任何说明。波义德的承诺体现在隐喻中，这在我看来是令人误解的。然而，当涉及到替代它们时，我也只是在讲讲空话罢了。在这些情况下，我只能试着对我们观点一致的领域和出现分歧的领域做一个粗略的概括。此外，为了使这个尝试更加简短，我将放弃我以前坚持的隐喻本身和类隐喻过程的区分。在这些总结性评论中，"隐喻"指所有这样的过程，在这些过程中，术语的重叠或具体例子的重叠产生一个相似性网络，它有助于确定语言附于世界的方式。

以已经讨论的这些观点为前提，我来总结一下我自己立场中我认为波义德大部分赞同的部分。隐喻在建立科学语言与世界的联系上起根本作用。但这些联系的赋予并非一劳永逸。特别是，理论变化总是伴随着一些相关隐喻的变化，伴随着相似性网络（术语通过这个网络附于自然）中相应部分的变化。哥白尼之后，地球与火星相似（地球从而成为一颗行星），但哥白尼之前，两者却属于不同的自然家族。道尔顿之前，盐水属于化学化合物家族，之后则属于物理混合物家族，等等。尽管波义德可能并不相信，但我还相信，相似性网络中类似这样的变化有时也会在一些新发现的反应中发生，而并不伴随着通常所指的科学理论的任何变化。最后，科学术语附于自然的方式的这些改变并不是——逻辑经验主义正好相反——纯粹形式的或纯粹语言学的。相反，它们是对观察或实验所产生压力的反应，而且它们在处理一些自然现象的某些方面上产生了更多有效的方法。因此它们是实质性的，或者可认知的。

波义德和我的这些一致方面不会引起什么惊讶。但另一个方面则有可能，尽管它不应让人惊讶。波义德不断强调，指称因果理论或认识通道的概念使相继科学理论间的相互比较成为可能。与此相反的观点是：科学理论是不可比较的。这个观点被不断地归因于我，而且波义德本人可能也相信我持有这个观点。但是，在被强加了这个解释的那本书里，有许许多多清楚明白的例子，对相继的理论进行比较。我从不怀疑比较是可能的，也从不怀疑比较在理论选择时期的重要性。相反，我试图提出的是两个完全不同的观点。第一，相继理论彼此间的比较和与世界的比较从不足以支配理论选择。在做出实际选择的时期，两个人尽管完全致力于科学价值和科学方法，并分享双方都承认是数据的东西，但他们仍然可以合法地做出不同的理论选择。第二，如果在两个相继理论中同时出现的某些术语的指称对象，是这些术语所出现的那个理论的函数，那么在这个意义上，这两个相继理论是不可通约的（这不同于不可比较）。不存在一种中性的语言，因此，为了比较的目的而把两个理论以及相关数据翻译成一种中性语言是不可能的。

　　我相信（也许是错误地相信）波义德同意所有这些观点。如果是的话，那么我们在一致意见上就更上了一个台阶。我们都在指称因果理论上看到了一个重要的方法，用这个方法来追溯相继理论间的连续性，同时也用它来揭示它们之间的差异本质。让我来给出一个我至少已经想到的例子，这是个十分隐晦又极其简单的例子。**命名**的方法和**追溯生命线**的方法使人们有可能通过理论变化中的事件来追溯天体——如地球和月亮，火星和金星，在这个例子中，哥白尼引发了理论变化。这四个天体的生命线从日心说到地心说期间是连续的，但作为这个变化的结果，它们四个被以不同的方式分配到自然家族中。哥白尼前，月亮属于行星家族，之后不属于；哥白尼之后，地球属于行星家族，但之前不属于。在这些天体的集合中去掉月亮并加上地球，这可以看成是术语"行星"之范式的重叠，它改变了对于确定该术语指称对象来说十分显著的特征集。把月亮移到一个对比家族中则加强了这个效果。我现在觉得，天体在自然家族或自然种类中的这种重新分配，以及指称之显著特征的相应变化，是我以前称之为科学革命之事件的主要（也许是**唯一**主要的）特征。

最后，我将简单地讨论波义德的隐喻所暗示的、我们产生分歧的地方。在他整个章节中反复讨论的其中一个隐喻是，科学术语"在其关节点上切分［或能够切分］自然"。隐喻和菲尔德的准指称概念大量出现于波义德关于科学术语随时间发展的讨论中。他认为，在它的某些关节点上，或者接近某些关节点上，旧语言成功地对自然进行了切分。但是它们也常常会犯他所谓的"自然现象分类中的真实错误"，许多错误已经通过"对这些关节点所做的更精致的说明"而得到改正。例如，旧语言可能"将不具有重大相似性的特定事物归为一类，或者［可能］无法将实际上具有**根本性**相似的事物归为一类"（黑体为本文作者所加）。然而，这种说话方式只不过是对古典经验主义者的立场——后继的科学理论提供了对自然更为近似的逼近——进行了重新表述。波义德的整个章节都预设了自然有且只有一组关节点，发展着的科学术语随时间越来越接近这组关节点。由于缺少某种理论中立的方式来区分**根本的**或**重要的**相似性与**表面化的**或**不重要的**相似性，至少我找不到其他方式来理解他的话。[4]

　　当然，把理论变化的相继逼近观描述为一种预设并不是 206
说它错误，而是说它提出了论证的要求，这是波义德的文章中
所缺少的。这种论证可能采取的一种形式是对相继的科学理论
进行经验考察。没有一组理论可以这么做，因为根据定义，越
是新近的理论越是能被宣称为更近似。但是，如果波义德是对
的，当三个或更多的相继理论指向自然的或多或少相同的方面
时，就应该可能呈现出悬搁和瞄准自然之真实关节点的某些过
程。所要求的这些论证既复杂又微妙。我愿意把它们要回答的
问题保留下来。但我强烈地感到，它们不会成功。当科学被理
解成一组用来解决选择范围中的技术难题的工具时，它的精确
性和适用范围就会随时间的推移而明显增长。作为一种工具，
科学无疑是进步的。但波义德的观点并不是关于科学的工具有
效性，而是关于它的本体论，关于自然中真正存在的东西，关
于世界的真实关节点。而在这个范围内，我看不到瞄准过程的
历史证据。正如我在别处指出的，相对论物理学家的本体论在

---

　　[4] 在修改这一段与下面提到的几段手稿时，波义德指出，自然种类和自然关节点
都可能是语境相关或学科相关或兴趣相关的。但是，他论文中的注释 2 将表明，这个让步
目前并没有使我们的立场更加靠近。但是未来是有可能的，因为这个注释削弱了它所捍卫
的立场。波义德承认（我认为是错误的），在一个种类是语境依赖或学科依赖的范围内，
它是"不'客观的'"。但是，对"客观的"的解释却又要求那个语境无涉的范围为语境
依赖所规定。如果可以通过选择一个合适的语境而把任意两个对象原则上描述成相似的，
那么将不存在波义德意义上的客观性。这个问题与本注释所注的句子中提出的问题是一
样的。

某些重要方面更类似于亚里士多德主义物理学家，而非牛顿主义物理学家。这个例子在这里必定支持了许多观点。

波义德有关自然关节点的隐喻与另一个我最后要讨论的观点密切相关。他一次又一次地把理论变化的过程说成是包含"语言适应于世界"的过程。和之前一样，他的隐喻的主旨是本体论的；波义德所指称的世界是一个真实世界，一个仍然未知的世界，但科学可以通过相继逼近的方式推进的世界。我已经描述了对这种观点感到不安的理由，但此观点的这种表达方式使我能够用一种不同的方式说明我的保留意见。我要问，如果世界不包括特定时期使用的**实际**语言所称指的大部分各种事物，那么世界是什么？地球真的是哥白尼主义天文学家（在他们所说的语言中，术语"行星"之指称对象的显著特征并不包括该术语与地球的联系）的世界中的一颗行星吗？谈论语言适应世界显然比谈论世界适应语言更合理吗？或者制造出这种区分的谈论方式本身就是虚幻的？我们称之为"这个世界"的东西也许是经验与语言相互适应的产物？

我将用我自己的一个隐喻结束本文。波义德带有关节点的世界在我看来类似于康德的"物自体"，原则上是不可知的。我所探索的观点可能也是康德主义的，但却没有"物自体"，而是具有心灵的范畴，由于语言和经验的不断适应，这些范畴将随时间而变化。我认为，这类观点不必使世界更不真实。

第九章　合理性与理论选择[*]

《合理性与理论选择》一文在 1983 年 12 月召开的亨普 208
尔哲学研讨会上提交给美国哲学协会（American Philosophical
Association）。该研讨会的论文集在《哲学期刊》（*The Journal of
Philosophy* 80, 1983）上出版。重刊得到了《哲学期刊》的惠允。

本文是一个十分简练的报告，叙述的是我和亨普尔不断相
互影响的产物之一。这种相互影响从我二十年前来到他所在的
大学就开始了，那时我正当中年。如果这个年纪还能遇到新导
师的话，那么亨普尔就是我的导师。从他那里，我学会了认识
与我的事业息息相关的哲学品质。在他身上，我认识了一种姿
态，一个把哲学品质看成探索真理而不是赢得辩论的人所持有
的姿态。参加这样一个纪念他的研讨会给了我莫大的荣幸。

在我们频繁而热烈交流的话题中，有一个话题是科学理论
之间的评价和选择。与持有相同见解的其他哲学家相比，亨普
尔对我在这个领域的观点进行了更加仔细而富有共鸣的研究：

---

　　* 本文的最后修改很大程度上要感谢耐德·布劳克的批判性干预。

他从没有假定我宣称了理论选择的非理性。但他理解为什么别人会如此假定。不论在他的著述还是谈话中，他都强调我从描述性概括向规范性概括的转换缺乏论证或明显有欠考虑，他还屡次怀疑，我是否完全明白对行为的解释和对它的辩护之间的区别。[1] 我现在要开始论述的正是我们一直讨论的这些问题。在什么情况下人们可以正确地宣称，科学家**被观察到**在理论评价时使用的特定标准，实际上也是他们做出判断的合理基础？

1976 年，我在北卡罗莱纳大学教堂山分校的学术讨论会上对亨普尔的一篇文章做了评论，本文将从我在该评论中最初提出的意见开始。我们俩都有一个前提，即对理论选择之标准的评价，要求对该选择所达到的目标进行在先的说明。现在，假定——一个简单化的假设以后将被证明是不必要的——科学家在理论选择中的目标，是最大效率地进行我在别处称为"解谜"的活动。从这个观点来看，对理论的评价依据的是诸如这样的考虑，即它们在使预测与实验和观察结果相吻合上的有效性。因此，吻合的数量及密切程度被看成是对任何经过仔细考察的理论的支持。

显然，如果一位致力于此目标的科学家真诚地说："用新理论 Y 代替传统理论 X 会降低解谜方法的精确性，同时又对我用来判断理论的其他标准没有任何影响；但我还是要选择理论 Y，而不采用 X"，那么他的行为是非理性的。给定目标及

---

[1] 例如，见他的 "Scientific Rationality: Analytic vs. Pragmatic Perspectives," in *Rationality Today*, ed. Theodore F. Geraets (Ottawa: University of Ottawa Press, 1979), pp. 46-58。

评价，该选择显然是自我拆台的。类似的考虑也适用于理论选择，理论选择在标准衡量方面**唯一的**效用是减少解谜方法的数量，降低解谜方法的简单性（从而使它们更难以达到），或者增加不同理论的数量（并从而增加仪器的复杂性），以保持一个科学领域的解谜能力。这里的每一个选择初看起来都和科学家公开声称的目标背道而驰。没有比这更明显的非理性标志了。同样的论证也可以用来证明理论评价时所援用的其他迫切需要的标准。如果科学可以被正当地描述为解谜事业，那么这种论证就足以证明所奉行之规范的合理性。

自从我们在教堂山相遇以来，亨普尔不时提出对这个观点更为深刻的看法。在他 1981 年发表的一篇论文的倒数第二段，他指出，如果理论评价时所援用的如精确性和适用范围这样的迫切需要的标准，不是被看作达到一个独立指定之目的的手段，如解谜，而是被看成科学研究之目标本身的话，那么在我发表的对理论选择的说明中存在的一些困难是可以避免的。[2]最近，他还写道：

> 人们普遍认为，科学致力于形成一种日益全面的、系统化组织的世界观，这种世界观是可解释和预测的。在我看来，最好把［确定好理论的］需求看成更完善、更明确地阐

---

[2]　"Turns in the Evolution of the Problem of Induction," *Synthese* 46 (1981): 389-404. 上面所引的那篇论文中第 42 页预示了这个立场，亨普尔在该文中指出，在确定一个特定的需求，如精确性，应该被看成一个目标，还是被看成达到该目标的手段时，存在哪些困难。

述这一概念的尝试。如果这些需求显示了纯粹科学研究的目标，那么在两个竞争理论间进行选择时，选择那个更满足需求的理论显然是合理的。……［这些考虑］也许会被看成以一种近乎琐碎的方式进行**辩护**，证明在需求下依据约束条件做出理论选择是正当的。[3]

因为亨普尔的表述放宽了对像解谜这样特定的预定目标的承诺，所以是对我的表述的改进；我们的观点在其他方面都是一致的。但是，如果我对他的理解是正确的话，那么他比我更不满意这个解决理论选择合理性问题的方法。在刚才的引文中，他称这个方法"近乎琐碎"，显然是因为它建立在某种十分类似于同义反复的东西之上，而且他还发现它相应地缺乏哲学影响力，这种影响力是人们期望从合理的理论选择之规范的满意的辩护中得到的。他特别强调了两个方面，近乎琐碎的辩护似乎在这两个方面都失败了。他指出，"对理论的批评性评价之规范的表述问题可以被看成经典归纳问题的现代产物"，是近乎琐碎的辩护"完全没有提出"的问题（p.92）。他在别处强调，如果规范将来源于对科学本质方面（我的"解谜事业"或他的"日益全面的、系统化组织的世界观"）的描述，那么，就需要对该描述的选择（作为近乎琐碎之方法本身的前提）进行辩护，

---

[3]   "Valuation and Objectivity in Science," in *Physics, Philosophy and Psychoanalysis: Essays in Honor of Adolf Grünbaum,* ed. R. S. Cohen and L. Laudan (Boston: Reidel, 1983), pp. 73-100; quotation from pp. 91f. 下文中对这篇文章的引用将采用在文中插入页码的方式。

而我们二人似乎都没有给出辩护（86 f., 93）。一位科学观察者　211
所观察到的活动可以用无数不同的方式进行描述，每一种方式
都是不同需求的来源。怎样为选择其中之一而拒斥其他的选择
进行辩护呢？

这些例子很好地说明了这个近乎琐碎的方法的缺点，我将
很快回到这些例子上来。到那时，我将简单地做一个论证，指
出一种特定的描述性前提无须进一步辩护，因此这种近乎琐碎
的方法本身比亨普尔所假设的更深刻、更根本。然而，在做这
个论证时，我将冒险进入一个对我来说全新的领域，而且我首
先想通过指出它与另一领域之立场（我以前曾详细提出过这些
立场）的关系，来阐明这个论证。如果我是对的，那么这种近
乎琐碎的方法之描述性前提表明，在用来描述人类行为的语言
中，有两个我以前坚持认为密切相关的特征，它们也是用来描
述自然现象之语言的本质特征。[4] 在回到合理性辩护的问题之

---

[4]　最明确、最完善的表述是近来的几篇文章：T. S. Kuhn, "What Are Scientific Revolutions?" Occasional Paper 18, Center for Cognitive Science (Cambridge, MA: Massachusetts Institute of Technology, 1981), reprinted in The *Probabilistic Revolution,* vol. 1, *Ideas in History,* ed. L. Krüger, L. J. Daston, and M. Heidelberger (Cambridge, MA:MIT Press, 1987), pp. 7-22; 也在本书中作为第一章重刊；"Commensurability, Comparability, Communicability," in *PSA 1982: Proceedings of the 1982 Biennial Meeting of the Philosophy of Science Association,* vol. 2, ed. P. D. Asquith and T. Nickles (East Lansing, MI: Philosophy of Science Association, 1983), pp. 669-688; 在本书中作为第二章重刊。在一篇多年前的旧文章中，我对这些相同的主题也进行过论述，这些论述在我现在看来是含蓄的，但也许更精致。这篇文章是 "A Function for Thought Experiments," reprinted in The *Essential Tension: Selected Studies in Scientific Tradition and Change* (Chicago: University of Chicago Press, 1977), pp. 240-265。

前，我先简单地描述一下这些特征在我以前遇到它们的领域中的表现形式。

第一个特征被我近来称为"局部整体论"（local holism）。至少科学语言中的许多有指称术语不能一次一个地学习或定义，而是必须成串地学。而且，这些术语把世界分成各个分类学范畴，关于各个分类学范畴的成员或明确或含蓄的概括在学习过程中起基本作用。牛顿力学的术语"力"和"质量"就是一个最简单的例子。如果不同时学习如何使用另一个术语的话，人们不可能学会如何使用一个术语。如果不诉诸牛顿第二运动定律的话，这部分语言学习过程也不可能进行。只有在这个定律的帮助下，人们才能学会如何领会牛顿力学的力和质量，如何把相应的术语附于自然。

从这个整体的学习过程出发，得出了科学语言的第二个特征。一旦学会了一个相关集合中的术语，就可以用它们无限地表述许多新的概括，所有这些新的概括都是偶然的。但某些最初的概括或者由这些最初的概括组合而成的其他概括则被证明是必然的。再来看牛顿力学的力和质量。万有引力可能是立方反比而不是平方反比；胡克可能发现的是回复弹力与位移的平方成正比。这些定律完全是偶然的。但是，没有一个可想象的实验能够改变牛顿第二定律的形式。如果第二定律失效，用另一个定律来取代它也将导致以前用来描述牛顿定律的语言发生局部改变。反之，牛顿力学的术语"力"和"质量"只有在牛顿第二定律所适用的世界中才能成功地发挥作用。

我已经把第二定律称为必然的，但是它在何种意义上是必然的，仍需要进一步阐明。该定律在两个方面不是同义反复。第一，"力"和"质量"都不能独立地为对方下定义。第二定律无论如何都不同于同义反复，它是可检验的。也就是说，人们可以测量牛顿力学的力和质量，把结果代入第二定律，然后证明该定律无效。然而，我是在下述语言关系的意义上把第二定律看成必然的：如果该定律失效，那就表明用它表述的牛顿力学术语没有指称。所有第二定律的替代物都与牛顿力学的语言不相容。人们只有遵循该定律，才能毫无问题地使用该语言的相关部分。就这一情况而言，"必要的"一词也许并不贴切，但我找不到更好的词了。用"分析的"一词显然也不行。

现在回到对理论选择的规范或需求所做的近乎琐碎的辩护上来，作为开始，我将向持有这些规范的人问一些问题。成为一名科学家意味着什么？"科学家"一词意味着什么？这个词是威廉·休厄尔在1840年左右造出来的。18世纪末，"科学"一词的现代用法开始出现，从而引申出了"科学家"一词。人们用"科学"一词来指称一些仍在形成中的学科，并把这些学科与那些被称为"美术"、"医学"、"法律"、"工程学"、"哲学"和"神学"的其他学科群并列起来进行对比。

在这些学科群中，很少或没有一个可以通过一组成为该学科群成员的充要条件来概括其特征。相反，人们承认一个团体的活动是科学的活动（或艺术的活动，或医学的活动），一

213

方面是通过它与相同学科群中其他领域的相似性来认识，另一方面是通过它与属于其他学科群的活动之区别来认识。因此，为了学会使用"科学"一词，人们也必须学会使用某些其他学科的术语，如"艺学"、"工程学"、"医学"、"哲学"，也许还有"神学"。此后，要使一项给定的活动被识别为科学（或艺学或医学等）成为可能，它必须在所获得的语义学领域具有自己的位置，这个语义学领域也包含了那些其他学科。了解学科中的位置就是了解"科学"一词的意义，或者相当于了解科学是什么。

因此，学科的名称为分类学范畴贴上了标签，有些范畴，如术语"质量"和"力"，必须一起学习。局部的语言整体论是前面独立提出的第一个特征，第二个特征也相伴而来。命名了那些学科的术语只有在一个拥有与我们十分相似的学科的世界中才能有效地发挥作用。例如，当我们说古代希腊的科学和哲学是一回事的时候，也就是自相矛盾地说，在亚里士多德死前，希腊不存在可以明确归类为哲学或科学的事业。当然，现代学科都是从古代学科中演化而来，但不是一对一的演化，并不是每个来自古代先驱的现代学科都被恰当地看成同种事物的（也许更原始的）形式。实际的先驱学科需要用它们自己的术语描述，而不是用我们的术语描述，而且这项描述任务所要求的词汇表以一种不同于我们的方式对思想活动进行划分和分类。寻找和传播一个可用来描述并理解过去时期或其他文化的词汇表，是历史学家和人类学家的主要任务。[5] 拒绝这项挑战的人类学家被称为"种族中心主义的"；拒绝这项挑战的历史学家则被称为"辉格的"。

　　这个论题——需要用其他语言来描述其他时代和文化——还有一个逆命题。当我们说我们自己的语言时，任何我们称之为"科学"、"哲学"或"艺学"等的活动都必定呈现相当多的特征，这些特征与我们惯常使用这些术语的活动所呈现的特征是一样的。正如要理解牛顿力学的力和质量就要了解牛顿第二定律，所以要理解现代学科词汇表的指称对象就要了解语义学领域，这个领域汇集了有关精确性、美、预测能力、规范性、普遍性等方面的活动。尽管许多描述都可以用来指称一个特定的活动，但只有那些构成这个学科特征词汇表的描述才有可能将其识别为（比如）科学；因为只有这个词汇表才能定位该活动接近于其他科学学科，而远离科学以外的学科。反过来，这个位置是"科学"这个现代术语的所有指称对象的必然属性。

　　当然，一门科学无须具有在识别科学学科方面有用的所有特征（积极的或消极的）：并非所有科学都是预测性的；并非所有科学都是实验性的。也不需要总是有可能用这些特征来确定

214

---

　　[5]　这个观点的说服力主要取决于《可通约性、可比较性、可交流性》一文中提出并辩护的主张，即用来描述过去（或另一种文化）某些方面的语言，不能被翻译成提供该描述的人的本土语言。把现代学科的分类系统强加于过去学科引起了许多困难，我已经给出了一个有关这些困难的延伸案例，见我的 "Mathematical versus Experimental Traditions in the Development of Physical Science," reprinted in *The Essential Tension*, pp. 31-65.

一个特定活动是否是科学：这个问题不需要有答案。但是，一个说相关学科语言的人不会说类似这样的话："非科学 Y 比科学 X 更精确；除此之外两者在所有学科特征中都具有同样的位置。"如果他这么说就自相矛盾了。这种表述把说话者排除在他或她的语言共同体之外。坚持这些表述就会引起交流故障，而且如果进行详细阐述的话，通常还会导致非理性的指责。一个人既不能独自决定"科学"意味着什么，也不能独自决定科学是什么。

现在，我回到了开头。一个人把 X 命名为科学，Y 为非科学，上文中更早提到的另一个人在 X 和 Y 都是科学理论的情况下，选择 X 而不是 Y，这两人所做的事是一样的。他们都违反了某些使语言能够描述世界的语义学规则。一个假定它们的用法为常规用法的对话者可能会发现它们是自相矛盾的。一个把它们的用法看成异常用法的对话者可能会难以想象它们能试图表达些什么。然而，这些陈述违反的不仅仅是语言。相关的规则不是惯例，由规则的取消而产生的矛盾也不是一种同义反复的否定。毋宁说，被搁置的是来自经验的学科分类法，它体现在学科词汇表中，并且凭借学科特征的相关领域进行使用。这个词汇表可能无法描述，但是我已经论证了，它仅仅是不能逐项地描述。实际上，通过对学科词汇表中大部分词汇的同时调整，必定会碰到这种无法描述的情况。一旦发生调整，选择 X 而不是 Y 的人就会决定退出科学的语言游戏。我相信，这就是那个为理论选择的规范进行辩护的近乎琐碎的方法具有影响力的地方。

当然，这种影响力是有限的。亨普尔正确地指出，这种近乎琐碎的方法没有为归纳问题提供任何解决方案。但是，这两者现在确实联系起来了。"质量"和"力"，"科学"和"艺学"，"合理性"和"辩护"都是相互定义的术语。对其中任何一个术语来说，遵循逻辑的约束都是一个必要条件，我已经用这个必要条件来表明，理论选择的通常规范是正当的（"合理性地正当的"〔rationally justified〕过于冗长）。另一个必要条件是，如果没有好的理由来支持相反的情况，就遵循经验的约束。这两个条件都展示了成为合理的东西的部分条件。人们无从知道，一个否定从经验中学习合理性（或者否定以经验为基础的结论是正当的）的人想要表达些什么。但是所有这些都只是为归纳问题提供了背景，从本文所提供的视角来看，归纳问题承认我们除了从经验中学习之外，没有别的合理选择，它还问为什么应该这样。也就是说，它不是要为从经验中学习辩护，而是要求对整个语言游戏的生存能力做出解释，这个语言游戏包括"归纳"，并且加强了我们的生活形式的基础。

对于这个问题，我不准备去回答，但我想要一个答案。和大多数人一样，我也有休谟的渴望。在准备本文的过程中，我意识到这种渴望可能是这个游戏的本质，但是我没有准备好结论。

第十章　自然科学与人文科学

　　《自然科学与人文科学》是库恩为 1989 年 2 月 11 日在拉萨尔大学（LaSalle University）举办的专题组讨论会精心准备的论文。会议的主办方是大费城哲学协会（the Greater Philadelphia Philosophy Consortium）。（查尔斯·泰勒原本也是专题组成员，但在最后一刻被迫退出了。）本文发表于《解释的转向：哲学、科学、文化》（*The Interpretive Turn: Philosophy, Science, Culture,* edited by David R. Hiley, James F. Bohman, and Richard Shusterman, Ithaca: Cornell University Press, 1991）。康奈尔大学出版社惠允使用。

　　请允许我从一段自传开始本文。四十年前，当我第一次提出关于自然科学的性质，特别是物理科学性质的异端观点时，我偶然读到了许多欧洲大陆的社会科学方法论文献。尤其是，如果我没记错的话，我读了几篇马克斯·韦伯的方法论论文——最近由泰尔考特·帕森斯和爱德华·休斯译成了英文——以及恩斯特·卡西尔《人论》中的一些相关章节。从中所发现的东西震撼并鼓舞了我。这些杰出的作者用来描述社会科学的方法与我想要用来描述物理科学的方法是多么相似啊。也许我真的正在做一些有价值的事。

然而，我的高涨热情却被这些讨论的结尾段落完全浇灭了，它们提醒读者，这些分析只适用于社会科学（Geisteswissenschaften）。它们的作者大声宣称："自然科学是完全不同的。"（"Die Naturwissenschaften sind ganz anders."）于是，沿这条思路下来的是对自然科学的相对标准的、准实证主义的、经验主义的描述，而这恰恰是我想要抛开的图景。

在这样的情况下，我迅速回到我自己熟悉的事情上来，即我获得过博士学位的物理科学领域中来。不论过去还是现在，我对社会科学的认识都是极其有限的。我目前所谈的话题——自然科学与人文科学的关系——并不是我深思熟虑的话题，我也没有背景来这么做。不过，尽管我与社会科学保持着一段距离，但我不时读到一些别的文章，我对这些文章的反应就像我以前对韦伯和卡西尔的文章一样。在我看来，它们对社会科学或人文科学做出了睿智而敏锐的论述，但是这些文章显然需要通过把自然科学图景作为衬托来限定他们的立场，而我对这种做法一直持强烈的反对态度。其中有一篇文章给我提供了在这里发言的理由。

文章是查尔斯·泰勒的《解释与人的科学》。[1]对我来说，这是一个特殊的爱好：我经常读这篇文章，从中学到了不少东

---

[1] C. Taylor, "Interpretation and the Sciences of Man," in *Philosophy and the Human Sciences* (Cambridge: Cambridge University Press, 1985).

西，我在教学中经常使用它。因此，我非常高兴有机会与文章作者一起参加了 1988 年夏季举办的关于解释问题的 NEH 暑期学院（NEH Summer Institute on Interpretation）。我们俩以前从未有机会交谈，但我们很快就展开了热烈的对话，并约定在这次专题讨论会之前继续交流。我计划了一个导言性发言，对随之而来的生动而富有成果的交流充满信心。泰勒教授的被迫退出令我相当失望，但事已至此，要完全改变计划已经太晚了。尽管我很不愿意在泰勒教授的背后说三道四，但我别无选择，只能扮演一个接近于我最初所扮演的角色。

为避免混淆，我将首先定位泰勒和我在 1988 年学会的讨论中的主要分歧。人文科学和自然科学是否属于同类，这一点不成问题。他坚持认为它们不属于同类，我尽管持一点点不可知论，但也倾向于赞同他的看法。但是在关于两者如何划界的问题上，我们却常常存在尖锐的分歧。我认为他的方法根本行不通。但是在如何替代的问题上——关于这一点，我稍后正好有些内容要说——我的概念却一直极其模糊和不确定。

为使我们的分歧更加具体，我从大多数读者都知道的一个十分简单的说法谈起。对泰勒来说，人类活动构成了一个用行为符号写就的文本。要理解这些活动，揭示行为的意义，就需要解释学的解释。泰勒还强调，适用于一个特定行为的解释将随着文化的不同，有时甚至随着个体的不同而产生系统性的差别。在泰勒看来，正是这个特征——行为的意向性——使人类活动的研究区别于自然现象的研究。例如，早在那篇我前面提到的经典文章中，他说，甚至像岩石结构和雪的结晶这样的对象，尽管它们有着一致的结构，但却没有意义，它们不表达任何东西。后来，在同一篇论文中，他坚持认为天空对所有文化来说都是一样的，比如对日本人和对我们来说，天空都是相同的。泰勒认为，在研究这样的对象时，不需要用类似解释学的解释这样的东西。如果它们能被恰当地说出意义，那么这些意义对所有人都是相同的。正如他最近所指出的，它们是绝对的，不依赖于人类主体的解释。

这个观点在我看来是错误的。为了说明原因，我也将使用天空的例子，碰巧我在一组发言手稿中也用过这个例子，这组手稿提供了我在 1988 年学会中的主要文本。也许这不是最具决定性的例子，但它肯定是最不复杂的例子，因而也最适合做简单表述。我没有比较过我们的天空和日本人的天空，也没法进行比较，但不论过去还是在这里，我都坚持认为我们的天空与古希腊人的天空是不同的。更具体地说，我想要强调我们和希腊人把天体分成不同的种类，不同的事物范畴。我们的天体分类学具有系统性差别。对希腊人而言，天体分为三个范畴：恒星、行星和流星。我们也有同样名称的范畴，但是希腊人放到他们范畴中的对象完全不同于我们放到我们范畴中的对象。太阳和月亮进入了与木星、火星、水星、土星和金星相同的范畴。对他们来说，这些天体彼此相似，而与"恒星"和"流星"范畴中的成员不相似。另一方面，他们把在我们看来由恒星汇

219　聚而成的银河放到了与彩虹、月亮的晕圈、流星和其他大气现象相同的范畴。还有其他类似的分类上的不同。在一个体系中彼此相似的事物在另一个体系中却并不相似。从古希腊以后，天空的分类学、天体的相似性和差异性模式，都已经发生了系统性变化。

我知道，许多读者想要加入查尔斯·泰勒一方来告诉我，这些仅仅是关于对象的信念上的区别，而对象本身对希腊人和我们都一直是相同的，比如，可以让观察者把它们指出来，或描述它们的相对位置来加以证明。这里我无法很严肃地和你们讨论这个看似有理的立场。但如果给我更多的时间，我将一定做此尝试，我想在这里阐明的是我的论证结构是什么。

这将从查尔斯·泰勒和我都赞同的几点说起。概念——不论自然世界的概念还是社会世界的概念——为共同体（文化或亚文化）所拥有。在任何一个特定时代，它们都很大程度上被共同体成员共有，而且它们的代代相传（有时伴随着变化），在共同体认可新成员的过程中起到关键作用。我认为"共有一个概念"在这里必须保持神秘性，但在强烈反对一种长期标准的观点方面，我与泰勒是一致的。掌握一个概念——一方是行星或恒星的概念，另一方是公平或商谈的概念——不是使一组为该概念的使用提供充要条件的特征内在化。尽管任何理解一个概念的人都必定知道属于该概念的对象或情境的**某些**显著特征，但这些特征可能因人而异，而且，无须共有任何一个特征就可以使该概念得到正确使用。也就是说，两个人可以共有一

个概念，而无须共有关于该概念所适用之对象或情境的一个或
多个特征的单一信念。我并不认为这会经常发生，但它原则上
是可能的。

这一点很大程度上是泰勒和我的共同基础。然而，他坚持
认为，尽管社会概念塑造了它们所适用的世界，但是关于自然
界的概念却并非如此，这时我们就分道扬镳了。对他来说，天
空是与文化无涉的，但对我来说不是。为了证明这一点，我相
信，他会强调比如一个美国人或欧洲人能够向一个日本人指出
行星或恒星，但却不能指出公平或商谈。我会反驳说，一个人
只能指出概念的单个范例——指出这颗恒星或那颗行星，这个
商谈事件或那个公平事件——这么做所面临的困难在自然世界
和社会世界中具有同样的性质。

关于社会世界，泰勒自己已经给出了论证。关于自然世
界，基本论证由大卫·维金斯在他的《相同性与实体》[2]一书
以及其他地方给出。为了有效地、有信息量地指出一颗特定的
行星或恒星，人们必须能够不止一次地指出它，能够重复地选
出同一个对象。除非人们已经掌握了该个体所属的分类概念，
否则无法做到这一点。昏星和晨星是同一颗**行星**，但是只有在
作为行星的描述下，它们才能被认成是一颗星，而且是相同的
星。在能够确定同一性之前，人们无法通过指出该对象来学（或
教）些什么。公平或商谈的情况也是如此，直到有了可被例证

220

---

[2] D. Wiggins, *Sameness and Substance* (Cambridge, MA: Harvard University Press, 1980).

或研究之对象的概念，才能开始对案例进行表述或研究。不论在自然科学还是社会科学中，使我们具有该概念的是文化，概念通过范例在文化中代代相传，有时以变化的形式传递。

总之，我的确相信我说的有些是胡言乱语，但绝不是全部。希腊人的天空与我们的天空具有不可还原的区别。这种区别的本质与泰勒所敏锐描述的不同文化的社会实践之区别是一样的。这两种情况下的区别都根源于概念词汇表。这两种情况都无法通过用原始数据、行为词汇表进行描述来跨越区别。由于没有原始数据词汇表，任何试图用过去表述另一组实践活动的概念词汇表、意义体系来描述这一组实践活动的尝试，都只能是歪曲的描述。这并不意味着人们无法发现其他文化的范畴或自己文化以前时期的范畴，只要有足够的耐心和努力也是可以做到的。但这确实表明了发现是必要的，也表明了不论人类学家还是历史学家，他们是如何通过解释学解释进行这种发现的。自然科学和人文科学一样，都不存在一组可用来描述对象——无论是物体还是行为——的中性的、文化无涉的范畴。

大多数读者早已看出，这些论点是我在《科学革命的结构》以及相关著述中之主题的重新发展。让我把一个例子用到底吧，我在这里描述为隔开希腊人的天空和我们的天空的鸿沟，只能从我以前所说的科学革命中产生。用描述我们的天空的概念词汇表来描述他们的天空，由此引起的歪曲和曲解正是我那时称为不可通约性的例子。用他们的概念视角代替我们的概念视角所产生的冲突，被我归结为他们生活在不同的世界，尽管这个归结并不充分。另一种文化的社会世界在哪里尚待争论，在我们自己根深蒂固的种族中心主义抵抗之下，我们已经学会了把冲突视为当然。我们可以学习为他们的自然世界做同样的事，而且在我看来，我们必须去做。

假定所有这些都是令人信服的，那么在有关自然科学和人文科学方面，它到底告诉了我们什么呢？它说明了它们也许除了成熟程度之外，其他都是相似的吗？它当然重新打开了这个可能性，但它无须促成这一结论。我提醒大家，我和泰勒的分歧不在于自然科学与人文科学的界限是否存在，而在于如何划定界限的方法。尽管对于那些采用了此处所提出的观点的人来说，经典的划界方法是无效的，但另一种划界方法已经明确出现了。我现在还不能确定的，不是区别是否存在，而是这些区别是原则的区别，还是仅仅是两个领域相对发展形态的结果。

因此，让我通过对另一种划界方法作一些尝试性论述来对这些反思作一个总结。迄今为止，我已经论证了任何阶段的自然科学都基于一个概念集，该概念集是当代研究者从他们的直接前辈那里继承下来的。这个概念集是历史的产物，根植于当代研究者通过培训才能进入的文化，并且它只有通过历史学家和人类学家用来理解其他思维模式的解释学方法才能被非成员所理解。有时，我称它为特定阶段之科学的解释学基础，你们可能注意到，它与我曾称为范式的东西的其中一种意义具有相当大的相似性。尽管这段日子我很少使用这个术语，几乎完失去了对它的控制，但为简洁起见，这里我有时将使用该词。

222　　如果人们采纳了我方才描述自然科学的那种立场，那么最引人注意的是，在给定一个范式或解释学基础的情况下，自然科学研究者所做的主要工作并不是通常的解释学工作。毋宁说，他们把从他们的老师那里获得的范式，用于我称之为常规科学的努力中，它是一项试图解谜的事业，诸如在该领域的前沿改进并拓展理论与实验之间的吻合。另一方面，社会科学——至少对于像泰勒这样的学者来说，因为我深深尊敬他们的观点——似乎完完全全是解释学的、解释的。在它们中，几乎根本不会进行类似自然科学中的常规解谜研究。它们的目标是，或者从泰勒的观点看应该是去理解行为，而不是发现支配行为的规律，如果有规律的话。这个区别有一个逆命题，在我看来同样引人注目。在自然科学中，研究活动有时候会产生新的范式，新的理解自然、阅读文本的方式。但是引起这些变化的当事人并不期待这些变化。由他们的研究工作所导致的重新解释是不自觉的，通常是下一代的工作。当事人通常认识不到他们所做工作的本质。试比较这个模式与泰勒社会科学的一种常规模式。在后者中，新的、更深入的解释是游戏的公认目标。

因此，尽管自然科学可能需要我所说的解释学基础，但它们自身并不是解释学的事业。另一方面，人文科学则常常是解释学事业，它们可能别无选择。然而，即使这是对的，人们仍然有理由问，人文科学是否就被限制于解释学，限制于解释。随着空间和时间的展开，越来越多的学科将找到能够支持常规解谜研究的范式，这难道没有可能吗？

　　有关这个问题的答案，我完全不能确定。但是我将冒险发表两点指向相反方向的意见。一方面，我知道没有什么原则可以排除这种可能性，即某项人文科学的这个或那个部分可能找到一个能支持常规解谜研究的范式。而且我有一种强烈的似曾相识的感觉，发生这种变化的可能性增加了。许多通常用来证明人文科学解谜研究之不可能性的论证，据说在两个世纪前曾排除了化学成为科学的可能性，一个世纪后又一次证明了生命科学的不可能性。很可能我所说的这种变化已经在现在的某些人文科学专业中开始了。我印象中经济学和心理学的分支可能已经发生了。

223

　　另一方面，在人文科学的一些主要学科中，有一个强有力的、众所周知的论证，该论证反对任何完全类似于常规解谜研究的可能性。我以前认为，希腊人的天空不同于我们的天空。我现在还是认为：它们之间的转换是相当突然的；这种转换是由于对天空的先前看法进行研究而产生的；而且在进行这项研究时，天空保持不变。没有这种稳定性，就不可能产生导致这种变化的研究。但是当研究的单元是社会体系或政治体系时，就无法预期这样的稳定性。对于常规解谜科学的研究者来说，不需要该科学的一个永恒的基础；但可能不断需要解释学的重新解释。哪里出现这种情况，查尔斯·泰勒所寻找的人文科学与自然科学的界限就可能牢固地放在哪里。我预期在某些领域里，它可能永远保持在那里。

第十一章 后 记

224 　　《后记》是库恩对九篇文章的回应，这些文章都受到他的作品的启发，或者与他的作品有关，它们的作者分别是约翰·艾尔曼、迈克尔·弗里德曼、厄南·麦克穆林、J. L. 海尔布朗、诺埃尔·斯沃尔德楼、杰德·布赫沃尔德、诺顿·怀斯、南希·卡特莱特和伊恩·哈金。这些文章及回复的最初版本都提交于 1990 年 5 月 MIT 为向库恩致敬而召开的两天会议。经过修改的会议论文集以《世界转变：托马斯·库恩与科学的本性》为名出版（*World Changes: Thomas Kuhn and the Nature of Science,* edited by Paul Horwich, Cambridge, MA: Bradford / MIT Press, 1993）。在库恩讨论上述作者的观点时，除非另有说明，都指该论文集中的论文。

　　重读这本论文集中的文章唤起了我的回忆，我仍然记得大约两年前，我站起来向他们陈述我的最初答复时的心情。二十多年的良师益友 C. G. 亨普尔在我之前刚刚发表了评论，这个评论就在我现在翻开的这一页。那是那场为时一天半的会议的倒数第二项议程，那场紧锣密鼓的会议，有着精彩的论文和热烈的建设性讨论。只有少数私人场合，像死亡、诞生、重大的相聚或离别，才会那么深深地打动我。当我走上讲台时，我不知道能不能说出话来，停顿了好一会儿才开始。会议结束后，我妻子对我说，我再也做不到那么好了，时间证明她是对的。和那次一样，在这里，我首先要衷心地感谢那些为这个场合创造条件的人：发起者、组织者、捐助者和参与者。[1] 他们送给了我一份意想不到的礼物。

225

在接受这份礼物时，我要先回到亨普尔教授的评论。我清楚地记得我们的初次相见：我当时在伯克利工作，但正考虑着一份来自普林斯顿的诱人邀请；他当时住在湾区对面的"行为科学高级研究中心"（the Center for Advanced Study in the Behavioral Sciences）。我去拜访他，并请教一些在普林斯顿的生活和工作的问题。如果那是一次很糟糕的拜访的话，那么我可能就不会接受普林斯顿的教职了。但是那是一次愉快的拜访，于是我去了普林斯顿。我们在帕罗奥拓（Palo Alto）的见面只是第一次而已，此后我们不断地进行热烈而富有成效的相互交流。正如亨普尔教授（对我来说，他早就是彼得①了）所说，我们的观点一开始完全不同，这种不同远远超过了经过我们的互动所形成的分歧。不过，也许并不像我们那时所想的那么完

---

[1] 我要特别感谢的有：朱蒂·汤姆森，策划了这次航行；保罗·霍尔维奇，是这艘船的船长；我的秘书卡罗琳·法罗，是船长的得力大副。

① 亨普尔的名字昵称。下文中库恩经常用"彼得"来称呼他。——译者注

全不同，因为在大概十五年前，我就已经开始向他学习了。

到 20 世纪 40 年代末，我已经深信，公认的意义观，包括它的各种实证主义表述，都将不再适用：在我看来，科学家并不理解那些他们以各种传统观点所描述的方式进行使用的术语，也没有任何证据表明他们需要这么做。当我第一次读到彼得论述概念形式的旧著时，我就是那么想的。尽管直到许多年后我才认识到它对我正在形成的立场有着直接的相关性，但它从一开始就吸引了我，它在我的思想发展中必定具有相当大的作用。从中无论如何都能找到我的立场中的四个基本要素：科学术语通常在使用中习得；这种使用包括对自然之行为（nature's behavior）的某个范例的描述；在研究过程中需要许多这样的范例；最后，当研究过程完成时，语言学习者或概念学习者不仅学会了意义，而且还不可分离地学会了关于自然的概括。[2]

226　　关于这些观点的一个更普遍、更广泛、更深刻的看法几年后出现在彼得的一篇经典文章中，他为文章起了个很重要的题

---

[2] C. G. Hempel, *Fundamentals of Concept Formation in Empirical Science,* International Encyclopedia of Unified Science, vol. 2, no. 7 (Chicago: University of Chicago Press, 1952). 我本来也可以在布雷斯卫特的《科学的说明》（R. B. Braithwaite, *Scientific Explanation,* Cambridge: Cambridge University Press, 1953）中，关于拉姆塞语句的讨论中找到类似的要素，但是我后来才读到那本书。

目：理论家的两难困境（The Theoretician's Dilemma）。[3] 这个两难困境就是如何在他那时仍称为的"观察术语"和"理论术语"间保持一个原则性的区分。几年以后，当他开始把这种区分描述为"先前获得的术语"和与新理论一起学会的术语之间的区别时，我可以认为他已经内在地采用了发展的立场或历史的立场。我无法确定这种词汇的变化是发生在我们第一次见面之前还是之后，但是我们趋同的基础那时就已经明显存在了，而我们的友好关系也许已经开始了。

我来到普林斯顿后，彼得和我经常在一起讨论，有时我们还一起讲课。当我后来暂时接过一门我以前曾给他当过助教的课时，在第一堂课上，我就对全班学生说，我的目标是要向他们表明，在科学哲学的历史进路或发展进路中研究更为静态的逻辑经验主义传统所提出的一些优秀的分析工具，将会带来额外的收获。我后来一直认为我的哲学研究就是在追求这个目

---

[3]　这篇文章最早发表于 1958 年，在亨普尔的下面这本书中可以最方便地找到，它在书中以第八章的形式出现：C. G. Hempel, *Aspects of Scientific Explanation and Other Essays in the Philosophy of Science* (New York: Free Press, 1965)。我仍然在我的教学中常规使用这种表述。斯太格缪勒在他的书中对类似立场做了一个更充分的阐述，被明确应用于我的观点：Wolfgang Stegmüller, *The Structure and Dynamics of Theories,* trans. W. Wohlhueter (New York: Springer-Verlag, 1976)，这本书的影响也体现在我最近的一些作品中；特别见我的 "Possible Worlds in History of Science," in *Possible Worlds in Humanities, Arts and Sciences: Proceedings of Nobel Symposium 65*, ed. Sture Allén, Research in Text Theory, vol. 14 (Berlin: Walter de Gruyter, 1989), pp. 9-32; 在本书中作为第六章重刊。该文的少量删节版见 *Scientific Theories,* ed. C. W. Savage, Minnesota Studies in the Philosophy of Science, vol. 14 (Minneapolis: University of Minnesota Press, 1990), pp. 298-318。

标。我和彼得的交流还有一些其他成果，我在下文中将叙述一个重要的成果。但是，我从他那里学到的最根本的东西倒不是来自观念领域，而是与这样一位以追求真理为目的，而不是为了赢得辩论的哲学家共事的体验。也就是说，我最敬重的是他把他那杰出的头脑用于高贵的事业。当我再一次跟着他走上讲台时，我怎能不被深深地感动呢？

这些论述表明，从我从事哲学的开始，我就已经认识到，我参与提出的历史进路既应该归因于逻辑经验主义传统遭遇的困难，也应该归因于科学史。蒯因的"两个教条"给出了我如何看待这些困难的第二个例子，在我看来这是个构成性的例子。[4] 关于所有这些，迈克尔·弗里德曼的精彩概括是完全正确的，我期待着他承诺的更详尽论述。他在最初的会议论文上增加了另一个生动的论述，约翰·艾尔曼在这里对这个论述做出了恰当的详细阐释，但对我来说却是些难以忍受的细节。不论实证主义者所遭遇的问题作为背景对《科学革命的结构》可能起到什么样的作用，当我写这本书时，我对那些试图解决这些问题的文献确实只有粗略的了解。特别是，我几乎完全不了解后结构的卡尔纳普，对他的发现令我十分苦恼。我的困窘部分来自我的责任感，这种责任感要求我更清楚地认识自己的目标，但总是有更高的目标。当我收到卡尔纳普友好的来信——

---

[4] W. V. O. Quine, "Two Dogmas of Empiricism," in *From a Logical Point of View,* 2d ed. (Cambridge, MA: Harvard University Press, 1961).

信中告诉我他很高兴看到了我的手稿——时我只是把它解释成礼貌，而不是看成我们俩可能进行有益交谈的暗示。在后来的一个场合中，我又重复了这个给我带来很大损失的反应。

约翰所引的这些段落表明了卡尔纳普的立场和我的立场有着重大相似，不过，当进入他的文章语境进行阅读时，还是可以看到我们之间有着相当深刻的差别。卡尔纳普和我都强调不可翻译性。但是，如果我对他立场的理解是正确的话，对他来说，语言变化的认知重要性仅仅是实用主义的。一种语言可以容许不能被翻译成其他语言的陈述，但任何被恰当归类为科学知识的陈述都可以用任何语言进行陈述和审查，使用同样的方法并获得同样的结果。使用一种语言而非另一种语言的原因与所获得的结果无关，特别是与它们的认知状态无关。

卡尔纳普立场中的这一方面从未影响过我。从一开始考虑知识的**发展**起，我就把一个特定领域中的每个演变阶段都看成是建立在——并不完全——其前人的基础之上，前面的阶段为下一个阶段的出现提供作为前提条件的问题、数据以及大部分概念。此外，我坚持认为，对后面阶段所采用的观察、定律和理论的吸收和发展，都需要概念词汇表发生某些变化（这就是上述"并不完全"的原因）。给定这些信念，从旧阶段转变到新阶段的过程就成为科学的组成部分，方法论者在分析科学信念的认知基础时必须理解这个过程。在我看来，语言变化具有**认知上的**重要性，而对卡尔纳普来说并非如此。

令我沮丧的是，被约翰不失公允地称之为我的"词藻华丽

228

的篇章"使很多《结构》的读者认为我在试图破坏科学的认知权威，而不是认为我提出了一种关于科学本质的不同观点。在关于不同阶段之间的转变如何产生，或者它的认知意义何在的问题上，甚至那些理解我意图的人都认为这本书没有提出什么建设性意见。现在我可以更好地处理这些问题以及相关问题，我目前正在写的一本书将对此进行很多论述。显然，我不能在这里简述这本书的内容，但我将利用我作为评论者的身份，尽可能地说明我的立场在《结构》出版的这些年里有什么变化。也就是说，我将用文集中的这些文章来作为我目前工作的素材。令我十分高兴的是，所有这些文章都对我的目标有所贡献，尽管处理的结果不可避免地是不完全平衡的。

我将从一些预期的评论开始，讨论我计划要写的主要论题：不可通约性问题，以及在被我所谓的"科学革命"所分开的两个发展阶段之间概念区分的本质。我对不可通约性的认识是通向《结构》之路的第一步，这个概念在我看来仍然是那本书所提出的主要创新点。不过，甚至在《结构》面世之前，我就已经认识到我对其主要概念的描述是极其粗糙的。对它进行理解和改进的努力是我这三十年来的主要任务，也是日渐紧迫的任务，在最近五年里，我已经取得了一系列在我看来十分迅速的重大突破。[5] 最早的一项突破在 1987 年伦敦大学学院

---

[5]　关于那些更早期的努力有一个很出色的叙述，见 P. Hoyningen-Huene, *Reconstructing Scientific Revolutions: Thomas S. Kuhn's Philosophy of Science*, trans. A. T. Levine (Chicago: University of Chicago Press, 1993)。

（University College, London）发表的一组三篇未出版的舍尔曼讲演（Shearman lectures）中首次露面。正如伊恩·哈金所说，这些讲演的手稿是解决他称之为新世界问题的分类学方法的主要来源。尽管他所描述的解决方法并不完全是我的方法，尽管自从我写完被他引用的那些手稿后就已经实质性地提出了我自己的解决方法，但我还是从他的文章中获得了极大的安慰。在这次说明我的立场变成什么样子的尝试中，我将以对它的了解为前提。

首先，尽管自然种类为我提供了一个切入点，但它们不能——根据伊恩所引用的理由——解决不可通约性所引出的全部问题。我所需要的种类概念，其范围远远超越了"自然种类"一词通常指称的任何事物。但是，出于同样的理由，伊恩的"科学种类"也无法解决全部问题：他所需要的是诸种类的特征和一般意义上的种类术语。我将在这本新书中指出，这种特征可以追溯到神经机制的演变，这些机制用来重新识别亚里士多德称为"实体"的东西：在它们的起源和消亡之间，可以找到一条贯穿时空的生命线的事物。[6] 由此出现的是一个思维模块，它使我们学会认识的不仅是物理对象的种类（如元素、场和力），而且还有家具种类、政府种类、个性种类等。在下文中，我将常常称它为词典，一个言语共同体的诸成员就是将该共同体的

[6] 正如这句话可能表明的，维金斯的《相同性与实体》（David Wiggins, *Sameness and Substance,* Cambridge, MA: Harvard University Press, 1980）在我的观点的新近发展中起到了重要作用。

种类术语储存在这个模块中。

对普遍性的要求加强了我和伊恩之立场的第二个区别,尽管它并不是导致区别的原因。他对我的立场的唯名论表述——存在一些外在的真实个体,我们任意地将它们分成各个种类——并没有完全针对我的问题。有无数的理由,我在这里只提一个:像"力"和"波前"(更不用说"个性")这样的术语之指称对象怎么能被解释为个体呢?我需要一个"种类"的概念,包括社会种类,它既遍布这个世界,又分割一个现成的总体。这反过来需要引入我和伊恩之间的最后一个重要区别。他希望从我的立场中消除所有意义理论的残余;我认为这是无法做到的。尽管我不再讨论和"语言变化"一样模糊而一般的东西,但我还是在讨论概念及其名称的变化,概念词汇表的变化,以及包含种类概念及其名称的结构性概念词典的变化。我打算提出一个严谨的理论为这种讨论提供一个基础,这是我计划写的新书的主要内容。在谈到种类术语的问题上,意义理论的许多方面仍然是我的立场的核心。

在这里,我只能概述我的立场自舍尔曼讲演以来变成了什么样,而且这个概述必定是独断的,也是不完善的。种类概念不需要有名称,但在被赋予语言学意义的群体中,它们大多数都有名称,我将把我的关注点限于这些种类概念。在英语语词中,它们可以通过语法标准来识别:例如,大多数种类概念都是名词,它们要么单独带一个不定冠词,要么就物质名词来说,当与其他可数名词连用时带一个不定冠词,如在"*gold* ring"（**金**戒指）一词中就是如此。这些词共有许多重要属性，我在以前对彼得·亨普尔关于概念形式之著作的致谢中列举了第一组重要属性。种类术语在使用中习得：已经熟练使用这些术语的人为学习者提供正确使用的范例。通常总是需要几次这样的接触，其结果是学会不止一个概念。当学习过程完成时，学习者不仅学会了关于概念的知识，而且还学会了关于概念所适用的世界之属性的知识。

这些特征又引入了种类术语的第二个共有属性。它们是可映射的：完全了解任何一个种类术语，就是了解其指称对象所满足的一些概括，并用这些概括来寻找其他指称对象。其中一些概括是规范的（normic），且容许有例外情况。[7] "液体加热时会膨胀"就是一例，虽然它有时会无效，如水在 0 到 4 摄氏度之间会反常膨胀。另一些概括则是规范的，且无例外情况，尽管通常只是近似的。在科学中，在它们主要起作用的地方，这些概括通常是自然规律，如波义耳的气体定律和开普勒的行星运动定律。

人们在学习种类术语的过程中了解了概括在性质上的这些区别，它们对应于术语学习方法中的必然区别。大多数种类术语必须作为某个对照集合中的成员来学习。例如，要学习"液体"这个术语在当代非技术英语中的用法，人们必须同时掌握"固体"和"气体"这些术语。为其中任何一个术语挑选指称对象的能力，

---

[7] 关于"规范的概括"，见一篇倍受忽视的文章：Michael Scriven, "Truisms as the Ground for Historical Explanations," in *Theories of History,* ed. Patrick Gardiner (New York: Free Press, 1959)。

关键取决于区分该术语指称对象和该集合中其他术语指称对象的特征，这就是为什么相关术语必须共同学习的原因，也是为什么它们共同构成一个对照集合的原因。当术语以这种方式共同学习时，每个术语都附于关于属性的规范的概括，这些属性可能被其指称对象所共有。另一种种类术语则独立存在，如"力"。它与需要与它一起学习的那些术语密切相关，但不是通过对照。像"力"本身一样，它们并不是常规地存在于任何对照集中。相反，"力"必须与如"质量"和"重力"这样的术语一起学习。人们从它们共同发生的情境中学习它们，这些情境为自然定律提供了例证。我在别处已经论证过，如果不诉诸胡克定律、牛顿三大运动定律中的任何一个定律、或者说牛顿第一和第三定律以及万有引力定律的话，那么人们就不可能学习"力"（从而不可能学会相应的概念）。[8]

种类术语的这两个特征必然要求第三个特征，即这种练习所指向的特征。在某种意义上（我在这里不再进一步阐释这个意义），学习一个种类术语时所获得的预期尽管可能因人而异，但却为那些已经获得预期的人提供了该术语的意义。[9] 因此，

---

[8] 在学习"力"的问题上，参见我的《科学史中的可能世界》(Possible Worlds in History of Science)。那篇文章还讨论了包含术语"液体"的对照集在"水"的指称对象的确定中的重要性，尽管是在概念发展的语境中讨论，而不是在概念学习的语境中讨论。

[9] 对"意义"的这层含义的阐释，将会要求将下述主张具体化，即种类术语本身并不具有意义，只有在与其他术语的关系中才具有意义，这些其他术语处于结构化词典中的可分离区域。对于那些从它们的学习经验中获得不同预期的人来说，正是这种结构上的一致使得意义相同。

对种类术语指称对象之预期的改变也是其意义的改变，因此，在单个言语共同体中只能容纳有限种预期。只要两个共同体成员对他们共有的术语之指称对象具有相容的预期，那么就不存在任何困难。他们中的一人或者他们两人，可能知道对方所不知道的那些指称对象，但他们都将选出相同的事物，而且他们能够从对方那里学到更多有关这些事物的东西。但是，如果他们拥有不相容的预期，那么，其中一人偶尔会把该术语应用于另一个人在范畴上拒绝应用的指称对象。于是，交流受到了危害。和一般情况下的意义差别一样，由于两人的差异无法得到合理的评判，因此这种危害尤为严重。这两人或其中一人可能无法遵从标准的社会用法，但是只有在社会用法上才能说他们对或错。在这个意义上，他们是在习俗上存在区别，而不是在事实上存在区别。

　　描述这一困难的一种方法是一词多义的情况：这两个人把同一个名称用于不同的概念。尽管就目前的情况而言是对的，但这种描述没有抓住该困难的深刻之处。一词多义是个标准的药方，被广泛应用于分析哲学：两个名称被引入了以前只有一个名称的地方。如果这个多义词是"水"，那么可以通过把它替换成一组术语，如"水 1"和"水 2"来消除这些难题，每个术语对应于其中一个概念，这些概念以前共有一个名称"水"。尽管这两个新术语在意义上不同，但是"水 1"的大部分指称对象也是"水 2"的指称对象，反之亦然。但每个术语也指称几个对方并不指称的对象，而且正是"水"在这些情况下的适用性方

232

面，这两个共同体成员之间存在分歧。在以前只有一个术语的地方引入两个术语，这似乎可以通过使争论者明白它们之间仅仅是语义的区别来解决这个困难。他们在语词上存在分歧，而不是对事物有什么分歧。

然而，解决这种分歧的方法是缺乏语言学根据的。"水 1"和"水 2"都是种类术语：因此，它们所体现的预期是可映射的。但是，在那些预期中，有些是不同的，这些不同的预期在这两个术语所共同适用的区域中制造了一些困难。称重叠区域中的一项为"水 1"，这会得出对它的一组预期；称同一项为"水 2"则得出了另一组部分不相容的预期。这两个名称都不能适用，而且选择哪一个不再与语言习俗有关，而是与证据和事实有关。如果把事实看得很重要的话，那么在这两个术语中，只有一个最终可以存在于任何一个言语共同体中。在类似"力"这样的带有规范预期的术语中，这个困难最为明显。如果一个指称对象位于重叠区域中（如亚里士多德用法和牛顿力学用法之间的重叠区域），那么它将要服从两个不相容的自然定律。对于规范预期来说，禁令必定会有一点弱化：只有那些属于相同对照集的术语才被禁止重叠。"雄性"和"马"可以重叠，但"马"和"母牛"不能重叠。[10] 一个言语共同体使用两个重叠的种类

---

[10] 对包含了"雄性"和"雌性"之对照集的讨论，表明了提出一个更精致的"不重叠"原则的困难和重要性。我认为没有一种生物既是**一个**雄性又是**一个**雌性，尽管它可能同时表现出雄性和雌性的特征。也许一种好的用法也容许把一种生物描述成既雄性的又雌性的，把这两个词作形容词来用，但这种表达方式在我看来是牵强附会的。

术语的时期以下述两种方式之一结束：要么一个术语完全取代
另一个术语，要么这个共同体分成两半，即类似于物种形成的
过程，这也是我稍后将要指出的，它是科学日益增强的专业化
的原因。

　　当然，我刚才所说的是我对伊恩所谓新世界问题的解决方
案。种类术语所提供的范畴是关于世界的描述及概括的前提。
如果两个共同体有不同的概念词汇表，那么它们的成员将以不
同的方式描述世界，并且提出不同的关于世界的概括。这种区
别有时可以通过把一个共同体中的概念引入另一个共同体的概
念词汇表来加以解决。但是，如果被引入的术语是种类术语，
它与现有的种类术语产生重叠，那么引入是不可能的，至少引
入不能使这两个术语保持它们的意义、它们的可映射性以及
它们作为种类术语的地位。因此，分布于这两个共同体之世界
的一些种类具有不可调和的差异，这种差异不再是描述间的差
异，而是被描述群体间的差异。在这些情况下，说这两个共同
体的成员生活在不同世界难道不恰当吗？

　　迄今为止，我已经讨论了伊恩所说的科学种类，或至少是
自然向一个文化中的诸成员所展示的种类，我在下一节讨论杰
德·布赫沃尔德的文章时还将回到这些问题上来。但是，先考
察一个有关社会种类不重叠原则之重要性的例子将会对我们有
所帮助。约翰·海尔布朗和诺埃尔·斯沃尔德楼的文章给出了
一个重要阐释。

约翰的文章《数学家的叛变》是历史学家技能的一个杰出典范。这篇文章也和他在文中用到的我的一篇旧作密切相关。尽管他把文章的范围限制得比我还要窄，但我仍然学习并完全接受了他在这里和其他地方提供的对科学领域的发展和相互关系所做的更加复杂而细致入微的研究。总体来看，他的研究构成了一个主要的、仍在推进的成就。但我认为，就历史学家用来描述其研究现象所需要的词汇表而言，约翰做出的方法论评述是错误的，它们常常损害了历史理解。

历史研究的根本产物是对随时间之发展的叙事。无论主题是什么，叙事总是必须从场景的设置开始。如果叙事的主题是关于自然的信念，那么它必须以这样一个描述开始：在叙事开始的时间地点上，哪些是公认的信念。这个描述也必须包括一份词汇表的详细说明，在这份词汇表中，自然现象得以描述，关于自然现象的信念得到陈述。相反，如果叙事涉及的是团体行为或实践，那么它必须从另一种描述展开，即叙事开始时公认的各种实践行为，它还必须说明，实践者及其周围的人对这些实践行为有什么预期。此外，场景设置必须引入这些实践行为的名称（最好是实践者使用的名称），并展示对它们的当前预期：如何在它们那个时代为它们进行辩护，以及如何进行批判？

为了认识这些信念和预期的性质和对象，历史学家采用了一些方法，我曾经在讨论翻译问题时概述过这些方法，但我现在认为它们与语言学习直接相关，我将在下文中讨论这个区别。为了把结果告诉读者，历史学家就成了一名语言老师，他教读者如何使用这些术语，它们大多数或几乎都是种类术语，在叙事开始时，它们是通行的，但它们已经不再能够进入历史学家及其读者所共有的语言。其中的一些术语，如"科学"或"物理学"，仍然存在于读者的语言中，但意思却变了，这些术语必须被忘却，并且用原先的词来替代。当这个过程完成时，或者就历史学家的目的而言足够完善之时，就已经给出了所要求的场景设置，叙事可以开始了。而且，叙事可以完全用一开始所教的术语或后来的术语进行，后者是在叙事中引入的。只有在最初的教学中，在场景设置中，历史学家才和其他语言老师一样必须使用读者所带来的语言。（见约翰对我在文章《物理科学发展中的数学传统和经验传统的对立》[Mathematical versus Experimental Traditions in the Development of Physical Science] 中使用时代错位之术语的评论。）当然，使用后来的、已经熟悉的术语，或者使用其他脱离其使用时代的术语，如约翰的共时性用法，总是很有吸引力，有时也具有不可抗拒的便利。既避免了曲折的陈述，其结果也并不总是具有破坏性。但是，这种便利的代价往往是巨大的风险：为了避免破坏性，就必须要有高度的敏感性和强大的约束。经验表明，很少有历史学家在充分衡量下具有这些品质；当然，我自己也一再失手。

在讨论过去的科学发展时使用当代科学领域中的名称是有危险的，这种危险等同于在描述过去信念时使用现代科学术 **235**

语。"力"和"元素"、"物理学"和"天文学"都是种类术语，它们都负载着行为预期。单个科学中的这些名称和其他名称都在一个对照集中一并习得，那些让人能够挑选出每个术语之实践范例的预期，擅长区分一种实践范例与另一种实践范例，但很难区分单个实践共有几个范例的情况。这就是为什么人们必须先一并学习许多科学的名称，才能够选出它们的任一实践范例。所以，插入一个当时不流通的名称往往会导致违反不重叠原则，并且产生行为预期的冲突。我认为这个教训是从约翰的拉瓦锡和泊松案例中得出的。他的三种以正交性著称的用法具有一个优点，能够证明为什么会引起争论，但是它们既没有为争论的解决指明道路，也没有起什么作用。对我来说，这些案例所指出的并不是对历史描述中三种用法的要求，而是由于无法避免其中两种用法而引出的麻烦。

最显而易见的危险来自约翰所谓的历时性用法（诉诸现代术语），他建议用黑体字来区分。诺埃尔·斯沃尔德楼的文章是试图复原一个著名案例的极其成功而且仍然非常必要的尝试。当我进入科学史时，讨论"中世纪科学"是当时的惯例，这很大程度上是受皮埃尔·迪昂的影响，我自己那时也常常使用这个十分可疑的词组。许多人，可能仍然包括我，还常常讨论"中世纪物理学"，有时还说"中世纪化学"。一些专家还讨论"中世纪动力学"和"中世纪运动学"，我认为作这样的区分既是毫无必要的，也没有任何文本依据。从最狭义上说，引入这种现代的概念区分导致了误解，而且有的区分直接影响到人们对人物的理解，如像伽利略这样近的人物。从最广义上说，以"中世纪科学"和"中世纪物理学"这样的词组为代表，现代词汇表的使用引发了一些争论，即文艺复兴是否在现代科学的起源上扮演过任何角色。有一个辩论（尽管绝不是决定性的）总是将文艺复兴在科学发展中的作用减到最小。虽然自我进入该领域以来的四十年里，情况有了相当大的改善，但这场辩论的重要残余仍然继续存在，诺埃尔坚持认为必须消除这些残余。尽管我一直都自称我的立场是超越时代错位的，但我还是从他的文章中吸取了许多重要经验，我相信其他人也会如此。

　　到此为止，我已经讨论的是约翰称之为"历时"领域的使用，而不是他称之为"共时"领域的使用，他用"共时"领域来指称"一个被严格限定的时期中的一种或多种科学"。那种使用比历时领域的使用呈现出更为微妙的问题，但它们是同一类问题。约翰在给我的一封信中指出，"当代的用法很少统一，即使在单个历史时刻也是如此，当经过一段长到足以引起历史学家兴趣的时期时更是如此"。这个想法促使他在一些领域中引入共时的名称，我知道他的想法。但是，历史学家没必要引入特殊的术语，伴随着时间、地点及从属关系的变化，这些术语的用法变化会达到平均。由于不同个体的个人言语方式也具有十分类似的区别，因此这个平均过程也关涉自身。如果用法的变化，无论是从个人到个人的变化，还是从团体到团体的变化，在所研究的时期中，都不影响有关叙事问题的成功交流的话，那么历史学家就可以只使用其研究主题所采用的术语。如果变化确实具有历史影响，那么历史学家就需要对它们进行讨论。这两种情况都没有恰当的平均。随时间的变化也是如此。如果变化是系统性的，并且大到让后人难以理解与这些变化有关的前人，那么历史学家就必须说明这些变化如何产生以及为什么会产生。如果理解不受时间推移的影响，那么引入一个新术语的理由就不会比选择使用新说法还是旧说法的理由更多。在后面这种情况下，的确难以理解在何种意义上存在可供选择的两种说法。

让我说得更清楚一些，我所指出的不是历史学家需要叙述每一种用法变化，不论地点上的变化、团体间的变化，还是时间上的变化。历史的叙事就其本性而言是高度选择性的。历史学家只须叙述历史记录中那些影响他们的叙事正确性及可信性的方面。如果他们忽视了这些方面——包括用法的变化——那么他们就有遭到批判和纠正的风险。但是忽视变化并接受由此产生的风险只是其中之一；另一方面是引入新术语。在约翰的历时性使用以及共时性使用下，新术语可以掩盖那些需要历史学家面对的问题。它们许可改变它们所描述的时代的描述性语言，我认为应该拒斥这种许可。

杰德·布赫沃尔德那篇丰富而具有感召力的文章把话题从社会种类带到了科学种类，诺顿·怀斯的文章又提出了两者的关系问题。在杰德的文章和我提出的疑问之间，最显著、最直接的联系是他对光线概念和偏振概念之区别的简短讨论，这两个概念见于光的波动理论和光的微粒说。[11]（就光线来说，几何光学也是有关的。）杰德的讨论没有涉及种类和不重叠原则，也无需涉及。但这些例子可以很容易地重塑。比如，"光线"既可以作为波动理论的种类术语，也可以作为微粒说的种类术语；该术语在这两种情况中的指称对象的重叠（以及适用于这两种理论的偏振种类之间的重叠）导致了杰德文章所讨论的难题。在以提交给会议的这篇文章为出发点的另一篇出色的文章中，杰德系统分析了从光的微粒说向光的波动理论之转变的众多方面，把这种变化归结为种类变化的结果。我认为，在对关涉到概念变化之事件进行历史分析方面，他的文章可能提供了一个新的舞台。[12]

杰德的文章和我对种类的论述之间的第二点联系涉及的是翻译。在《结构》中，我把意义变化说成是科学革命的一个典型特征；后来，随着我逐渐将不可通约性和意义之区别等同起来，我又反复谈到翻译的困难。但接着我又常常不自觉地陷入两种对立的思考：一种认为新旧理论间的翻译是可能的，另一种则认为不可能。杰德（从《结构》第二版附加的后记中）引了一长段话，在这段话中，我采用了第一种思考，并且在翻译

---

[11] 在《光的波动理论之兴起》的导言中（Jed Buchwald, *The Rise of the Wave Theory of Light,* Chicago: University of Chicago Press, 1989, pp.xiii-xx），杰德对这些概念做出了更加统一，也相对更为清晰的表述。

[12] 见他的 "Kinds and the Wave Theory of Light," *Studies in the History and Philosophy of Science* 23 (1992): 39-74。文中的主要图表最初打算作为提交给本次会议之文章的附录。

238 的标题下描述了一个过程，通过这个过程，"交流故障中的各方"可以通过学习彼此的语言用法并最后学会理解彼此的行为来重建交流。我完全同意他对这段话的讨论；特别是，尽管所描述的这个过程对于历史学家来说至关重要，但科学家自己却很少或几乎不使用。不过同样重要的是，我认识到我关于翻译的说法是错误的。[13] 我现在意识到，我所描述的是语言学习，这个过程无须使完全的翻译成为可能，通常也是不可能的。

最近几年我一直在强调，语言学习和翻译是两个完全不同的过程：前者的结果是双语的使用，双语者不断地报告说，有一些事物他们可以用一种语言表达，却不能用另一种语言表达。当这些被翻译的东西是文学，特别是诗歌时，这种翻译的障碍就被认为是理所当然的。我对种类和种类术语的论述试图指出，不同科学共同体的成员之间也会出现同样的交流困难，分隔他们的或者是时间的推移，或者是不同专业的实践所要求的不同训练。此外，不论对于文学还是对于科学，翻译中的困难都是由同样的原因引起的：不同的语言常常无法保持语词间的结构关系，或者在科学中无法保持种类术语间的结构关系。作为文学表达之基础的联想和暗示显然取决于这些关系。但是，我一直指出，科学术语之指称的确定标准也是如此，这些标准对于科学概括的精确性来说是至关重要的。

[13] 厄南·麦克穆林从别处引用了"翻译"的相同用法。我也完全同意他对我所谈及之现象的讨论，但我所谈及的本不应是翻译问题。

杰德的文章与我对种类之论述有第三种相交方式，它也和诺顿·怀斯的文章有关，并且在这两种情况中的关联性比我迄今为止一直讨论的那些都要更有疑问，也更有风险。杰德在文章中谈到了一个不可表述的内核或底层结构，他将它与一个可明确表述的上层结构进行比较。他指出，那些共有底层结构的人可能对恰当的表述产生分歧，但是那些有着不同底层结构的人只会误解彼此的观点，而且往往无法认识到任何与分歧不同的东西。这些属性应和了思维模块的属性，当我更新新世界问题之解决办法时，我将这种思维模块称之为"词典"，每一个言语共同体的成员都把共同体诸成员用来描述和分析自然世界和社会世界的种类术语和种类概念储存在这个模块中。说杰德和我讨论的是同一回事也许有点过分，但我们所考察的肯定是共同的领域，而且这一共同领域值得做更进一步的说明。

239

简洁起见，我把关注点集中到词典中最大的部分，它包括从对照集中习得的概念，并载有规范预期。词典中的这个部分为共同体成员提供了一组习得的预期，即对他们的世界中的对象和情境之间的相似性和差异性的预期。面对来自各种种类的例子，该共同体的任何成员都可以区分哪种表述属于哪个种类，但他们这么做所采用的方法，很少依赖于一个给定种类之成员所共有的特征，而更多依赖于用来区分不同种类之成员的特征。所有有能力的共同体成员都将得出同样的结果，但正如我以前指出的，他们在这么做时无须使用相同的预期。共同体成员间的完全交流只要求他们涉及相同的对象和情境，而不要求他们对这些对象和情境具有相同的预期。认同的一致使交流的进展过程成为可能，这个过程使单个共同体中的诸成员得以了解彼此的预期，使预期内容的一致性随时间逐渐加强成为可能。但是，尽管单个共同体中诸成员的预期无须相同，但交流的成功要求严格约束它们之间的差异。由于没有时间来展开这种约束的性质，我只是简单地用艺学这个词来称呼它。一个言语共同体中的各种不同成员所使用的词典可能在它们所产生的预期上各不相同，但它们必定都具有相同的**结构**。如果它们没有相同的结构，那么就会导致相互不了解，并最终导致交流的故障。

要了解这一立场与杰德的立场有多接近，就要把我从词典引出的"预期"理解成杰德关于内核的"阐明"（articulation）。共有一个内核的人和那些共有一个词典结构的人一样，都能够彼此理解，能够交流他们的差异，等等。另一方面，如果内核或词典结构不同，那么关于事实的分歧（一个特定对象属于哪个种类？）则是不可理解的（两者在不同种类上使用相同的名称）。想要交流的各方遭遇到了不可通约性，交流就会以一种特别令人沮丧的方式中断。但是，由于涉及的是不可通约性，因此交流所缺少的先决条件——对杰德来说是"内核"，对我来说是"词典结构"——只能被提出，不能被阐释。参与交流的各方无法共有的，与其说是信念，不如说是共同的文化。

诺顿的文章也涉及了共性（commonalities），正是这些共性产生了共同的科学文化，他的调和平衡（mediating balances）所起的作用有点像杰德的内核，因为它们分离出他的网络中许多不同结节上各项所共有的特征。然而，在这种情况下，社会世界中各项间的相似性要大于自然世界中各项。也就是说，相似性存在于各种科学领域的实践之间，也存在于这些领域和更大的文化之间（请注意诺顿对法兰西共和国的人物介绍）。多年来，我一直对能在多大程度上找到这种广泛的基础联系深表情疑，我觉得有必要宣布，我很大程度上已经改变了看法，这主要归因于诺顿的作品，特别是关于 19 世纪英国的研究。[14] 我认为，诺顿所讨论的实践之间的联系不可能是巧合，也不可能仅仅是想象的虚构。我深信，它们意味着某些对理解科学来说极为重要的东西。但在这些联系发展的早期阶段，我很不确定它们能意味什么：在我看来，他的观点所需要的故事的重要部分似乎缺失了。

首先，我不知道诺顿的"理性主义科学文化"是什么，如何认识或选择他的平衡所调和的实践。我最初读他的这篇文章时认为，它们仅仅是 18 世纪晚期法兰西民族文化中实践的科学，但诺顿使我确信，这完全不是他的意图。他坚持认为，并不是所有的法国科学实践都属于他的网络，一些这样的实践存在于其他的民族文化中。但是，在任何一种情况下，他的网络都不能仅仅通过具有相似节点的桥梁来识别：一个任意选择的

---

[14] 特别见 C. Smith and M. Norton Wise, *Energy and Empire: A Biographical Study of Lord Kelvin* (Cambridge: Cambridge University Press, 1989)，其中引用了诺顿早期的文章。

实践集合通常在某些方面是相似的。我并不认为需要一种关于理性主义科学文化的**定义**，但我确实觉得有必要对其显著特征进行一些描述，这些特征将共同使我分辨出一些实践作为文化的范例，而其它的则不是。重点不是我想要核实诺顿的说法。他清楚地认识这些实践，我对他的判断很有信心。我相信他最终将会为我的问题给出一个答案。但是，除非我知道一些诺顿是如何认识到作为他的网络节点的实践的，否则我真的无法理解他想要告诉我什么。

这个困难被另一个困难加剧了，一个我更不确定能解决的困难，我对它特别敏感，因为它是我在《结构》中一再掉入的陷阱的例证。为了阐明他的平衡所提供的桥梁，诺顿给出了一些通过这些桥梁而相互影响的人：拉瓦锡和拉普拉斯，孔狄亚克和拉瓦锡，拉瓦锡和孔多塞。但是，他用这些例子证明了桥梁所联系的不仅仅是人，还有实践——化学、物理天文学、电学、政治经济学等等，而且这个证明还引出了三个困难，我将按照重要性的顺序指出这三个困难。

我谈及的第一个困难只是它的一个后果。要将这些桥梁从个人推广到各种科学实践，就需要证明它们对相当多的实践者有效，还需要显示它们的存在给它们所联系的实践所造成的差异。不过，我不是个以偏概全的人，我追求的重点也不一样。诺顿迅速地从个人转换到团体，这掩盖了对他所报告的个体行为的另一种可能解释。也许调和平衡并不是各种科学文化的特征，而是发生这些实践的更大文化的特征。这个更大的文化可以在完全不影响团体实践模式的情况下为个体提供桥梁。这种解释不一定对，但却需要为其留下余地。对这种解释的考虑也许可以提供一个必要的空间，使我们问一问在顽固分子的立场中什么是对的，这些顽固分子坚持认为，例如，化学是化学，物理学是物理学，数学是数学，无论它们发生在什么文化中。

　　第三个难题是另一个类型的问题，也是更为重要的问题。在我看来，诺顿从个体到团体的转变包含一个严重的范畴错误，这是我在《结构》一书中不断犯下的错误，在历史学家、社会学家、社会心理学家和其他人的作品中也普遍存在。这个错误在于把团体看成扩大的个体，或者把个体看成缩小的团体。在最粗糙的意义上，它导致了团体思维（或团体兴趣）的讨论；在更微妙的形式上，它导致了把一种所有或大多数成员所共有的特征归于团体。这个错误的一个最极端的例子是我在《结构》中反复地将格式塔转换说成团体经验的特征。所有这些情况下的错误都是语法错误。一个团体不可能经历格式塔转换，即使它的每一个成员都经历了这种转换（这是不可能的），它也不可能经历。团体没有思维（或兴趣），尽管它的每个成员可能都有。同样，它不会做出选择或决定，即使它的每个成员都会。比如，投票的结果可以由团体成员的思想、兴趣和决定产生，但不论投票还是其结果都不是一个决定。如果像传统上认为理所当然的那样，一个团体只不过是其原子化个体成员的集合，那么这个语法错误将是无关紧要的。但是，人们逐渐认

242

识到，团体不仅仅是部分的总和，个体的身份某种程度上由他或她作为其成员的团体组成（不仅仅是组成，而且由团体所决定）。我们迫切需要学习理解和描述团体的方法，这些方法不应依赖于我们毫无问题地应用于个体的概念和术语。

我没有掌握所要求的这些理解方法，但近几年，我已经在这个方向上走出了两步。第一步我已经提到过了，但始终没有机会解释，即词典和词典结构之间的区别。每个共同体成员都拥有一本词典，这个模块包含了共同体的种类概念，在每种词典中，种类概念都包裹着对它们的各种指称对象之属性的预期。尽管这些种类在共同体所有成员的词典中都必定相同，但预期却无需相同。的确，原则上，预期甚至无须重叠。对预期的要求仅仅是为共同体所有成员的词典赋予相同的结构，而正是这个结构，而不是不同成员用来表述结构的各种不同的预期，标志着该共同体是一个整体。

我前进的第二步是发现了一个我到现在还几乎没有学会使用的工具。但是，我最近的一个发现给了我很大的启发，即关于团体成员与团体之关系的困惑，在进化生物学领域有着极其精确的相似情况：单个有机体和它们所属的物种之间也具有这种令人困惑的关系。单个有机体的特征是一组特定的基因；物种的特征是构成该物种的整个杂交种群（地理隔绝除外）的基因库。对进化过程的理解近年来似乎逐渐要求把这个基因库构想成一种个体，该物种的成员是这个个体的组成部分，而不是构想成单个有机体之基因的纯粹聚合。[15] 我相信，在科学本质上是一种共同体活动的意义上，这个例子包含了重要的线索。方法论上的唯我论这种传统的观念，把科学看成是（至少原则上是）一个人的游戏，我完全相信，它将被证明犯了一个极其有害的错误。

诺顿的文章引出了这些思考，这表明了我对待它的严肃性。我相当确定，他正在做出十分重要的发现，我怀着无比激动的心情期待着这些发现。但是这些发现仍在形成之中。到目前为止，我发现它们非常难以掌握。

最后，我来谈谈相对主义与实在论，这是厄南·麦克穆林和南希·卡特莱特的文章中提出的主要问题，但也隐含在其他几篇文章中。和过去一样，厄南是我最敏锐、最共鸣的批评者之一，为了集中讨论我们的分歧点，我将把他说过的许多东西作为前提。在这些分歧点中，对我们来说最重要的是厄南认为我具有反实在论立场，以及认为我相应地不怎么关心认识的（epistemic）（作为解谜的对立面）价值。但这种描述并没有完全抓住我的事业之本质。我的目标是双重的。一方面，我想要证明这样一些观点：科学是认知的（cognitive），科学的产物是关于自然的知识，它在评价信念时所使用的标准在这个意义上是认识的（epistemic）。但另一方面，我的目的是否定下述这些

---

[15] 见 David Hull, "Are Species Really Individuals?" *Systematic Zoology* 25 (1976): 174-191。

主张的所有意义：相继的科学信念变得越来越可能，或越来越接近真理近似。同时我还想指出，真理主张的主体不可能是信念和一个假定独立于心灵的或"外在的"世界之间的关系。

我先暂缓对真理主张之本性的论述，我要从科学瞄准真理并越来越接近真理这个问题开始谈。这样的主张是无意义的，是不可通约性的结果。我在这里不细说必要的论证，但是，通过我以前对种类、不重叠原则以及翻译与语言学习之区别的评论，我已经指出了它们的本性。例如，即使在一个扩大了的牛顿力学词汇表中，也没有办法转述某些亚里士多德命题，这些命题常常被误解为主张力和运动的比例关系，或者虚空的不可能性。使用我们的概念词典，这些亚里士多德命题不能得到表述，它们完全说不出来，而且我们受不重叠原则的阻碍，也无法进入表述它们所要求的概念。由此得出的是，没有一种共同的度量标准可以用来比较我们关于力和运动的主张以及亚里士多德的主张，从而为我们的（或者在这个问题上，他的）主张更接近真理而提供根据。[16] 我们当然可以得出结论说，在处理

---

[16] 亚里士多德关于力和运动的讨论当然也包括另一些陈述，这些陈述是我们可以用牛顿力学词汇表做出的，从而也能够对它们进行批判。他对抛物体离开抛者之手后所做的连续运动的说明就是特别众所周知的例子。但是，我们批判的基础是这样一些观察：它们在很多情况下本来可以由亚里士多德做出，它们被他的后继者明确做出，而且还导致了所谓冲力理论的发展，这个理论避免了亚里士多德当时所面临的许多困难，但并没有直接影响亚里士多德关于力和运动的概念。这个例子的详细展开请见我的 "What Are Scientific Revolutions?" Occasional Paper #18, Center for Cognitive Science (Cambridge, MA: Massachusetts Institute of Technology, 1981); reprinted in *The Probabilistic Revolution,* vol. 1, *Ideas in History,* ed. L. Krüger, L. J. Daston, and M. Heidelberger (Cambridge, MA: MIT Press, 1987), pp. 7-22; 也在本书中作为第一章重刊。

对我们而言的动力学问题上，我们的词典比亚里士多德的词典给出了更为有效、也更为精确的方式，但是这些问题并不是他的问题，而且词典无论如何都不是可以分出对错的东西。

词典或词典结构是自然世界和社会世界中部落经验的长期产物，但它的逻辑地位和一般的语词意义一样，是习俗的产物。每一本词典都使一种相应的生活方式成为可能，在这种生活方式中，命题的真假既可以被断定，又可以得到合理辩护，但对词典或词典变化的辩护只能是实用主义的。在亚里士多德词典中，谈论亚里士多德论断的真假是有意义的，类似"力"或"虚空"这样的术语在这些论断中起着根本作用，但是，对于用牛顿力学词典做出的表面上类似的论断来说，这些术语所达到的真值都与其真假无关。不论我在写作《哥白尼革命》时曾经相信过什么，我现在都不会再认为（对不起，厄南），"越是简单，越是美的［天文学］模型，越可能是真的"。尽管简单性和美为诸科学提供了重要的选择标准（厄南还引用了对现象的因果关系的理解），但是在词典发生变化的地方，它们是工具性的而不是认识性的。它们所起的作用将是我下面要谈的最后一个话题。

如果"认识的"意义是我认为厄南心目中的意义，在这个意义上，一个陈述或理论的真假是它与独立于心灵和文化的真实世界之关系的函数，那么至少这是一种情况。然而，还存在另一种意义，在那种意义上，类似简单性这样的标准可以被称为认识的，而且这个意义在本次会议的几篇论文中已经被或

245

明确或含蓄地提出。它最具暗示性的外表也是最简洁的：迈克尔·弗里德曼对赖欣巴赫区分康德先天性（a priori）之两种意义的描述，一种"包含了不可修改性和……绝对不变性"，另一种意味着"知识对象的概念构成"。这两种意义都使世界在某种意义上成为心灵依赖的，但第一种意义通过坚持范畴的绝对不变性而消除了对客观性的明显威胁，而第二种意义则把范畴（以及带有范畴的经验世界）相对于时间、地点和文化来考虑。

尽管这是构造性范畴的一个更为清晰的来源，但是当采用了它的第二种意义，即相对化意义时，我的结构性词典才与康德的先天性相似。这两种意义都由世界的**可能经验**构成，但它们都没有规定那种经验必须是什么。毋宁说，它们是由无限的可能经验构成，这些经验可以设想发生在它们能够通达的实际世界中。在这些可设想的经验里，哪些发生在那个实际世界中，这一点必须从日常经验和作为科学实践之典型特征的、更系统、更精致的经验中学习。它们都是严厉的老师，坚决抵制与词典所许可的生活形式不相适应的信念之传播。对它们恭敬关注的结果是产生了关于自然的知识，而且用来评价对该知识之贡献的标准也相应是认识的。另一种生活形式中的经验——另一个时间、地点或文化——可能会以不同的方式构造知识，这一点与它作为知识的地位无关。

我认为诺顿·怀斯在文章结尾处提出了一个十分类似的观点。纵观他的文章的许多部分，技术（就他的文化而言，是各种不同的平衡）被看成提供了一个以文化为基础的中介，这个

中介用来沟通工具和位于他的圆柱体一端的实在（他的图 18），
以及沟通工具和位于圆柱体另一端的理论。[17] 除了技术被认为
处于当地文化中之外，没有一位传统科学哲学家会挑剔这个模
型。工具，包括感觉器官，当然被要求成为实在和理论的中
介。在对这一点进行论证时，无须提及任何诸如构造的或心灵
依赖的实在。但诺顿接着把他的圆柱体弯起来形成一个面包圈
形状，于是图片发生了决定性改变（他的图 19）。一个要求具
有两端的几何图形被另一个要求三个切面对称的几何图形所取
代。技术继续在理论和实在之间提供一条双向通道，但实在也
在理论和技术之间提供了同样的通道，而且理论也在实在和技
术之间提供了第三条通道。科学实践需要所有这三种中介，
且没有一种具有优先权。他的三个切面——技术、理论和实
在——每一个都是另两个的构成条件。而且这三个切面都是生
产知识的实践活动所必不可少的。当诺顿通过把他一直在做的
工作描述成"描写文化的认识论"来结束他的文章时，我认为
他做出了完全正确的理解。但我还要再加上"文化的本体论"。

南希·卡特莱特在她那篇振奋人心的文章中指出了在相同
方向上进一步前进的道路，但就我的目标而言，她开头对理论 /
观察二分的论述首先需要在某种程度上重写。我同意这种区分
是必要的，但它不能仅仅区分"［现代科学中的］特别深奥的

246

---

[17] 诺顿可能会用"意识形态"一词，而不是"理论"，但正如图 18 中那样，他常
常把阐述当前观点的这两个词汇混为一谈。我们在术语的选择上存在区别，理由是显而易
见的。

术语与我们日常生活中更习惯的术语"。确切地说，理论术语的概念必须相对于某个特定的理论而言。如果术语只有在一个特定理论的帮助下才能习得的话，那么对这个理论来说，这些术语就是理论术语。如果在理论能被学会之前，术语必须先从别处习得，那么它们就是观察术语。[18] 因此，"力"对于牛顿动力学来说是理论术语，但对电磁理论来说却是观察术语。这个观点十分接近于南希对彼得·亨普尔"先前获得"的第三种解释，正如我在文章开头指出的，这种解释在彼得和我非常重要的和解中发挥了作用。

247

　　用先前获得的术语之概念来替代观察术语之概念具有三个特殊优势。第一，它终结了"观察的"和"非理论的"明显相等性：现代科学中许多深奥的术语既是理论术语又是观察术语，尽管对它们指称对象的观察要求高深的手段。第二，与它的前辈不同，理论术语和先前获得的术语之间的区别可以成为一种发展性的区别，我认为它必定是这样的：先前获得的术语，无论对单个人还是对一种文化来说，都是进一步扩展词汇和知识的基础。第三，把这种区别看成发展性的区别使人们关注概念词汇表代代相传的过程——第一步先传给那些准备（社会化）进入他们的文化之成人社会的年轻孩子，第二步再传给那些准备（还是社会化）在他们的学科实践者中取得地位的青年。

---

[18]　关于这个观点，特别参见 Stegmüller, *Structure and Dynamics of Theories,* pp. 40-57. 其来源见 J. D. Sneed, *The Logical Structure of Mathematical Physics* (Dordrecht: Reidel, 1971), 但它在那里的表述十分分散。

就当前的目标而言，最后一点最为关键，因为它将把我迅速带回实在论。在我已经反复谈到的词典理论中，起关键作用的是词典代代相传的过程，不论从父辈传到孩子还是从实践者传到学徒。在这个过程中，具体案例的展示起到了重要作用，这里，"展示"可以通过指出日常世界或实验室中已实现的案例来完成，也可以通过对学生或入门者先前获得的词汇表中的那些潜在案例之描述来完成。在这个过程中所获得的当然是一种文化或亚文化的种类概念。但与之不可分离的是该文化中的成员所生活的世界。

南希忽略了这个发展语境，而我认为它是核心。但是，她两次阐述了这个过程：关于科学种类，她通过从《结构》第二版中挖掘出来的有关牛顿第二定律的段落进行阐述；关于社会种类，她通过讨论寓言故事进行阐述。摆、斜面以及其他的东西是 $f=ma$ 的例子，正是由于它们是 $f=ma$ 的例子，才使它们类似，彼此相像。如果不展示 $f=ma$ 的这些例子或一些等价的例子，学生们就无法学会理解它们之间的相似性，或者什么是力或质量；也就是说，他们无法学会力和质量的概念，或命名这些概念的术语之意义。[19] 类似的，寓言故事中的三个例子——貂鼠/松鸡，狐狸/貂鼠，狼/狐狸——也是对一种情境的具体阐释，由于缺乏更好的术语，我称其为"权力情境"（power situation），"强"和"弱"、"捕食者"和"猎物"等类似这样的术语在这种情境中发挥作用。

248

---

[19] 这一点在我的《科学史中的可能世界》(Possible Worlds in the History of Sciences) 中有更准确的阐述。在没有"质量"的情况下，"力"可以通过接触胡克定律的例子而习得。接着，通过给出牛顿第二定律或万有引力定律的例证，可以把"质量"加入概念词汇表。

正是由于它们阐释了该情境的相同方面，才同时使得它们彼此相似，也使该情境得以进入这些寓言所传达的情境之中。如果没有接触过这些情境或类似情境，那么通过社会化过程进入呈现这些情境之文化的候选人，就无法学会所谓"强"和"弱"、"捕食者"或"猎物"等社会种类。

尽管学会类似这样的社会概念还可以通过其他资源，但寓言和与之相伴的格言具有简单性这个特殊优点，这可能也是它们在孩子的社会化过程中起到如此重要作用的原因。南希称它们"单薄"（thin），她还把这个词应用于一些模型，如无摩擦的平面和点摆。如果愿意的话，你们可以把后两者看成物理学家的寓言（把牛顿第二定律作为与它们并列的格言），正是它们特征化的单薄性，使它们特别有助于该专业潜在成员的社会化。这就是它们在科学教科书中占据如此突出位置的原因。

除了我坚持把这些观点放在学习或社会化过程中外，南希在文章中也对它们全部进行了明确阐述，并且还阐明了另一个观点——她给了我一些新的语词来描述这个观点。一旦学会了新术语（或旧术语的修改版），它们的指称对象与学习过程中使用的先前获得术语之指称对象之间，就不存在本体论的优先权。具体（摆或貂鼠）与抽象（力或猎物）一样真实。当然，这一对对成员之间既有逻辑的优先权，也有心理上的优先权。如果不在先地获取诸如空间、时间、运动和物体（material body）的概念，人们就无法学会牛顿力学的力和质量概念。如果不在先地获取诸如生物种类、死亡和杀戮的概念，人们也无法学会捕食者和猎物的概念。但正如南希指出的，这一对对成员之间（一方面是力和质量，另一方面是空间和时间等；或者一方面是捕食者和猎物，另一方面是死亡、杀戮等）既不存在事实还原的关系，也不存在意义还原的关系。由于不存在这样的关系，因此也就不存在什么基础可以用来选出一个更为真实的并列集。坚持这个观点并不是要限制实在的概念，而是为了说明实在是什么。

249

正是在我们对那个共同分析的回答中，南希和我产生了路线上的分歧，但在这个过程中我受到了很大启发。南希和我都被迫采取了一种不情愿的多元论。但是，她通过允许对真的科学概括的普遍性加以限制，来实现她的多元论，例如，她认为，牛顿第二定律的真实性并不依赖于它适用于所有潜在的具体模型。就她而言，这一定律的范围是不确定的：在一部分范围中，它可能是真的，而在另一部分范围中，某些别的定律可能获得成功。然而，对我来说，这种形式的多元论是被禁止的。"力"、"质量"以及类似的术语都是种类术语，是种类概念的名称。它们的范围只受不重叠原则的限制，因而是它们意义的一部分，使它们的指称对象能被辨识出来，使它们的模型能被辩认出来。发现一个种类概念的范围受某些外在的、不同于其意义的东西所限制，就是发现它从不具有任何正确的应用。

为了解释在寻找她认为真的定律之可用模型时所出现的偶然失败，南希引入了范围限制。相反，我通过引入几个新种类来替换以前使用的某些种类来处理这样的失败。这一变化构成了词典结构的变化，伴随这个变化的是一个相应发生变化的专业实践之形式，以及一个借以实施它的不同的专业世界。她的范围多元论在我看来是专业世界的多元论，实践的多元论。在每个实践的世界中，真的定律必定是普遍的，但有些定律支配了其中一个世界，却甚至无法用另一个世界中使用的，并某种程度上构成了该世界的概念词汇表来表述。同一个不重叠原则使真定律的普遍性成为必要，却使一个世界中的实践者无法引入支配另一个世界的某些定律。这并不是说在一个世界中为真的定律在另一个世界中可能为假，而是说它们可能无法表达，无法得到概念审查或观察审查。我的观点是使可表达性相对于世界和实践，而不是使真理相对于世界和实践。这种表述与跨世界旅行一致：一个 20 世纪的物理学家可以进入比如 18 世纪的物理学世界，或 20 世纪的化学世界。但是，如果这个物理学家不放弃他或她所来自的那个世界的话，就无法在任何一个其他世界中进行实践活动。这使得跨世界旅行难到几乎不可能，这也解释了为什么——正如杰德·布赫沃尔德所强调的——科学实践者几乎不会去做。

接下来的一步将把我带回到厄南的文章，并把我引向这篇文章所考察的最后一个问题。引入新种类并替换旧种类这样的发展事件当然是我在《结构》中称之为"革命"的事件。当时，我把它们看成单门科学的发展或单个科学专业发展中的事件，我有点误导地把这些事件比作格式塔转换，并且把它们描述成有关意义变化的事件。显然，我现在还是把它们看成单门科学发展中的变化事件，但是，我认为它们还起到了第二个作用，一个密切联系的、同样根本的作用：它们常常，也许总是与科学专业的数量增长联系在一起，这种数量增长是不断学习科学知识的必要条件。这个观点是经验的，证据（一旦面对）是压倒性的：人类文化的发展，包括科学的发展，自有史以来就以大量的并仍在加速增生的专业为特征。这个模式显然是科学知识不断发展的先决条件。向一个新的词典结构、一组改变了的种类的转变，使人们得以解决以前的结构不能处理的问题。但新结构的范围通常比旧结构更为狭窄，有时甚至要狭窄很多。处于范围之外的就成为另一个科学专业的领域，在这另一个专业中，旧种类的发展形式仍然沿用。结构、实践和世界的增生，使得科学知识的广度得以保持；单个世界视野中的强化实践则使其深度得以增加。

　　我的最后一个评论针对的是伊恩·哈金的文章。上述模式使我将专业化说成物种形成，并进一步把它与生物进化进行类比。使专业化实践与其世界越来越吻合的东西，也大致类似于使物种越来越适应其生物小生境的东西。与实践及其世界一样，物种及其小生境也是相互定义的；在这两对组合中，没有其中一方，另一方不可能被单独认识。同样在这两种情况下，这种相互定义似乎需要隔离：一种情况下，不同小生境中的居民渐渐地无法杂交，另一种情况下，不同专业中的实践者渐渐地难以交流。

　　增生的发展模式提出了一个问题，厄南文章中很大部分都

251 在以一种更加标准的表述讨论这个问题：增生和词典变化的发生过程是什么？在哪种程度上可以说它受合理性思考的支配？与前面我已经讨论过的任何一个问题相比，关于这些问题，我的观点更接近于《结构》中提出的观点，尽管我现在可以对它们做更充分的阐述。实际上，厄南已经替我阐述了大部分问题。在他对我的立场的阐述中，只有两点我有些许不同意。第一点是他使用了浅革命和深革命之分：尽管革命确实存在尺度和难度上的差别，但它们所呈现的认识问题对我来说却是相同的。第二点是厄南对我讨论休谟归纳问题之意图的理解：我和他都有一种直觉，认为科学的发展进路将消解（而不是解决）休谟问题；但我偶然提及这个问题的目的仅仅是为了推卸解决问题的责任。

在其他方面，我需要做的是对厄南认为我的立场中模棱两可和不一致的地方进行说明。至少为了论证的目的，我需要先给出一个预设：你们已经抛开了这样一个概念，即关于一个完全外在的世界之概念，那是一个科学越来越逼近的世界，它独立于研究它的科学专业之实践。一旦你们走到这一步，仅凭想象就可以提出一个显而易见的问题：如果不与外部实在相吻合，那么科学研究的客观性何在？虽然我认为这个问题需要额外的思考和展开，但《结构》中给出的答案在我看来仍然是正确的：不论个体实践者是否知道，他们都被训练在他们的现象世界与他们关于现象世界的共同体信念之间的交界面上从事解谜活动（它们是些工具的、理论的、逻辑的或数学的谜题），并从中获得奖赏。这就是他们被训练从事的工作，也是在他们可控制的时间范围内，大部分职业生涯中所从事的工作。它巨大的魅力——在外人看来往往是一种痴迷——足以使它本身成为目的。对于从事这项事业的人来说，不需要其他目标，虽然个人常常会有许多目标。

然而，如果事实就是如此，那么评价科学信念的标准之合理性就显而易见了。准确性、精确性、范围、简单性、富有成果性、一致性等等，这些仅仅是解谜者在确定一道谜题在现象与信念的吻合上是否已被解决时所必须衡量的标准。除了不需要立刻全部得到满足之外，它们是这道已解谜题的"定义"特征。科学家正是由于将它们所应用的精确性及其范围最大化而受到奖赏。选择一个比现有的竞争者更不完善的定律或理论是自我拆台的，而自我拆台的行为是最可靠的非理性标志。[20]这些标准被训练有素的实践者所采用，拒绝它们将会成为非理性，它们为评价词典稳定时期所做的工作提供了基础，在紧张时期，它们也是产生物种形成和词典变化之反应机制的基础。随着发展过程的继续进行，实践者用来学会认识精确性、范围、简单性等等的例子在各个领域之内和之间发生变化。但这

252

---

[20] 这些观点在厄南引用的我的两篇文章中有详细阐述 "Objectivity, Value Judgment, and Theory Choice," in my *Essential Tension* (Chicago: University of Chicago Press, 1977), pp. 320-329, and "Rationality and Theory Choice," *The Journal of Philosophy* 80 (1983): 563-570, 在本书中作为第九章重刊。其中第二篇文章所提出的主题也是我和 C. G. 亨普尔相互影响的另一个产物，在本文的第一节中，我曾允诺回到这个问题上来。

些例子所说明的标准本身必定是永恒的，因为放弃它们就是放弃科学，同时也放弃了科学发展所带来的知识。

从事解谜活动常常使实践者涉及一些政治和权力的问题，这些问题既出现在解谜活动之中，也出现在几个解谜活动之间，还会出现在这些活动和周围的非科学文化之间。但在人类实践的进化中，这类兴趣从一开始就起着支配作用。更进一步的发展所带来的不是使它们处于从属地位，而是对它们所发挥的作用进行专业化。解谜活动是实践家族的成员之一，它在进化的过程中出现，它所产生的是关于自然的知识。有些人宣称无兴趣驱使的实践能够正确地等同于对知识的合理追求，他们犯了一个深刻而严重的错误。

第三部分

与托马斯·库恩的讨论

阿里斯泰德·巴尔塔斯

柯斯塔斯·伽伏罗格鲁

瓦塞里奇·金迪

《与托马斯·库恩的讨论》是一篇录音整理稿，记录了库　255
恩与阿里斯泰德·巴尔塔斯、柯斯塔斯·伽伏罗格鲁和瓦塞里
奇·金迪为期三天的讨论，这次讨论实质上是一次扩大的访谈。
讨论于 1995 年 10 月 19 日到 21 日在雅典进行。当时，雅典大学
科学哲学与科学史系授予库恩荣誉博士学位，并在校内为他召开
了一场研讨会。研讨会与会人员除了上述三位讨论者外，还包括
考斯塔斯·克利姆巴斯和潘悌力斯·尼古拉古帕罗斯。会议文集
和本次讨论都发表于《纽西斯：科技史与科技哲学杂志》1997 年
特刊（ *Neusis: Journal for the History and Philosophy of Science and
Technology,* 1997 ）。收入本书时对访谈再次略做编辑。

伽伏罗格鲁：好，让我们从你的学生时代开始谈起吧，特
别是你感兴趣的课程，你讨厌的课程，你遇到的老师，等等。

库恩：我在纽约曼哈顿开始我的学生生涯——或者说开始
上学，这是另一个问题了。我在那里的进步派学校（progressive　256
school）里上了几年学，从幼儿园一直上到五年级。一方面，
进步派学校鼓励独立思考能力；另一方面，它又不大教什么
科目。我记得那时我可能已经上二年级了，我父母觉得非常沮

丧，因为我好像不会阅读；父亲就教我识字，很快我就学会了。后来，当我读到六年级的时候，我们全家搬到了离纽约大约四五十英里外的一个乡村，哈得逊河边的克罗登镇。在那里，我进了一所叫黑森山学校（the Hessian Hills School）的小型进步派学校上学。这所学校现在已经不存在了。但是它出色地教会了我独立思考。这是一个很左的学校，主要创办者是一位女士，名叫伊丽莎白·牧斯。她是威廉·雷明顿的岳母。你们可能知道这个人，他就是那个由于当了共产主义情报员而被关进监狱的人，这是麦卡锡时代的事了。所以，学校里到处都是各种各样激进的左派教师，不过我们都被鼓励做一个和平主义者。那里没有马克思主义教育或其他这类教育；我们只是听父母说这是所激进的学校，但我们自己并没有看到它有什么激进之处。在那里，有一个老师对我产生了影响。我有过好几位对我产生影响的老师，但数学老师只有这么一位，他叫利昂·西亚奇。[1]人人都深深地敬爱他，他的数学教得特别好。我主要向他学初等代数，不过我总是……也不算很差，但在算术上只是普普通通，我总是算错，我做加法，可连续两天就是得不出相同答案。我会背乘法表，可是我从来都没有真的会算超过9乘以9的乘法。但是，当突然转向更为抽象的计算，使用变量以后，我的数学在他的手上活起来了。我喜欢数学，十分

---

[1] 利昂·西亚奇生于萨洛尼卡；他写过一本回忆录，*Farewell to Salonica: Portrait of an Era,* Leon Sciaky (New York: Current Books, 1946)。

擅长数学，这真是一个相当特殊的经历。我想我的其他功课也学得相当好。……学校不进行评分，所以当我被证明学得特别好时，我相当惊奇——我毫不知情。我在那里上了六年级、七年级、八年级、九年级，一共四年。我有一个很好的社会研究老师。在他那里，这个学校的激进性就表现得多一点了——我们一起阅读比尔德的《美国宪法的经济学解释》的主要章节，并且进行讨论。我们班上有六到七个同学；这是一种非常注重动手实践的教育；动手为的是放手。我认为这对我的思想之独立起了主要作用。

257

巴尔塔斯：能不能再跟我们详细讲讲关于进步派学校的概念：它是一种特殊类型的学校吗？

库恩：不是。进步派教育是一场运动，就我所知，它实际上发源于约翰·杜威的一些提议。它不太强调科目，更强调思想独立，强调要对运用自己思想的能力有信心。所以说，它不教拼写很正常——几乎没什么练习。我们开始上法语课；上了三年我仍然记不住一个法语单词——就有这样的事。但是我渐渐变得聪明起来。我不能确定黑森山学校是不是一所小规模教育、学科设置很少的学校，在那里，大量的学习都靠自己，或者说你想到什么就自己去做什么，但我确实认为它对我的成长有着重要影响。有一件事我想说一下，我刚到 MIT 时，发现很多学生一直到快要毕业了还从来没有写过一篇 10 到 12 页的论文，那种我准备布置下去的论文。我在读六年级或七年级时，至少写过一篇 25 页的论文。还有更多那样的事。我想，那种研究的滋味，那种鼓舞的滋味对我后来发生的事情尤为重要。那所学校只到九年级。实际上，它常常只能读到八年级；但对我们那个年级的人，它一直让我们读到九年级，之后我上了寄宿学校。我父母担心我难以适应变化，便把我送进了一所小学校。

伽伏罗格鲁：学校里有许多左派，或者说整个风气都是左的，这种情况在那个时期是被人瞧不起呢，还是说在一些特定人群中被看成是好的？

库恩：我相信在有些圈子里它是被瞧不起的；我比我父母激进，但他们并没有瞧不起。另一方面，这值得我再多说一点。这是一个时代和一个时代的人，那时人们开始加入一个叫美国学生联合会（the American Student Union）的组织。成为美国学生联合会成员的前提条件是愿意签署牛津誓言。这个誓言的内容是你不能战斗，即使是为了你的国家。我记得我就此与我父亲进行过讨论，因为我真的觉得我不喜欢说我不会为我的国家而战。我既想成为学生联合会成员，又不确信能恪守誓言。我记得我父亲对我说："我签署过许多誓言，后来又违反了。但我想，我从没有在签署誓言的时候就想我将会违反它。"我很认真地考虑了他的话，没有加入那个学生联合会。另一方面，我的学校曾经召开过一次会议，参会的学生来自许多进步派学校，我不记得我们讨论了些什么，正式主题是什么，但我最后被纽约一家叫皮克斯基尔（peekskill）的报纸报道了。我不知道它的标题是什么，但当时站起来发言的人就是我，我说："谁从我们的国家财产中获利？不是你，也不是我，而是那些资本家。放过菲律宾吧!"这些事情别有一番滋味。

巴尔塔斯:这些事情大概发生在什么时候?

库恩:我在1937年上九年级时离开了黑森山,这些事情应该发生在此前的一两年,这会给你们一个大体的时间范围。接着,我在宾夕法尼亚一所叫寿白瑞(Solebury)的学校度过了一年。那里挺好的。我在那里没有什么特别的困难,当时的想法是我在那里试读一年,如果我真的喜欢那里的话就可以留下来,否则的话就转到一所更高级的预科学校去。我觉得那里挺好的,可就是没什么热情,我失去了在黑森山时所拥有那种相互影响。所以,第二年我就转学了,去了一所我更不喜欢的学校,那真是一所预备学校,几乎是所耶鲁预备学校。学校名叫塔夫托(Taft),位于康涅狄格州的沃特城(Watertown)。我觉得那里没什么特别的事情可说,我的意思是我在那里有好老师,也有不怎么好的老师,但是没什么特别的,除了塔夫托学校的十一年级有一个非常棒的英语老师。我记得我们读了很多罗伯特·勃朗宁的东西。这对我很重要。但是,那里的科学教育很糟糕。我记得有一门物理课,教我们的那个人懂一点化学,但懂得不多,而且根本不懂物理,或者说懂得不多。我突然发现自己产生了一些想法——我提不出热是分子的平均动能,但我编了一些动力学理论,并把它带给老师看,我想我给他看了两次,第二次他说:"你看,等你以后准备好了再考虑这些问题吧!"显然,这并不是我要的那种鼓励,因为我觉得他并不知道答案。而且这是相当初等的物理学。

所以，这些学校给了我更正式的训练，教了我更多的语
259 言——虽然我从来都不擅长这些语言，我从未真正学好外语。
我能阅读法语，能阅读德语，如果把我放到这些国家，我可以
结结巴巴地对付一会儿，但我对外语的掌握不是很好，也从来
没有好过，所以这段时间我的思想的很大一部分转向语言，这
看起来有点反讽意味。

在这两所学校里我学得很好，我的意思是，就学分记录而
言，我的成绩很好，之后我进了哈佛。

伽伏罗格鲁：你的父亲从事什么职业？

库恩：我的父亲是一个水力工程师，这对我挺重要的。他
曾在哈佛就读。简单地说，哈佛和 MIT 有一个联合项目，他
在这个项目中获得了一个五年的学士和硕士学位。这个项目是
根据一份遗嘱设立的，后来这份遗嘱被法院或是其他机构撤销
了，所以这个项目又被分开了。我想他在 1916 年读完了这个五
年项目，那时路西塔尼亚号①被炸沉了，他离开那里去参战。
他加入了陆军工程兵部队（the Army Corps of Engineers），我认
为那是他一生中最快乐、最有成就的时期。战争结束后——他
的父亲在他离开期间去世了——他返回老家，留在辛辛那提附
近帮助他的母亲，也做一些不是太有意思的土木工程。之后，
他结婚了。他过去常常说（我并不完全相信他说的每一句话），
他觉得在水力工程学方面无法和年轻人竞争，所以他就把自己

---

① 1915 年 5 月 7 日被德国潜艇在爱尔兰附近海域炸沉的一艘英国轮船。——译者注

那相当不错的才能用到其他方面去。我出生于辛辛那提。那是他的故乡，他把我的母亲带到那里，她是一个纽约女孩。我六个月时和父母一起搬到了纽约。他进了后来成为工业工程的领域。他为一家银行工作了一段时间，成为一个研究投资可行性的重要人物，并为这家银行及其客户给出建议。他在国家重建管理局期间，表现得十分活跃，为烟草行业做了一些事情，在国会提供证词，等等其他这类事情。但我认为，他从未获得他所期望的成功，如果换其他境遇，他有可能成功。我还觉得，他周围那些人认为他是个没有实现报负的人物，是个相当有才华、可以做更多事情的人物，这里面包含着一种浪费天才的意思——我觉得是这样，但只有一个人跟我说过这些。我认为这些看法是对的。他从没说过这些，但我认为他就是这么想的。我十分崇拜他。多年来我一直认为，除了杰姆斯·柯南特之外，他是我认识的最有才华的人。他并不是有很高的智商，但具有相当敏锐的思想。他总是能找出我的错误，不过那对我来说也没什么好处。

伽伏罗格鲁：除了努力送你去好学校并且关注你的表现之外，他还积极关心你的教育吗？他有没有实际插手你教育上的细节问题？

库恩：没有。他是这样一个人，他会说："那么，你能用法语说什么呢？"我就用法语说："大象！"他怕我学不会阅读，就教我一点字母或单词——我不记得了。除了那点儿之外，他没有主动介入。

伽伏罗格鲁：在这个问题上，你的母亲是怎么做的呢？

库恩：我的母亲也没有主动介入。尽管她没有我父亲那么才华横溢，但是，有意思的是，她更聪明。有时有点轻狂——但她读了更多的书。她做一些专业编辑工作。我从小就认为我像我父亲，每个人都这么说；这很好，我非常崇拜他，害怕他，诸如此类。我还听说我弟弟像我母亲。后来我认识到恰好相反。我弟弟更像我父亲，而我更像我母亲。认识到这一点与接下来的这些事部分相关。正如你们知道的，我会说很多我如何到那里的，我主修物理学专业。我坚持做一个**理论物理学家**。但我热爱做手工，我后来还建了个业余无线电。我以前从未操作过业余无线电，但我常常沉溺于旧电子管和旧电池；我还给商店打过杂。我一直都不能理解为什么我会决定当一名理论物理学家，而不是实验物理学家。最后我认识到，这是因为理论物理学更接近于智力活动，而我在这一点上遗传了我的母亲，而不是我的父亲。当我意识到这一点时相当震惊，当然，从长远来看，我对这个结果并没有什么遗憾。但是，为什么我会做出这个决定，这对当时的我来说是个谜，一个相当明确的谜。

巴尔塔斯：你只有一个弟弟吗？

库恩：我只有一个弟弟。在结束塔夫托学校的学业后，我来到了哈佛，那曾经是我父亲的母校。我的生活从这个转折点开始发生了显著变化，因为（我之前没说但现在要说的是）我在之前整个上学期间真的几乎没有一个朋友。我是孤独的。我一直很孤独；可我一点都不喜欢这种感觉。我不是那个群体的一员，但我非常想成为它的一员。哈佛足够大，足够有思想，也有很多各式各样的社团。你不必成为某个社团的正式成员也可以去参加活动，你也可以参加好几个社团。我开始觉得好像跟以前相比，我现在更接近于他们中的一员了，我开始拥有更快乐的社会关系了。虽然没有走得那么远，但却足以使我对自己产生一种完全不同的感觉。现在，说到哈佛——我和我的父亲曾经有一次愉快的交谈，你们一定对此感兴趣，那次谈话发生在我去哈佛前的一个夏天。我当时的确十分擅长高中数学。我超前了一年，我学了一年的微积分，在最后一年里和我们预科学校的另一个人一起学的，我还学了一年的物理学，但老师教得很差。我没有因此而烦物理，但我没有学明白……所以我找父亲谈话。我们谈论的是我打算主修科学还是数学，或者说物理学还是数学。我应该成为一名物理学家还是一名数学家？这一点还将告诉你们某些你们都十分了解的事，关于那以后的几年里情况发生了怎样的变化。那是在 1940 年的夏天。他对我说："你看，如果你更喜欢其中一门的话，就一定学那一门。但是如果你在两者之间实在抉择不下的话，我想你可能应该学物理。因为如果你学数学的话，除非你去到一个很好的数学系，否则你的出路只能是去教高中，或者去一家保险公司做精算师。但是如果你学物理的话，它不是很难，而且又有许多去处，像通用电气实验室和海军研究实验室，即使你不去研究型大学，在那里你仍然可以做研究。"所以，我学了物理。

伽伏罗格鲁：那时你实际上申请了一个特定的系，不是因为你申请了理学院（Science Faculty）。

库恩：不，在大一结束的时候才确定主修。那是在一个系里的专业。所以，［接着］我就进入了物理学。在我的第一年里，我在这方面有一个奇特的经历，我想这个经历可能也对我产生了重要影响。我认为我对解难题、解谜题的强调，某种程度上可能来源于此，或者说受这个经历的影响或准备。我一直非常优秀。在学校里，我是各门功课全 A 的学生。但不知道为什么，我在物理课上遇到了麻烦。那是一门进度很快的物理课，对未来的主修者来说，它是一门两学年的物理学课程。我记得那是我入学的第一年，我在测验中都没有考好；第一学期期中，我的平均分是 C。我去找教授谈话，我说："拿这个成绩的人，有成为物理学家的吗？"他鼓励我努力去尝试，他没有说"不"或类似那样的话，也没有说"当然"。但是他告诉我，我应该做的是更好地为下面的考试做准备，我开始真正学习如何解题了。我们称之为问题，我称之为谜题。年中我得了 A−，从那以后一直都得 A。但是，我的困惑在于我之前为什么拿不到 A。我的意思是这对我的思想形成也有相当大的影响。所以，就这样了，在我的第一年里，我决定主修物理学。当然，第二年也是……

伽伏罗格鲁：在进入第二年之前，你有没有想过申请其他学校，还是由于你父亲曾经在那里就读的原因就定了哈佛？

库恩：我想答案是哈佛就是我想去的地方，许多叔叔伯伯都曾经在那里读书，我喜欢我知道的关于它的一切，我曾经去过哈佛也喜欢那里。为了保证能进大学，我确实申请了一到两所其他学校，我记得我正好要出去旅游的时候接到了来自哈佛的录取通知书，我高兴极了。

　　数年后发表的一项研究里，将我们班作为一个基准。在总共 1024 名有资格的申请者中录取了 1016 人，我就是其中之一。我的意思是，以后它的竞争才变得非常激烈。我那时以为竞争非常激烈，但实际上不是。那是个错误的观念。我的第一学年是 1940—1941 年。在第二学年的秋季发生了珍珠港事件；我们都有点儿准备参战或是做点什么。就我而言，我学的是物理学专业，物理系当时很大程度上转向教学生电子学，而我更专注于物理学，但学的却是安排得有些不太合理的物理学。每个正常物理学家都应该上的一些课我直到研究生阶段才上，而且还上得不全。我尽可能快地去学。我两个夏天都去暑期学校学习，用了三年就毕业了，而不是四年。结果是除了科学之外，我基本上没学什么别的科目，而我本应学更多，这个结果在两个方面表现得特别明显。在我大学第一年里，我上了另外一门对我影响很深的课，我想就此说点什么。我决定上一门哲学课。我不知道什么是哲学，但我有一个奇怪的叔叔是斯宾诺莎主义者。他是个私下的斯宾诺莎主义者。他收集并写作关于斯宾诺莎的东西。家族里面大多数人都不喜欢他，但我有点喜欢他。而且我想知道什么是哲学。有一些哲学课针对新生常规开设，还有另一门叫哲学史的课，当然不是历史课，这门课在

263

秋季学期详细研究亚里士多德和柏拉图，我记得春季学期是上笛卡尔、斯宾诺莎、休谟和康德。这些人让我经历了一段艰难时期，但我坚持着，在这门课的开头，我又遇到了麻烦，我想这并不完全是我的错。课上有一个非常古怪的，尽管十分有名的班级教师（section man），不是主讲的那个老师。主讲老师是个希腊人，叫拉斐尔·蒂莫斯，他写过关于希腊启蒙时期的科学家。不说这些，我的班级教师叫爱森伯格；他不停地打击我，我虽然测验考得不是很好，但却不断地提问。其中一件事使我特受打击——他教柏拉图和柏拉图关于善的理念。现在我没有很大把握能够准确地记住我当时争论的是柏拉图的哪个观点，不过一个申请医学院的学生正好给这个观点提供了例证。他想当医生，但在考试前的那个晚上，他出去了，待到很晚才回来，结果没考好。如果他之前考虑一下，权衡一下的话，他就不会那么做，可能就考进医学院了。我就问："看，我们当然会假定他本应该增加进医学院的**机会**，但是，假定从统计上来说，机会仍然不会非常大，并且假定他那晚真的很想出去看那场电影，那么还能说，他那么做就是非理性的（尽管这个词可能并不贴切）吗？"这位指导老师把它看成一个非常奇怪的问题。他不理解。我下周又问了同样的问题，他几乎就让全班同学来笑话我。这是件很荒谬的事。我知道你们是物理学家，你们理解这个问题是什么，但这并不是个愚蠢的问题。我想我那门课年中只得了个 B-。后来他离开去了别的地方，这门课的春季学期由另一个老师接着上。我刚才说我一直学得不是很好：在那门课上，我实际学得更多的是如何学习。我又回去听课，做了详细的笔记，很努力地学习，我开始在测验中做得比以前好了。接着我申请并被获准进入这门课的优等生班。我被那些材料深深地吸引住了，尽管我并不能很好地理解。但那是笛卡尔、斯宾诺莎、休谟和康德。斯宾诺莎并没有给我很大的冲击，笛卡尔和休谟都是当时很流行的，我能够很容易地理解他们；康德很有启示性。我记得每个人都在班级会议上做了报告，我的报告是关于康德和知识先决条件的概念。事物必然如此，因为你不可能以其他方式认识事物。它〔我的报告〕被认为很好地阐释了这个概念，不过这是因为这个概念给我很大触动，你们会明白为什么这是件非常重要的事情。

伽伏罗格鲁：你能再详细地讲讲吗？

库恩：噢，这是件非常重要的事情，因为我到处跟人解释我的立场，说我是一个有着可变范畴的康德主义者。它不再完全是康德的先天，但那个经历肯定为我理解康德的先天综合做了准备。我确实讨论的是先天综合。我曾经觉得我应该在本科时学更多的哲学。我还觉得我应该在本科时学更多的文学。我不太喜欢大一时的那门英国文学概述课。我觉得那个教授不太尊重我们——他老是开玩笑，不是针对我们，而是针对我们要学的内容。但在大二时我上了一门很好的美国文学课，我本应该继续学下去的；我的意思是我喜欢文学研究，我也想学更多的哲学。但是，我们卷入了战争，我当时已经读到大二了，我只打算再读一年，所以没有再继续学那两样。接着，我提前了一年毕业，这在当时不是件稀罕事。我还得提一下我当时做的另一件事。我在哈佛校报《深红》（*Crimson*）兼职。第二学年开始时，我结识了一个室友，他在大一时就已经开始做新闻兼职；我参加了编辑部的竞选，大学最后一年，我成为编辑部主编。这一年我们卷入了战争，于是我就写关于我们参战的社论以及哈佛应该怎么做等等。即使在那个时候，我还是和以前一样觉得这个东西很难写。所以我要花很长很长时间来写一篇社论，我不具备新闻记者那种一坐下来就能把东西写出来的能力。这是我的一个很大的缺点。

265 　　**伽伏罗格鲁**：那是个选举产生的职位吗？

　　库恩：是的，这是个选举产生的职位，有兴趣的人都可以参加竞选。资深主编把我选为候选人。我在候选者名单之中。但是，当时有很多人反对这个由某几个成员提名的候选人名单；我记得我和其他那些被某几个成员提名的人坐在楼下，而楼上正在激烈地讨论，考虑谁将获得这一职位——这虽然不是闻所未闻的事，但也不是什么常事。这件事告诉你们在多大程度上，我来到哈佛只是将我部分社会化了。是的，我获得了这个职位。但这是一个很奇特的经历。

　　巴尔塔斯：你提到了写作，你被认为是这个行当里少数几个有写作意识的人之一。你提到了写作中的困难，这和我对你的印象十分吻合，因为写作是一件难事。你没有屈从于新闻模式的写作真是件好事。我的问题是你与写作的关系是什么。

　　库恩：这件事和我母亲有很大关系。她做一些编辑工作，也阅读。在我孩提时代，我没有给别人写过信，现在还是如此，我只写必要的公务信函。我是个很糟糕的通信者，我过去常常在这个事情上犯难。我母亲曾对我说："你可以说任何你想说的事，但对你写下来的东西要非常当心。"我母亲跟我说了很多话，虽然并不都很明智，但都让我印象深刻。我母亲是个很不圆滑的女人。她不可能**不**说出内心的想法，她的想法也并不总是经过深思熟虑。我记得我第一次开始和一个女人交往；我从研究生院毕业之前没进行过几次约会，只和一个女人多见了几次面。我母亲从未见过这个女人，有一次在纽约街头见到我们两人，几天后她对我说："我看到你和某某在一起，她不适合你。"哦，我的天哪！

伽伏罗格鲁：在我们谈毕业之前，我们先谈点别的。在你大学期间，欧洲正在经历战争。美国社会在某种程度上是个分裂的社会，人们对美国将如何处理这个情况有着十分强烈的情绪。你对这种情况怎么看，大学里的人如何看待这个情况？它在大学里的人那里是一个争论点吗？显然随着时间的临近，它是一个争论点，珍珠港就是一个争论点，但之前呢？你的立场是什么？

库恩：奇怪的是我发现我只记得一点点事情。我来谈谈与此相关的一些事吧。我说过，我在读九年级时十分激进。我们常常在国际劳动节那天游行，声援劳动者。在我离开那里去上大学之后，就不再做那些事了。我仍然保留着自由主义的信念，但我不再是激进分子，从那以后就再也不是激进分子了。

这一点［我不再是激进分子］有时令我感到很尴尬。就我自己的态度和我家庭的态度而言，当罗斯福准备帮助英国时，我们都非常高兴；我们都由衷地认为美国应该参战；但那并不是一种很愉快的感觉。请记住我们是个犹太家庭，虽然不是非常犹太化，但我们都是经过认证的犹太人。不修行的犹太人。我的外祖父母曾经是修行者，但不是正统的。我的祖父母不是，他们是这个家族的辛辛那提分支。所以，这虽然不是个大问题，但无疑使我们更愿意追捕希特勒。事实是，我相信我周围有怀有完全不同感受的人，但我一点都不记得了。我感觉好像我周围所有人都有同样的感受。当然，珍珠港事件发生后，这些都变得无关紧要了。

伽伏罗格鲁：珍珠港事件后，学生中完全没有不参战的呼声吗？

库恩：如果有的话我肯定也不记得了，我不认为真的有。

伽伏罗格鲁：你能跟我们谈谈哈佛的课程吗？你更喜欢哪些课程？哈佛的一些老师组成了当时最好的物理系之一，我想并不是最好的，哥伦比亚大学可能更好一些。

库恩：或者芝加哥大学。哈佛并不是以特别好的物理系著称。

伽伏罗格鲁：即使那时也不是最好的？

库恩：是的，不是最好的。我认为哈佛的物理学是在战后才开始好起来的。约翰·范弗莱克当时在那里任教，但我没有师从于他，我直到后来才认识他。温德尔·福瑞是我曾跟你们谈过的教我大一物理课的老师。我喜欢他，他是个好老师。斯椎特接任我们第二年的物理课。我不太了解他，但他是著名的光谱学物理学家。

伽伏罗格鲁：你和斯莱特没什么交往吗？他去了 MIT。

库恩：是的，我和他没什么交往。他对我来说只是个名字，我在量子物理学项目（the Quantum Physics Project）中碰到过他，但是我和他没有交往。我在不久以后和一些教电子学的老师有很多交往。［利昂·］查菲和一个叫金（罗纳德·金）的精通天线理论的老师。这些理论都没有给我留下很深印象。查菲是一个极差的老师，金则是个极好的老师。在数学上我领先了一年，但我不太敢去上二年级的微积分课，所以我上了一年级的微积分课，我发现这课太容易了，于是我就不去教室听课，自己做习题，然后和上这门课的其他同学一起把做好的习题交上去。我不是说我从未去听过课，而是在最初几周后我就很少去听课了，而且我学得很好。第二年，我的水平又比二年级的课程稍稍提前了点。我直接跳到了二年级课程的下半部分。当我进入三年级课程时，突然发现那些东西对我来说相当难。乔治·伯克霍夫教我们三年级的微积分，他是个著名数学家，也是你们能想象到的最糟糕的老师之一。我们学多重积分和偏微分，我不能完全理解是怎么回事。我做得都对，但从没有真正感觉我掌握了所学的内容。我有个很好的朋友，那时我们都在正常水平附近，第二年我问他："你学得怎么样？"他说很好。我告诉他我在理解这门课上有很多麻烦，他说："你怎么会呢？这是我们以前都学过的呀，只不过是加进了更多的变量罢了。"我说："噢"，恍然大悟，一切都清楚了。尽管我还是没有总是做对多重积分，不过，是的，他是对的。而伯克霍夫却没有让我明白这一点。

伽伏罗格鲁：你对理论性课程谈得不多。

库恩：你们应该记得，我只只上了三年大学。第一年和第二年里，我的主要物理学课程是一个两年的课程序列，这是一个很难的序列，也是个很好的序列。我不记得我还可能学过其他什么课程，我也不确切地记得我在第三年里学过什么物理学课程。我记得我学过许多电子学课程，并且为此得到了物理学学分。我肯定学过一些电磁理论；我上了一门关于电学和磁学的课程，这门课还可以，但我并不是非常感兴趣。那时学的还不是真正的麦克斯韦，而是佩奇和亚当斯，那本书你们记得吗？[2] 就是那个水平。我记不清我是否是在研究生院的时候和[珀西·]布里奇曼学的热力学；我可能是在以前的本科课程里跟菲利普·弗兰克学的热力学，但我不能确定是不是。我一直相当喜欢热力学；这门学科在很大程度上是数学性的，但又给予你重要的物理结论，这种感觉是一种奇怪而美妙的体验。

伽伏罗格鲁：关于相对论的课程呢？

库恩：我在研究生院上了一门相对论课程。你们一定记得

---

[2] L. Page and N. I. Adams, Jr., *Principles of Electricity: An Intermediate Text in Electricity and Magnetism* (New York: Van Nostrand, 1931).

我在本科期间学了很少的物理学。我没有学常规应该学的光学课。我不确定是否学了热力学课；我也许学了一门中级力学课。

巴尔塔斯：那么历史课呢？除了你提到的哲学课之外，一般性的人文类课程呢？

库恩：我学了一门历史课。我认为自己并不是很喜欢历史，这是一门关于19世纪英国史的暑期学校课程。我不知道为什么要去学那门课，老师很受欢迎，我自己很喜欢他，但是课程内容对我没有产生任何影响。在暑期学校里，我还跟马克斯·勒讷学了一门政治学的课，他在某种意义上也是我们家族的老朋友。但是我学得很有限，你们瞧，它既不是电学也不是电子学，我现在都无法告诉你们它是什么。另一方面，我忙于［给《深红》］写文章，我的朋友们基本上都是学文学的或类似这样的学科。他们大多数都不是物理学家、数学家、工程师，尽管有一些人是。所以，当我在二年级时被选为印刻社团（Signet Society）成员时，十分出乎我的意料，这个社团不是一个真正的哈佛俱乐部，但它是一个思想讨论的社团，它还提供午餐，等等。后来，我在三年级时成了这个社团的主席。我可能是所有担任过印刻社团主席的人中唯一一个物理学家。尽管我学得实在太浓缩了，我没有学过很多文学课程（我想我只学了两年课程，一年上英国文学，我不大喜欢这门课；一年师从马提爱森和默多克学习美国文学，这两位是我非常敬仰的著名哈佛教授），但我还是因为这样的组合而有名。这一点是我要坚持的，因为它将对后来产生影响。

随后，我毕业了，进入一家无线电研究实验室工作（the Radio Research Laboratory）。无线电研究实验室位于哈佛，在生物楼的北侧，包括北侧顶上的两层附加的木结构楼房。我在理论组，老板是范弗莱克。我们做雷达对抗研究。金当时在那里设计特殊的天线，包括一种飞机上的旋转式天线，据说能对雷达站做三角测定。我大多数时间都在制造标准公式（我开头并不理解它的推导，或者至少我认为我不理解，我也没有花时间去理解），把雷达的剖面用一个距离的函数表示——关于两条天线高度的平方根与传播条件的各种损耗等等，有一个标准的公式。我要绘制图表来表明你将在何时追踪这架或那架飞机，［并且］绘制地图。我记得我绘制过一组或几组，那些都必须在雷达覆盖范围的堪察加半岛进行。日本人能离得多近，我们能离日本人多近。但我现在甚至都不能确定它是哪个岛了。

巴尔塔斯：这是一份工作吗？我的意思是你受雇于那里吗？

库恩：是的，我受雇于那里，因为我的学位，我的训练，也因为战争需要任何受过这种训练的人。这份工作使我得以缓役：在这种情况下，我没有被征召入伍。这并不是我做这份工作的原因，但我从没感到任何遗憾。我的意思是说，并不是我想要参军而他们不让我去。我从1943年的夏天或秋天开始工作，在那里待了大概一年。他们在英格兰的大马文区（Great Malvern）有一个高级基地实验室，我记得大概一年后吧，我请求被派往那里工作；我之前从未出过国，随后我去了那里，

269

我必须要说，这是我第一次坐飞机。我在拉瓜伊拉登机，中途我记得我们在新斯科舍还是冰岛停了一次，然后到达苏格兰的格拉斯哥。我从未坐过飞机，而我们真的在天上飞了！我不停地背诵着圣埃克苏佩里②的"夜航"——多么激动人心啊！然后，我在马文镇稍作停留，之后被移交给美国战略空军总部的技术情报部门，它位于伦敦郊外的丛林公园（Bushy Park）——我住在伦敦。那是段艰难的岁月。我在适应并对我的工作产生兴趣上遇到一些麻烦。但是一切顺利，其中也有一些乐趣。

接着，我从那里穿上了作为民用的制服，然后去了法国，或者说去了欧洲大陆——这也是我第一次去那里。我穿着制服，所以如果我被抓了，我就不会被当作间谍。我的任务是去勘探雷达位置，并带回进一步的信息。这是我一生中最不平凡的经历之一。因为我登上了这架飞机并且在瑟堡半岛的基地着陆了。我将被派往雷恩的潜艇基地，那里应该是一个主要的德国雷达站。当时正是全线进攻的时候，巴顿［将军］即将突破法兰西防线，没有人明确知道军队在哪里。但我却是要去加入一个已经在当地的部队。我和部队的一个上尉上了一辆指挥车，他认识部队的人，打算和我一起去，然后再去别的地方——我忘了是哪里。我们到了那里，但部队已经离开了。没人知道他们在哪里，但可以肯定的是，他们去了巴黎，我们能在巴黎找

270

---

② 圣埃克苏佩里（Saint-Exupery，1900—1944），法国飞行员、小说家，作品有小说《小王子》《南方信使》《夜航》等，在一次北非侦察飞行中被击落身亡。——译者注

到他们。没有人很确切地知道巴黎发生了什么。但我们还是出发了，当时只有司机、那个上尉和我三个人，我是唯一一个曾经学过一点法语的人。我已经很长时间没有碰过法语了，于是我不断地试图回忆起我学过的法语。我大概说"soldier-soldat"，不，那肯定不对，那是德语。就这样，我们的车开啊开，我想我们在路上的某个地方过了一夜，第二天一早又继续往前开。其中有一幕我永生难忘，当我们开车经过一片平原时，突然在地平线的那端升起了什么——我们看着它，它越升越高……是沙特尔大教堂！那是沙特尔大教堂的两座奇特的塔楼。我们把车开到那个小镇，没有下车，不停地绕着它开，天哪，那真是令人激动啊！离开沙特尔大教堂后，我们与一支路上的护卫队擦肩而过，我们绕过了它，走到了它的前面，进军巴黎，到了小宫（Petit Palais），这里正是我要加入的部队驻扎的地方。我们找到他们了。我们到了。我们在那里刚刚待了大概一个小时，那支护卫队开始开向香榭丽舍大街。戴高乐进军巴黎了！突然，街对面的楼顶上有人用步枪射击。有人开枪了，一个民兵中弹倒下了。巴黎的另一边——布尔热（Le Bourget）仍在战斗。所以，那是个激动人心的时代。

噢，我跟你们讲起了我的生活故事，这和我后来发生的事没什么关系。不过也许它可以使你们更多地了解我的事情，对那些事情也不至于感到惊讶。

我和一个英国皇家空军（RAF）的雷达兵一起工作，互相协作；他叫克里斯·帕默。我们俩被指派爬上埃菲尔铁塔，看看那上面是哪种雷达站。于是，我们出发了，我们来到埃菲尔铁塔，那里的一个人告诉我们："电梯坏了。"（法语）我们说："啊，那我们只好爬上去了。"他们在底层的楼梯周围缠了铁丝，我们爬上了梯子——越过铁丝，爬上楼梯，我们爬到了第三层——这时电梯来了。它停了下来，邀请我们进去。该死的是，我们就进去了。我一直在抱怨自己怎么就没有爬上埃菲尔铁塔！

伽伏罗格鲁：后来你回到了英国？

库恩：我在那里［巴黎］待了几周，那是令人激动的几周。我回英国待了一段时间，然后又回去［法国］。法国处在变革的过渡时期。我第一次去法国的时候，法语说得结结巴巴的，但人们总是跟我说，我的法语说得多么好；还有人们在街上跳舞，等等……我再次回到那里，我想也就不超过六周吧，他们就不再和你说话了！完全变了。那时候，我被派到兰斯（Rheims）的第九炮弹分队，当雷达对抗的顾问。有一个……我不知道你们怎么称呼它……工业工程部队？——这个称呼似乎不太确切。那些人以一种完全无系统的方式把数学和科学应用于战略问题和其他类似的问题。在那个时候，人们通常认为拥有这些的主要好处是可以反驳将军，因为在军队的结构中，没人能真正做到这一点。于是，我就干这个，后来还继续干这个。当我们进入德国时，我又被派去勘察雷达站，试着与德国人交谈，查探那里曾发生过什么。当然我没有查探到太多东西；但是我看到了被摧毁的汉堡，永生难忘。我们到达法国那一天，我还

看到了圣罗 ③，也令我永生难忘。这一切对以后所发生的事情都没有什么影响，只是随着这些事情的发生，我渐渐意识到，我对雷达工作并不感兴趣。这给了我一个不太好的感觉，对成为一名物理学家的不太好的感觉。这当然完全是误解。我的许多同学，在类似的职位上，但不是做雷达和雷达对抗研究，最终去了洛斯阿拉莫斯国家实验室。如果我去了洛斯阿拉莫斯的话也许仍然在搞物理，我不认为这是不可能的。我对它产生了怀疑，我的意思是，我认为这里面涉及了太多的其他因素，但我肯定渐渐产生了反感——这已经是个很强的用词了，我怀疑这是不是适合我的工作，这种怀疑渐渐地开始越积越多。我发现很难权衡促使我做出决定的各种因素，但这个因素肯定是其中之一。

巴尔塔斯：让我们来谈谈关于你开始对研究物理产生怀疑的事吧。这些怀疑与战争有关吗？

库恩：我曾经是一位"物理学家"。我现在把它放到引号里，因为从所发生的事情来看，我在某种意义上不是被训练成一名物理学家，但它却引着我走到了这里，而我发现它相当枯燥，这份工作不有趣。我仍然相信科学，我记得有一个人，我过去常常和他讨论重新设计理科教学的必要性等等这类问题。但我一点也不确定，我开始怀疑从事物理是不是我真正想要的，特别是从事理论物理。我想可能正好是在那个时候，也可

---

③ 圣罗（Saint Lô）：位于法国西北部诺曼底半岛的芒什省，离巴黎 200 多公里。"二战"期间，盟军曾经在离圣罗市 20 公里左右的海边三个地方同时抢滩登陆，揭开了对德国法西斯的战略反攻序幕。——译者注

能是晚些时候，这个问题开始浮现出来：为什么我一定要成为一名理论家？但那些怀疑并不都很强烈，也并不都是这种类型的怀疑，但它们在那儿了。我的意思是，我曾经为没有回去研究一些哲学而感到沮丧。于是，在1945年的退伍军人节后不久，我回到美国，再一次来到哈佛，因为战争还没有结束；那时候有一个问题，我们会不会被派往日本。但不久战争就结束了，这个问题也就不存在了。其间（我想我是在1945年春末夏初的时候回来的），我回到了实验室，当秋天来临时，战争仍然在日本继续，尽管看起来似乎不会永远打下去，我被允许——因为实验室的工作慢下来了——修一门或两门物理学课程，当时我仍然受雇于实验室。我那时学的一门课程是范弗莱克的群论。我觉得有点困惑。我在读本科的时候就学过第一门量子理论课程——那是我的必修课。群论十分有趣，尽管我从不觉得自己完全掌握了，那种用数学的方法得出物理结论的感觉十分有吸引力。范弗莱克不是一个非常好的老师。

接着，战争在欧洲结束了［我入学哈佛读物理专业的研究生］。我不十分清楚地记得我是什么时候做这个决定的。因为我在本科时学了非常多的物理，还因为我回到了哈佛，在此之前我并没有打算在这里读研究生——但是从连续性上看，要是不读的话是很愚蠢的——如果我去其他地方读的话，我需要多花至少一年时间。我请求系里允许我用第一年的一半时间学物理之外的东西，去探求其他的可能性。特别是我一直惦记着的哲学，我学了几门哲学课程。这就是我在研究生院的第一年，

273

我的课程中允许有一半是哲学课。就这样，我上了一个学期，可能是 1945 年的秋季学期，但不幸的是，在哲学上我可能会感兴趣的那些优秀人物大部分都不在哈佛。他们还没回来。我选了两门课，我意识到有很多哲学内容我没有学，不理解，我发现把这些东西捡起来并不是一件很轻松的事。我不完全明白为什么人们那样做。我很快就决定，是的，我对哲学感兴趣，但是，我的天哪，我是一个研究生，在某种意义上我已经经历了战争，我不可能回过头去，直挺挺地坐着听本科那些没用的课，从那儿开始。所以，我决定拿物理学学位。但是，我的研究生物理教学也不能令我很满意，这一点也很清楚，而且越来越清楚。这不是因为它与本科教学之间的区别。我想，部分原因在于我不再是一个神童，尽管我仍然做得足够好，而且我不知道自己是否足够优秀去从事这个研究……我的意思是，做到真正的杰出。我当然能够成为一名专业物理学家……回顾过去，我想我错了。回顾过去，从作为一名科学史家所经历的事情中，我学到了很多，也对这个职业有了更多的了解，我想我本应成为一名相当优秀的物理学家；我认为我不能成为像朱利安·施温格这样的，或者你们所知道的第一流物理学家，但我想我可以做出相当出色的工作。我会不会十分喜欢它，我不知道。但可以肯定的是，对我能力的质疑与我越来越不抱幻想有关。我有一种注意力不集中的感觉——做印刻社团的主席呀，以及喜欢文学和哲学呀，这所有的一切——而现在，如果我要顺利通过研究生院的课程并继续念下去的话，我就真的必须把我的注意力集中在一个点上，投入全部精力去做；我发现这么做很难。于是，我的成绩虽然还是比较好，但开始拿一些 B 了，如此等等。我有点三心二意；部分原因是，我不知道如果我不做物理的话做什么。我关注和思考其他事情，但没有一件事情让我兴奋。我常常和我父亲谈论科学新闻学或其他类似的职业。就在这时，我有了一段非同寻常的经历，我曾经谈到过这段经历，我被邀请做柯南特的助教。谁不愿意抓住和柯南特合作一学期的机会啊？

274

伽伏罗格鲁：在我们谈柯南特之前，有没有其他物理系的人鼓励你进行哲学方面的研究，或者进行物理学以外领域的研究？

库恩：没有。他们容许我、理解我，所以他们知道我没有完全投入；但是我一学期后就回来了；等等。

巴尔塔斯：我想问你一个十分古怪的问题。当你开始决定研究物理时，在研究生院或是以后，你有没有什么梦想，比如说"我发现了自然的奥秘"，"我研究这个是为了某个大目标，不管我是不是成功"？还是说只是与环境、与工作有关？

库恩：不，我想最初——要是能获诺贝尔奖我当然很高兴——在某种意义上我肯定也想出名。我不记得是不是这么想的了，但实际上就是这么回事儿。

伽伏罗格鲁：你跟范弗莱克学习固态物理，这显然不是当时最流行的。所以，你是对这个学科本身感兴趣，还是对跟范弗莱克学习感兴趣？

库恩： 都不感兴趣。当我决定这个论文题目时，我已经明确决定不再把物理作为我的终身职业了，我不想在研究生院里拖延时间。否则的话，我本来有机会跟随朱利安·施温格做研究的，但如果我跟他的话，有很多事情我不懂，需要学。我想拿学位——如果走那么远还拿不到那张纸的话是非常愚蠢的。但我不想再去做大量的额外训练。实际上，从范弗莱克那里拿学位也花了很长时间，我花了大量时间在计算机上按钮打孔。但正是因为这个才促使我做出决定。

伽伏罗格鲁： 这个决定也使你跟随范弗莱克……

库恩： 是的，我的意思是，我喜欢范弗莱克，但如果我不是想要结束这一切的话，他肯定不是我想与之一起研究的人。我想我会跟施温格，或者我会试图跟随施温格。

伽伏罗格鲁： 施温格那时是什么样的？一个年轻有为的教授，做着你认为很重要的研究？

库恩： 我第一次见到施温格时，我还在无线电研究实验室工作。我们常常去 MIT 的雷达实验室听讲座。他做了一个关于变量积分和波导计算的讲座。我没有完全听懂，我对波导计算并不是很感兴趣，但他的讲座具有一定程度的优雅，对深度技术材料有着一定程度的把控，这正是他吸引人的地方。接着，我记得我跟他学了电磁理论，之后也许还旁听了量子理论课或其他别的课。他是个奇才，毫无疑问。

伽伏罗格鲁： 好吧，我们谈谈柯南特。

库恩： 我受到了柯南特的邀请。

伽伏罗格鲁： 柯南特是怎么找到你的?

库恩： 还记得吗，当我们刚刚加入战争时，我曾经是《深红》校报的本科主编。所以，我虽然不认识柯南特——他总是不在——但却认识了系主任。当柯南特为他准备的通识教育报告公布的时候，系主任要求我为校友公报写一份该报告的摘要；我是为该报告写评论的少数几人之一；同时也是写报告评论的唯一的学生。于是，我因为兴趣广泛而出名了。我不能确定是谁把我的名字告诉了柯南特，很多人都有可能这么做。不过我本来就是有名声的，因为我一个搞物理的人却当了印刻社团的主席，在我的记录里有许多这类事情。当时柯南特邀请了两名助教，我是其中之一。他第一次讲这门课是根据一本名为《论理解科学》(*On Understanding Science*) 的小书，那曾经是耶鲁大学的特里讲座 (Terry Lectures)。我欣然接受了邀请；我永远忘不了第一次遇见他的情景。当时，我还没有完成物理学论文，而且对这类材料一无所知——我直到那时才读了《论理解科学》的校样——却被要求为这门课做一个力学史案例研究?哇! 那就是柯南特，他会这么做的。这就是第一次——我读本科的时候曾经听过萨顿的一些课，觉得夸张而无趣。我那时骨子里不是个历史学家；我**过去**感兴趣的是哲学。由于我对历史没有真正的兴趣，所以这个亚里士多德经历 [3] 相当重要。在柯南特自己的案例研究和教学中，我认为，他从来不认为（就我

---

[3]　见本书第一章《什么是科学革命》。

的认识来说）有必要讨论人们**以前**所相信的东西。他总是或多

276 或少地从这项工作的开头做起。从前的研究可能有一些帮助，
但对于了解这个人物却没什么太多用处。我总是觉得你必须做
得更多；这意味着你必须在另一个概念框架里设置好背景，以
便了解这些事情。这就是这项研究对我的意义。但是，最主要
的是，它并没有真正使我对科学史**产生兴趣**；有人认为我从来
没有真正成为一名历史学家，这种感觉有一定道理。我想，最
终我还是成为了科学史家，但却是相当狭窄的那一种。我过去
认为——请原谅——如果把柯瓦雷排除在外的话，也许都不用
排除柯瓦雷，我比世界上任何一个人都能更好地阅读文献，理
解作者的思想。我喜欢这么做。我在这么做时感觉十分自豪和
满足。所以，成为**那种**类型的历史学家是我真正想要的，在这个
过程中我获得了很多乐趣，我也总是尽力教别人去做。我后面还
会谈到这一点。但是，我自始至终的目标是从历史中研究哲学。
我的意思是，我很愿意研究这个历史，我需要为自身做更多的准
备。我不打算回过头去试着当一名哲学家，学着研究哲学；如果
那样的话，我绝不可能写出那本书！但我的抱负却一直是哲学
的。当我写完《结构》这本书时，我把它看成一本为哲学家写的
书。我的天哪，在相当长的时间里我一直是迷惑的！

伽伏罗格鲁：于是，你开始为这门课做准备了。

库恩：于是，我开始为这门课做准备了，这使我开始读亚
里士多德，我和柯南特一起教了一学期那门课。学期结束的时
候，我知道自己想做什么了。我想自学足够的科学史知识，使

自己立足于科学史，从而进行哲学研究。我找到了柯南特——就别人所能跟他建立起良好关系的程度上说，我和他已经建立起相当不错的关系了。他是个少言寡语的人，相当冷淡——也不是很冷淡，就是非常矜持。我问他是否愿意作为我进入学者学会（the Society of Fellows）的担保人。正规来看，这是个不该问的问题；但我觉得我可以问，他答应了，于是我就进入了学者学会。不过，我不得不推迟到完成论文之后才进入。在某种意义上，从那以后，我就再也没有回头。

伽伏罗格鲁：在那之前……当然原子弹已经被投到日本了。你当时以及与你直接接触的洛斯阿拉莫斯周边的那些人是什么感受？你那时和洛斯阿拉莫斯有什么联系吗？

库恩：我基本上和洛斯阿拉莫斯没什么联系，尽管我确实和几个人有些联系，他们和那边有一些联系。这些人是政府高级顾问，年纪倒不一定很老，经常飞来飞去，接触到许多这类事情的消息。其中一个人告诉了我关于洛斯阿拉莫斯计划的事。事实上，他这么做的背景是，当时 V-2 导弹开始轰炸英国，大家都害怕上面带了原子弹弹头。④ 当然，它们没有，德国人还没有准备好，他们不可能在那时就准备好，但那是我从未了解过的恐惧——人们都非常恐惧。有一个人，我记得他的名字叫大卫·格里格斯，他是个颇有见识的人物，告诉了我关

---

④　德国于 1943 年在冯·布劳恩的带领下造出了 V-2 导弹。1944 年，德国在各条战线频频失利的情况下决定使用新型的导弹武器袭击英国。虽然导弹的命中率还不高，但由于它速度快，飞机和高炮均无法拦截它，因此对英国产生了极强的威慑力。——译者注

于原子弹的事。我记得我当时正在一辆开往华盛顿的火车上，好像是去海军研究实验室做一些试验或类似这样的事情，在纽约州的宾夕法尼亚站的站台上，我向外张望，看到了报纸上的这则头条新闻。我知道那是什么，就是那颗原子弹。我想我会说，是的，我知道有一些人认为我们不应该就这样扔下去，我们本应该演习一下，但是，普遍的感觉是：看，我们不得不从中摆脱出来。有些人认为，也许我们应该采取其他的方法，我赞同他们的看法。但是我对它了解得不多，不足以让我在这一点上有任何坚定的信念，对于它会起什么作用，也许压根就不起作用，我都没有任何强烈的感觉。因此，我并没有对政府的这个行为感觉十分沮丧。我不记得我认识什么感到非常非常沮丧的人，尽管有许多人很钦佩那群人，赞同他们，而且还希望他们有能力做更多。我猜想我也会把自己和他们联系在一起，但这对我来说不是个什么大事儿，我的意思是，我可能认为，是时候结束这一切了。

巴尔塔斯：我想回到你前面所说的事情上来。在那个时候，哲学对你来说意味着什么？

库恩：我给你们讲一件事。我有一个同学，我在研究生院时，他也在《深红》编辑部，我想他也正在读研究生。他结婚了，令我意外的是，他竟然邀请我作为他婚礼的迎宾员⑤之

---

⑤ 迎宾员（Usher）：迎宾员是西方婚礼之宗教仪式中的一个重要角色。大多数传统仪式都为客人安排了指定的座位。比如，教堂内的前排长凳为新郎新娘的直系亲属保留，父母坐在最前排。迎宾员的职责就是迎接来宾并确保他们有序地坐到正确的位置上。——译者注

一——我之前从未当过婚礼的迎宾员，但我那次当了。我遇见了他的新娘，我很喜欢她，但我还遇见了这个女人——G······ 278
就是我母亲认为不适合我的那一个——她是伴娘，正是因为这场婚礼建立了我们之间的关系。不久，她在纽约为我举办了一个鸡尾酒会，见见她的一些朋友。我去了，我和一个非常漂亮——也不是非常漂亮，但是很引人注目、体态丰盈而且很有品味的女孩聊天。我忘了我们谈了些什么，但突然间，就像偶然发生的一样，房间里所有的声音都低了下去，我只听到一句话（包括我自己说的）："我只想知道真是什么！"这就是对我来说所意味的东西。这件事可能发生在我和柯南特共事之前。我无法精确地确定日期，当然不可能发生在我们共事之后很久。我可能已经成为学者学会的成员，但我想也许还没有。

巴尔塔斯：这件事和亚里士多德事件很有关系。这两件事密切相关。

库恩：是的，它可能发生在之前或之后。我的亚里士多德经历肯定使它成为问题，如果亚里士多德经历在那件事之前的话，那我就不能十分确定之前的问题是什么。所以，我真的不能给你们讲发展方面的东西。但是从早期来看，这件事也告诉了你们些什么；我不是指那就是唯一的目标，而是说，那就是对我来说研究哲学所意味的东西，或拥有哲学抱负等等这类事情所意味的东西。

伽伏罗格鲁：许多人开始先通过物理来追求真理，接下来再进入哲学，这并不罕见。

库恩： 但请记住，当我那么说的时候，我并不是说我想要知道什么是真；我是说我想知道**成为**真的那个东西是什么。那不是人们能够通过物理来达到的。

伽伏罗格鲁： 是的，你是对的。

库恩： 我们前面［前一盘录音带］讲到我决定进军科学史，并且着眼于用哲学的方式来研究它，还讲到我请柯南特校长推荐我进入学者学会。他推荐了我，我被选为学者学会会员，三年任期，我实际上并没有任满三年。一开始我不得不花一些时间来完成我的论文，并且发表一些相关文章，至少是为了完成论文而发表。但我记得在 1948 年 11 月，我开始在学者学会工作。这对我来说相当重要，因为它把我从其他职责中解脱出来，我想做的就是把自己训练为一个科学史家。成为科学史家的部分工作就是阅读，但我没有主要去阅读科学史。正是在那些年里——我是说，我不记得是怎么想到的，我想也许是在读默顿的论文[4]时——不知是什么原因，我想正是在这里我发现了皮亚杰。我从他的《运动与速度》[5]读起，读了很多他的书。我一直在想，这些孩子提出想法的方式跟科学家一样，除了——我觉得皮亚杰自己也没有完全理解这一点，我不能确定我是不是早就意识到了——他们受到教育，他们被社会化，这不是自

------

[4]　R. K. Merton, "Science, Technology, and Society in Seventeenth Century England," *Osiris* 4 (1938): 360-632; 重刊时加上了作者导言 (New York: Harper & Row, 1970)。

[5]　J. Piaget, *Les notions de mouvement et de vitesse chez l'enfant* (Paris: Presses Universitaires de France, 1946).

发的学习，而是学习现成给定的东西。这非常重要。

巴尔塔斯：你能给我们讲讲这个学会本身吗？

库恩：那时候的学会（当然它现在还是这样，我不知道它变了多少）是一个由24位学者组成的组织，通常每年选出8位。由一组资深学者进行选举。所有成员在每周一晚共进晚餐。晚餐十分丰盛，所以有一定的仪式和社交的成分。学者们也共进午餐，我记得是一周两次，那就没什么仪式的味道了，只是让大家聚在一起，而且相互的影响有着很大差别。我甚至不大记得学会中的某些成员，不过我认为，在学会中和我交谈过的人中，没有谁对我的发展产生过十分重要的影响，尽管有过很好的交谈，我也得到过某种意义的支持，等等。那时，蒯因是资深学者。当时——我不记得具体日期了——大概就在那个时候，他那篇分析－综合的论文刚刚发表。[6] 这就是我那天所说的对我产生的相当重要的影响，因为我当时正在苦苦思索意义问题，至少我发现自己不必再寻找充要条件了，这极为重要。当我试图搞清楚为什么我如此确信它是错的（除了没有太多论证之外），以及它在哪里跳出常规的时候，蒯因的那篇文章，以及他在《语词与对象》[7] 中所呈现给我的那些问题对我十分重

---

[6] W. V. O. Quine, "Two Dogmas of Empiricism" (1951). Reprinted in *From a Logical Point of View: 9 Logico-Philosophical Essays* (Cambridge, MA: Harvard University Press, 1953).

[7] W. V. O. Quine, *Word and Object* (Cambridge, MA: Technology Press of the Massachusetts Institute of Technology, 1960).

280　要。我们可以稍后再回到这个问题上来。我最近才真正能够用一个满意的方法来表述它。不过，在学会中的那三年，我开始以我自己的方式阅读，进入了这个领域，并且开始自我塑造；当然也做些其他事情，我想我**应该**把这些事也记录在案。我昨天曾经谈到……在上哈佛之前，我没有多少朋友；我显然是一个神经质的、缺乏安全感的年轻人。还有一个情况，不知为什么，我父母，特别是我母亲，我想，担心我没有过约会之类的事情。我和女人几乎没什么关系。但这某种程度上是因为我生活在一个男性环境。结果有人不费吹灰之力就说服我去做心理分析。当我还是个小孩的时候，我曾经有过一些儿童心理治疗的经历，我认为不怎么样，对此没什么好印象。哈佛那几年里的那个心理分析师，我想起来就讨厌，因为我认为他对我极端地不负责任。他常常睡着了，当我发现他在打鼾时，他的反应就像我根本不应该对此感到愤怒或心烦一样。另一方面，我以前曾读过弗洛伊德的《日常生活的心理分析》。我一点都不喜欢他提出的理论范畴，我觉得至少对我来说，它们根本不具有任何力度。它不过是一种更好地理解别人以及理解自身的**技巧**，我不认为它能提供任何真正的治疗，但它确实非常有趣。我想我自己，我很难记录这些，但我觉得我作为一个历史学家开始做的很多事情，或者我从事历史的能力水平——"爬进别人的头脑"，这是我那时和现在都用的一个短语——都来自我在心理分析方面的经验。所以，在那个意义上，我想我很大程度上受惠于它。但它现在的名声很差，我想这真是太糟糕了，尽管我认为这是它应得的；但我认为人们遗忘了它工匠的、动手操作的一面，而这个方面我知道没有其他途径，这是智力上的巨大兴趣。

心理分析肯定大部分都是在我进入学者学会之前做的，因为后来发生了两件事情，我就不再去做了：一件是我结婚了，另一件是我的心理分析师搬走了。那时，我完成了我的论文，论文是我那时的妻子替我打印的。那是一段持续了将近三十年的婚姻，我们生了三个可爱的孩子，我从他们那里得到了巨大的成就感。

我想我在学会期间没写什么东西；只是读了大量的书。当然，我前面已经说过，第一年我因为要完成论文而错过了开头。第二年我就没有任何障碍了。接下来，第三年，柯南特决定不再上那门课，他请伦纳德·纳什，一位化学家和著名教师，还有我来接替这门课。我以前不认识伦纳德·纳什。这事对我很有好处，我不可能拒绝，考虑到我第二年的时间将会很紧，我们夫妇二人在那时去了欧洲。学会会员去欧洲度过最后一年做研究并不是一件不同寻常的事。我们在欧洲进行了两个月的旅行，去会见国外的同行；我对此甚至毫无准备，因为我对科学史的了解还不够深。但是我们在英国待了一段时间，在法国待了一段时间。我想我们以后再也没有比那次在欧洲走得更远。

伽伏罗格鲁：我想问你一个问题。你告诉过我们，你真正感觉有挑战性的是哲学，而当你进入学者学会之后，你却忙着研究科学史。很明显，那当然和你所教的那门课有一定关系，但仅仅是那个原因吗？

库恩：战争一结束，我刚回来进入研究生院时，曾经试着进入哲学领域进行研究，并且决定不去回头完成本科的哲学课程。从某些方面来说，我非常庆幸我没有回头去学，因为那样的话我就会被教给一些东西，那些东西会给我一套思维方式，这些在许多方面将有助于我成为一名哲学家，但它们会使我成为另一种哲学家。所以，当我申请进入学会时，我决定从事科学史研究。我的想法是，而且我的实际应用也表明，科学史能够产生重要的哲学；但我首先需要学习更多的历史，研究更多的历史，在吐露这个秘密之前将自己塑造成一个专业的历史学家。

伽伏罗格鲁：你和哈佛科学史系是什么关系？它可是一个著名的系。

库恩：不，它那时还不是。那时哈佛还没有科学史系呢。

伽伏罗格鲁：萨顿和他的团队是怎么回事？

库恩：其实没有什么团队；我是说，萨顿赶走了所有想跟他学习的人。他会告诉他们说："当然可以，但你必须要学阿拉伯语、拉丁语和希腊语"等等，很少有人会去学这些。

282　**伽伏罗格鲁**：既然你想从事科学史研究，为什么你没有把自己直接和萨顿联系起来呢？

库恩：我的想法是，有一种科学史做的是萨顿不做的工作。我指的是，我现在说关于他的这些东西，我当时不会那么说。我承认在某些非常重要的意义上，他是一个伟人，但他无疑是一个辉格史家，他无疑把科学看成最伟大的人类成就，看成其他东西的楷模。我并不是说科学**不是**一项伟大的人类成就，而是说，我把它看成许多成就之一。我可能会从萨顿那里学到很多资料，却学不到任何我想要探索的那类东西。那时，任何一个拿科学史学位的人，都去和萨顿讨论，然后就以那种方式拿到学位了，没有任何课程；但那不是我的研究方式。看，当我很快加入科学史学会（History of Science Society）时，全美国也许只有不到六个人受雇从事科学史的教学工作，我在其他地方也写过这个事。还有一些人在科学类的系里教科学史。但他们所教的通常并不完全是历史——至少用我的术语来说并不完全是历史，而是教科书历史。我有时提到，在我学术生涯中遇到的一些最大的问题都与那些自认为对历史感兴趣的科学家有关。

巴尔塔斯：《结构》中有这么一句话："如果不把历史仅仅看成轶事或年表的储藏库的话……"你能对这句话作些评论吗？

库恩：好的。当然，轶事和年表可以由非科学家来完成，也可以由科学家来完成。但我所做的那些事，至少潜在地颠覆了科学家意识形态的一部分。我的意思是，我现在所说的这些，是这些年来基于对自身处境的理解而逐渐认识到的。除了少数几个例外，大体来说，我与科学家的关系都非常友好（直到那本普朗克的书问世^[8]）；他们中许多人，包括许多物理学家，都对《结构》给予好评。当然，这本书并没有被科学家广泛阅读。我过去常说，如果你在大学里学的是科学和数学，那么你可以非常顺利地拿到学士学位而不需要读过《科学革命的结构》。如果你大学里学的是**任何**其他领域，你将至少读过一遍此书。整个来说，那并不完全是我想要的。

伽伏罗格鲁：你说过，阅读默顿的论文是一个相当重要的经历。

库恩：我从默顿的论文中索引到了皮亚杰，这非常重要。类似这样的事情只有很少几件……我想想，那是在莱欣巴赫的《经验与预测》^[9]中，我索引到一本题为《科学事实的起源和发展》^[10]的书。我说，我的老天，竟然有人以这样的题目写了一本书，我一定要读！这些不是本该有的东西……它们可能有一个**起源**，但它们不应该有**发展**。我认为我从那本书中没**学到**太多东西，如果波兰德语不是那么难懂的话，我也许能学到更多。但我的确从中获得了许多重要的支持。真的有人，在许多

---

[8] T. S. Kuhn, *Black-Body Theory and the Quantum Discontinuity 1894-1912* (1978; reprint, Chicago: University of Chicago Press, 1987).

[9] H. Reichenbach, *Experience and Prediction* (Chicago: University of Chicago Press, 1938).

[10] L. Fleck, *Entstehung und Entwicklung einer wissenschaftlichen Tatsache* (1939), reprinted as *Genesis and Development of a Scientific Fact,* ed. T. J. Trenn and R. K. Merton; trans. F. Bradley and T. J. Trenn; foreword by T. S. Kuhn (Chicago: University of Chicago Press, 1979).

方面，以和我一样的方式思考事物，以和我一样的方式思考史料。但对于〔弗莱克的〕"思想集体"（thought collective），我从来就感觉很不舒服，现在还是这种感觉。显然它是一个团体，尽管是集合而成的，但〔弗莱克的〕模型是心灵和个体。我恰恰受其困扰，所以不可能加以利用。我不可能置身其中却又发现它自相矛盾。这一点使我与他的观点保持一定距离，但阅读这本书对我来说十分重要，因为它让我觉得：很好，我不是唯一一个以这种方式看待事物的人。

伽伏罗格鲁：你与其他科学史家有什么书信或至少是思想上的交流吗？包括欧洲科学史家和美国科学史家。

库恩：在我还是学者学会会员时，我不认识其他科学史家。我遇到过萨顿，认识伯纳德·科恩；伯纳德为科学史做了许多有益的事情，但他从未考虑过沿我的研究道路发展。我们看法不一致。不管怎么说，第三年我开始和纳什一起开了一门通识教育课程：**面向非科学工作者的科学**。这是一次奇特的经历，那一年我碰到了一些事情，我想，这些事情使我从此发生了很大改变。柯南特上课时，许多人来听；他们都想亲耳听听校长讲课。我自己并不认为他们学到多少，但这也很难说。我的意思是，他们的确有了一个重要经历，因为聆听了校长——一个非常非常聪明的人——想要讲给他们的东西。但我认为他们没有深入的思想参与。纳什和我想要提高他们的思想参与。但结果是，课堂人数急转直下，虽然没有降到特别少。我们立刻意识到，我们没有让学生，或者说大部分学生理解，他们

284

并没有真正明白或弄懂我们想要做什么。课堂上也有一些优秀学生非常活跃，我喜欢用一些方式让学生们活跃起来，他们到现在还记得那门课，还仍然在谈起。但大多数学生像电灯泡一样坐在那里。从那时起，讲课对我来说开始成为一件难事。此前，我第一次在柯南特的课上给学生讲过历史案例。我也就其他问题做过讲座，都很容易：我写几个备注，然后走进教室讲课。从来没有讲得不好。现在，我开始花更多的时间备课，提前进入紧张状态，可一直都无法恢复。我指的是我再也不能重新回到最初的那种自由状态，只写几个粗略的备注——知道我了解材料——就开始讲。这让我付出了一些代价；我想代价也许包括一些才能，以及坐下来毫不费力地写作，尽管对我来说，写作总是不同于讲课，正如我以前所说的。

最后一年之前，妻子和我去了趟英国，我在那里遇见了一些人，特别是伦敦大学学院的那个团体，伦敦大学学院是当时世界上仅有的两处有科学史计划的学校之一，另一处是威斯康星大学。我们还去了法国。我以前曾经见过柯瓦雷——好像是在美国的某个地方。我的法语不太好，法国人并不全都那么友好，但［柯瓦雷］为我写了一封介绍信给巴什拉，并对我说，我应该去见见巴什拉。我发了信，受到了邀请，走上了他家的楼梯。我只读过他一本书，好像是叫《物理学问题纲要》[11]。

---

[11] *La Philosophie du non: Essai d'une philosophie du nouvel esprit scientifique* (Paris: Presses Universitaires de France, 1940).

但我早就听闻他在美国文学、布莱克研究⑥以及这类研究方面
的卓越成就；我以为他会欢迎我，并且愿意用英语交谈。一个　　285
穿着汗衫的彪形大汉出现在门口，把我带进屋里；我说："我的
法语讲得不好，我们能用英语交谈吗？"不行，他非要我用法
语交谈。整个谈话没有持续太长时间。这也许是个遗憾，因为
尽管我认为自己此前已经读了许多相关材料，也有一些真实的
保留意见，但他毕竟是个人物，至少看出了一部分。他试图把
注意力都引向一个约束框架……他有范畴，方法论范畴，他把
那些东西都非常系统地搬到我面前。但是有些该发现的东西我
没有发现，或者说没有以那种方式发现。后来我就真的和伦敦
大学学院的团体建立了英文联系。我见到了玛丽·赫斯、阿利
斯泰尔·克隆比、麦吉、海斯扣特和阿米提吉。但显然，我和
玛丽·赫斯的交往最多，和阿利斯泰尔·克隆比的交往也挺多
的，在法国却实在是没和什么人交往，当然除了柯瓦雷，他那
时候恰好不在法国。夏末，我返回美国。那一年正逢美国参加
韩战。所有飞机都用于军事。我们历尽千辛万苦才回来。而我
又必须要赶回来上课。这就是那个夏天。

---

⑥　威廉·布莱克（William Blake，1757—1827），英国诗人和艺术家，英国浪漫主
义运动的先驱，英国文学史上最为重要的诗人之一。主要诗作有诗集《天真之歌》《天堂
与地狱的婚姻》《经验之歌》等。布莱克不被同时代人所理解，被视为半疯人。直到20世
纪40年代，加拿大文学批评大家弗莱的名著《可怖的对称》（The Fearful Symmetry）出
版后，人们才又重新注意这位湮没无闻的诗人，并出版了很多研究他的著作与论文。布莱
克研究现已成为英美文学中的一门显学。——译者注

伽伏罗格鲁：你还记得你跟柯瓦雷和玛丽·赫斯讨论过什么吗？

库恩：噢，我漏掉了一件极为重要的事。当时柯南特邀请我做这个案例，那在某种意义上是我第一次从事科学史工作，我从阅读亚里士多德入手，寻找**以前**的信念是什么。不久以后，在伯纳德·科恩的建议下，我读了柯瓦雷的《伽利略研究》[12]，我很喜欢。我是说，它正在为我指明一条研究道路，但我还无法想象路就在这里。从某种意义上说，我对这条路应该是什么样并不陌生，因为我曾经读过而且非常欣赏拉夫乔伊的《存在巨链》[13]。但我那时还不完全知道对**科学**可以这么做，而这正是柯瓦雷在某种意义上向我展现的东西。这很重要。我喜欢玛丽·赫斯，我们进行了一些交谈。在和玛丽·赫斯的交往中，我印象最深的一件事是——当然，在整件事里，现在就说印象最深还为时过早——《结构》出版后，她在《爱西斯》（*Isis*）上发表了一篇非常精彩的评论，一篇正面的评论。我再一次见到她是在英国，我记得我们一起散步，走进了惠普尔博物馆（Whipple Museum）——这是另一幕令我印象深刻的情景。她转向我说："汤姆，现在你必须要说明的一个问题是，在哪种意义上，科学是经验的。"——换句话说，观察产生了什么区别。听到这话，我差点栽倒在地；当然她是对的，但我却不是以那

286

---

[12]　A. Koyré, *Etudes Galiléennes* (Paris: Hermann, 1939-1940).

[13]　A. O. Lovejoy, *The Great Chain of Being* (Cambridge, MA: Harvard University Press, 1936).

种方式来看待这个问题的。还有另外一件令我难忘的事：柯瓦雷去世前不久——离现在已经有很多年了，他在《结构》问世后没几天就离世了——我收到了他最后一封信。我们其实并没有太多的通信，但他那次写信给我——他已经病了，自知可能快不行了。他写道："我正在读你的书。"我忘了他用了哪个形容词，不过肯定是表示完全赞同的词。对于他所说的，我同样也没有预见到。后来我仔细回想他的话，我认为他是对的。他说，"你把科学的内史和外史结合在一起，这两者过去是截然分离的"。在我写那本书的时候，我完全没有想到这些。我理解他的意思，他持非常赞同的意见，因为他是如此地反对外史；他具有观念分析学家的天才。这件事给我留下了深刻印象，或者说至少令我相当高兴。

巴尔塔斯：能告诉我们你是怎么遇见他的吗？

库恩：我和他没有太多私人交往。我是通过《伽利略研究》知道他的；后来，他在美国访问哈佛的时候，好像是伯纳德把我介绍给了他。我那时经常见到他，但从来都没有很密切的交往，从来没有在一个持续的基础上互动。所以，并不是私人交往起了作用。

那次欧洲之行回来后，我开始讲授柯南特的那门课，我在前面已经谈过了，当时发生了一些事情，其中一件（尽管并不是第一件）是卡尔·波普尔在哈佛做了（我想应该是）詹姆士讲座。我有理由认为自己会喜欢这些讲座，事实上，我确实很感兴趣。我一开始就被引见给了波普尔，后来也见过几次。波普尔那时常常谈起后来的理论如何**包含**先前的理论，而我则认为并不能完全通过那种方式解决问题。在我看来，它太实证主义了。但波普尔确实给了我相当大的帮助。这是另一次从一个令我意想不到的人那里得到一些有所获益的书。他送给我一本埃米尔·梅耶松的《同一性与实在》[14]。我一点也不喜欢他的哲学。但是，我的天哪，我真的很喜欢他从史料中看到的那些东西。他对那些做了简单的研究，我指的是，他不是以一个历史学家的身份在研究，而是以一种不同于被书写的科学史之方式进行研究。这次法国之行，我还发现了一个人——我以前并不知道她，[在此之前，]她从来不在我的视野之内——我认为她的著作极好，对我相当重要。她是海伦·梅茨格。还有一个人的著作也对我有重要影响，[尽管]我没有读过太多[她的著作]，也从未见过她。她是一位中世纪学家，在梵蒂冈之外的罗马工作，名叫安娜丽泽·迈尔。很难说哪本书更重要，它们都是我在历史方面非常欣赏的书。这是我欣赏的，也是我最早接触的一种历史和历史研究进路。

伽伏罗格鲁：我的思路还停留在你前面所说的内容上。现在提也许不是时候，但我还是提出来吧……你刚才提到，柯瓦雷在给你的信中说，在某种形式上，《结构》综合了内在论者和外在论者的进路。你是说你以前并不知道这一点吗？我难以接

---

[14] E. Meyerson, *Identity and Reality* (1908)，trans. Kate Loenwenberg (London: Allen and Unwin, 1930).

受你以前没有认识到这一点。

库恩：我在写的时候没有认识到。我是说，我明白他的意思……我以前把它看成纯粹的内在论。英国人对于我是个内在论者感到非常奇怪。他们无法理解。我得在这里讲一讲我前面漏掉没讲的一些事：我第一次参与柯南特的课时——我想我们后来仍然做着同样的事——柯南特提出了一个重要的社会维度。这个提法来自他，虽然我从未涉及这个维度，但我很喜欢。他曾经发表过一篇小文章，关于复辟时期剑桥和牛津的比较，以及为什么英格兰的科学以那种方式发展。无论如何，我们读黑森的重要文选，读默顿，那是我第一次知道默顿论文，我们读 G.N. 克拉克的《十七世纪英格兰的科学与社会》(*Science and Society in Seventeenth-Century England*)，我们可能读了全部，也许还有一本书，我不能确定。我还读了一些齐塞尔的书，大体觉得不错。我那时可能见过他，但我不能确定。不过也有一些类似的事情发生在我身上。如果你们读《哥白尼革命》那本书的导言，会发现我对于没有涉及太多外部事物是有几分遗憾的，我还指出，如果我打算写的话，我会更多地强调历法和其他这类东西的重要性。

澄清一下，尽管我从未真正进行过外部研究，也尽管我深刻地意识到，并且讨论了研究手段、来源等的区别，但它仍然是一个相当不同的思维状态。我曾经写了一些关于内在与外在之关系的方法论文章，尤其在《科学史》(发表于《社会科学的百科全书》[*Encyclopedia of Social Science*])一文中，其他地方也谈到过。我常常意识到这个问题，我总是想看到这两者结合在一起，但我觉得它们仍然几乎是天各一方。我认为这里存在着一些重大的困难……在我看来，在我所读过的书中，有一个把它们结合在一起的最佳案例，也是一个非常特殊的案例。那本书叫《泥盆纪大争论》[15]，我认为相当精彩。但是在那本书里，也仅仅是同时用两种方式来解决这个问题，科学就是你能以那种方式所做的样子；我不知道该如何解决这个问题。

好了。让我回到前面或者继续我的话题。我前面曾谈到，我和伦纳德·纳什从柯南特手里一起接过这门课。此后，我在哈佛当了一年教员，接着又当了几年助理教授。我的主要任务仍然是通识教育课，但我开始在其他地方讲一点科学史。我自己开了一门课，一门面向高年级本科生的课程，这门课［对我］真的很有启发性，现在仍然是我最喜欢的课程之一，尽管我已经很多年没开这门课了。我忘了课程名称是不是叫——"从亚里士多德到牛顿的力学发展"。从一开始，我就让学生阅读亚里士多德的文本，讨论运动是什么样子，所谓的运动定律又是什么，以及为什么那并不是所说的那些东西，并且研究一定数量的中世纪材料，最后读到伽利略和一点点牛顿。这就是我喜欢的一门课。我最早在哈佛开了几次，后来在伯克利等其他地方开过。我那时组织了一个本科指导小组，就是一种小组教学方

[15] M. J. S. Rudwick, *The Great Devonian Controversy: The Shaping of Scientific Knowledge among Gentlemanly Specialists* (Chicago: University of Chicago Press, 1985).

式，按专业分成小组——这在科学史教学上是史无前例的。别 289
的我就想不起来还干了些什么。

巴尔塔斯：从你做完论文一直到离开，你在哈佛总共待了
多久？

库恩：我的论文在我加入学者学会的第一年完成，即1949
年。我想我是在1947年遇到柯南特的。从那时起我就待在哈
佛，一直到1957年——1956年或1957年。我想我是1957年去
伯克利的。[16]

巴尔塔斯：你离开的原因是什么？

库恩：噢，我离开的原因是哈佛不想要我了。从很多方面
来说，这是件好事。我不喜欢这样，而我就是有被解聘危险的人
员之一，因为哈佛不想要这些人了。通常这些人都是在哈佛待太
久了。

我还在学会的时候，还发生了另外一些事——对于一个学
者学会的会员来说，应邀做洛厄尔讲座（Lowell Lectures）并
非罕见。曾经有过一些著名的讲座，包括怀特海的，可能叫作
"近代世界中的科学"（Science in the Modern World）⑦。也有其
他非常有名的讲座。这个讲座系列现在还在进行，但那时，它
已经非常形式化了，听众也不再是波士顿的知识精英，等等。
我答应做这个系列讲座，我记得是在我从欧洲回来后的那一年

---

[16] 实际上是1956年。

⑦ 应该叫"科学与近代世界"（Science and the Modern World）——译者注

里做的。题目是"对物理理论的探索"。准备得极为辛苦，我差点都要崩溃了。不过还是讲下来了。我那时想用三个讲座的内容来写《科学革命的结构》，随着时间的推移，又有了许多其他尝试。现在，在档案里都有这些复印件。它们不是最好的，但标记着我当时如何一步一步地去尝试。在我尝试的过程中发生了一件事：我做了一个讲座，旨在追溯科学发展中原子论的作用。从某个方面来说，我相信它在 17 世纪具有转变性的影响。我现在仍然这么想。我认为，这种转变的本质在很多方面尚未得到充分重视，尽管从那以后，我学会了一些东西。必须指出，我认为尚未得到充分重视的部分是，和其他来源一样，原子论在何种程度上有助于说明，人们不仅仅可以通过观察事物如其所是地发生来学习自然之物，还可以通过培根所谓的"扭转狮子的尾巴"⑧来学习。这对实验传统的发展极为重要，它与原子论密切相关，却与任何形式的本质主义毫无干系。我曾经在上课时讲过，我在另一篇文章中也提到过一句，但我认为它相当重要。我认为它是被忽略的东西之一。我以前常常打算什么时候回过头来写一篇真正关于培根和笛卡尔的文章，讨论一下知识论第一次在 17 世纪以一个专题的形式出现，这也关系到原子无法为自己说话这样一个事实。

290

---

⑧ 扭转狮子的尾巴（twisting the lion's tail），美国的俚语，即"冒犯，导致麻烦"的意思。在文中指的是以实验的方法来改变自然，这种改变在某种意义上可以说是人对自然的冒犯。——译者注

金迪：这就是哲学对科学的影响吗？或者也许是科学对哲学的影响？

库恩：我现在强调一点，这一点并没有在《科学革命的结构》中得到很好的论述：人们不能用后来的标题来命名领域。不仅仅观念改变了，对这些观念进行研究的学科之结构也发生了改变。所以，在 17 世纪，你不能把这种哲学与科学分离开来。分离是笛卡尔之后的事，但在早期笛卡尔那里还没有，在莱布尼兹那里只有一部分……在培根那里还没有。英国经验论者开始推行这种分离……特别是洛克。这就是我想写的书的内容。后来别人写了一本书，我由于忙其他事情，所以那本书从未着手写。但那是我的一个念头。现在，在此期间，让我们来思考一下原子论……如果你相信 17 世纪的原子论在某些重要方面类似于伊壁鸠鲁和德谟克利特原子论，而它并**不像**那些古代和中世纪的原子论那样，把原子看成不可分的，却又在其中加入了亚里士多德的质，或者某些类似于亚里士多德的质的东西，从而原子是火、气、土和水——[相反，]它是质料和运动的原子论。我突然间明白了，如果你相信**那些**，那么你就会相信你能从任何一种事物中造出任何别的事物——这是嬗变的自然基础。我把这个观点告诉了伦纳德·纳什，他说："我不知道，这好像非常貌似有理，不过你要想解决问题当然是去读波义耳。"于是，在一个明亮的星期一清晨，我等候在韦德纳图书馆门口。门一打开，我就冲了进去，来到波义耳作品的书架前，抽出其中一本《文集》，找到了《怀疑派化学家》并开始阅读。书里很靠前的地方有一个评论，其中一个对话者对那个代表波义耳的主要人物说："在我看来，你好像并不相信元素。"或类似这样的东西。波义耳说："这是个好问题。很高兴你来问我。"他接着说道："我所说的元素指的是，万物都由之构成的那些事物，并且万物都可以被分解成的那些事物。"现在，这可以被看作元素的定义了，但不是个完全的定义。波义耳因其第一个为元素下定义而得到赞扬，但其实他当时说的是："我所说的元素指的是，**我认为所有的化学家都这么看。**"——但是当人们引用那个定义时，〔这句插入语〕却被省略号替代了！他还说了："我会给你一些理由使你相信不存在这样的事物。"这几乎就是我的第一篇文章所写的内容。[17] 我认为那是一篇非常棒的文章——但它完全不具有可读性，因为我当时认为我必须说服一个专业性很强的化学史家团体。后来我才渐渐发现，没人对这个问题有我那么了解。我用不着在文章中塞满那么多的支持证据和大量引文。在此期间，我还发现了，或者说看到了在牛顿第 31 个问题中的奇怪现象，这个奇怪现象与王水 ⑨ 有关，一种能溶解银但不溶解金，另一种溶解金但不溶解银。那时我觉得此处有一个印刷错误，我现在还是这么认为。这是个反常现象。这是关

---

　　[17]　T. S. Kuhn, "Robert Boyle and Structural Chemistry in the Seventeenth Century," *Isis* 43 (1952): 12-36.

　　⑨　王水：又称"王酸"，是一种腐蚀性非常强、气味浓烈、易挥发的盐酸及硝酸混合物，其混合比例为 1:3，可用于测定金属活泼性，还是少数几种能够溶解金和铂的物质。这也是它的名字的来源。——译者注

于波义耳的第一个反常。这一篇实际上发表得更早[18]，它篇幅较短——这就是我最早写的两篇文章。那段时间，我们——纳什和我——在哈佛接手这门课时，我就从哥白尼革命开始讲。那本书实际上就是非常精确地以这些课为模本写的，当然书里加入了更多的细节；它是一个扩展的历史案例。它所阐述的事件是我深信不疑的。有时候，为了找到出发点，为了写一点东西来证明这些先前的信念是多么有力，证明为什么它们会陷入困境，你必须走回头路。我本来不用从史前史之前开始研究；但我实际上必须回到那么远。所以我就花功夫做了——这在现在看来仍然是非凡之举——正是在那些年里，查尔斯·莫里斯找到了我。他是《统一科学百科全书》的作者，还写过一本非常有影响的书，书名我现在记不起来了，内容来自他的专著和那本百科全书；他问我愿不愿意承担百科全书其中一卷的编写工作。那一卷原先已经指派给别人了，我记得那人是个意大利人，最后落脚在阿根廷——可能是奥尔多·梅利。如果你们回去看看目录，就会发现科学史最开始并不是规划中的一卷，不过它在什么都还没有之前就被早早地列上去了，列在各种不同作者的名下。他们去找过伯纳德［·科恩］——就是他建议由我来写。我考虑到想用它来写那本书的第一稿，一本短版的《科学革命的结构》，就答应了，我向古根海姆研究基金提交了一个

292

---

[18]　T. S. Kuhn, "Newton's 31st Query and the Degradation of Gold," *Isis* 42 (1951): 296-298.

计划书，走向了我在哈佛的最后时光。我当时已经在写《哥白尼革命》，我的计划是先完成《哥白尼革命》，再为百科全书写一本专著。而我没有写完《哥白尼革命》，那本为百科全书写的专著也直到十五年以后才写成。不，不能说是十五年以后——从这些想法**开始**，到我最终能够写出《结构》，前后花了十五年时间。所以，这就是我那些年的情况；我的第一本书就在这段时间结束的时候出版了。

金迪：《哥白尼革命》出版于……

库恩：我想是 1957 年。

巴尔塔斯：你为什么选择写哥白尼革命？

库恩：噢，我当时已经在写了——我在讲这门课。我需要一本书，我有材料，我可以写成一本书，而且我认为它不会是一本无聊的书。我的意思是，它不是我最想写的书，但它是值得写的。不过我之所以选择写这个题目，是因为我当时正在上一门关于这个主题的课。

金迪：那古根海姆研究基金的申请呢？是更早吗？

库恩：我大概在 1955—1956 年［实际上是 1954—1955 年］获得了古根海姆研究基金。但是，关于我的计划以及我能做什么，我是有些不现实的……我的意思是，当我说我要花多长时间来做一件事的时候，我的估计从来都不准确，我说过花十年完成我现在还没写完的这本书，可我想可能还需要两年，甚至可能还再需要两年。但那是我已经着手做的事。

金迪：你那时已经有一些关于写作《科学革命的结构》的

想法了？

库恩：噢，瞧，我从那个亚里士多德经历之后就想写《科学革命的结构》了。这就是我为什么进入科学史的原因——我不太清楚将会把它写成什么样，但我知道非累积性；我还知道一些我对革命的看法。我指的是以我那天晚上谈到的那些方式写，现在回想起来，我那时是错的；但我当时真的想这么写。感谢上帝让我花了那么长时间，因为我最终以另外的方式完成了，还有那些观点——我没有**过于**草率地提出它们。某种程度上，我还是有点草率，不过……感谢上帝！

金迪：你的某些观点与汉森在他的《科学发现的模式》一书中提出的观点很接近，特别是第一章，论"观察"。

库恩：是的。我自己仍然不大相信发现的逻辑，尽管我认为人们可以以阐明发现的方式讨论**情境**，而不是**逻辑**。

金迪：那么关于**看**（seeing）呢？

库恩：那是它格式塔转换的一面，是它概念框架的方面。

金迪：你是从何而知的？

库恩：我是从亚里士多德经历中获得这个想法的。还通过其他的场合获知。我教伽利略时，常常以一种方式来教，即关键事件是较为反常的事件。我那时认为我理解为什么……你们知道，伽利略有一个证明，从塔顶开始下落的自由落体以恒定的速度作半圆形运动，最终落到地心。我当时认为这个证明很重要。我想我明白他为什么会这么说。还有一个人们更为看重的证明，关于为什么地球旋转这么快，而物体却不会被抛出去的证明。现在来看，这是一个错误，我想我知道这个错误是什么；如果你们知道中世纪所谓的"形式辐度"⑩如何分析这些运动问题，你们就能发现这个错误。它在历史早期是一个标准错误，因为人们过去并不常常同时具有加速运动的概念和……这取决于中世纪……所以，正是这些框架性的问题说明了反常，这是我当时的研究重点。

巴尔塔斯：我们说到了你离开哈佛，正打算去伯克利。让我们先来谈谈：你在那里做了些什么？遇到了什么人？和谁互相影响？……

库恩：这是一段重要的经历。我有一个朋友，我住在哈佛的科克兰德屋（Kirkland House）时，他还是个助教。他有个朋友叫史蒂文·佩珀，当时是伯克利哲学系主任。我那个朋友知道我要离开哈佛，正在找工作，就跟史蒂文·佩珀提起我；史蒂文·佩珀给我打了个电话。伯克利的哲学家们想要聘请一个科学史家。他们不知道其实他们并不想要一个这样的人，他们也不知道这不是一门哲学学科——我欣然接受了这个改变，因为我想做哲学。我得到了那份工作，他们在最后一刻问我愿不愿意同时去历史系，我说当然愿意。我当时对此并没有什么计划，我也不知道那是否可行，但在某种意义上说那显然是个更好的去处。我在那里同时加入了历史系和哲学系。接着我发

---

⑩ 形式辐度（latitude of forms）：由中世纪以牛津计算者为代表的牛津学派以及以奥雷斯姆为代表的巴黎学派提出。主要用于讨论运动或变化，是一套用来描述形式或质之增强减弱的手段或方法。——译者注

现伯克利不能同时在两个系开设同一门课；我不得不把我的课
分开。本来应该是"参见哲学系课程"或者反过来，但是没法
给一门历史课哲学类的课程编号。我以为计算机可以实现这一
点，但是我一遍遍地被告知，不能，做不到，我恼火极了。不
管怎么说，我只好那样工作了。我记得，我教了两门历史类的
课和两门哲学类的课。其中两门是概论课。我以前从未在科学
史系教过概论课，也从未在科学史系**学过**概论课。所以我教的
每一堂课都是一个研究项目，这对我很有好处。一段时间以
后，我从概论课上不再能有［更多的］收获了，可是我学到了
很多科学史知识，我学会了如何去看那些和我感觉不一样的
书，并且搞明白了发生了什么。我指的是，那就是我为了这门
概论课而学习研究生物学史的方式。在把科学的发展有条理地
组织起来的尝试中，我看到了一些问题。最后，我真的研究了
其中一个问题，这个问题也可以在我的一些作品中看到，我认
为它非常重要：科学史的标准划分——古代至中世纪作为一个
整体，然后是始于17世纪的近代科学——这种分法是不合适
的。有一个科学群形成于古代，在16—17世纪时达到了它的
第一次鼎盛时期，这就是力学，光学的一部分，以及天文学。
还有许许多多的领域古代几乎不存在，现在也尚未取得足够的
认同，它们是实验领域。所以，我那时候常常秋季学期研究牛
顿，到了春季学期，又跳回到17世纪早期，捡起培根、波义耳
和实验运动。组织一个全年的概论要比采用这种标准方式好得
多到不知道哪儿去了——这实际上是我那篇《物理科学发展中

295 的数学传统与实验传统》的由来。[19] 那是一篇非常概略性的文
章，但正是在那篇文章里，我推进了这样一个问题："不要用研
究的主题来命名领域，[而是]看领域是什么。"这一点我在《结构》
中没有论述——这是《结构》不好的地方。后来，我在哲学系
开了一门从亚里士多德到牛顿的课，我前面提到过这门课。我
还在那里每年给研究生开一个讨论班。在伯克利，你不可能在
这个领域真正把研究生讨论班开起来。我指的是，你会有足够
多的学生来选课，可是很少有人具有专业准备。所以，你必须
得选择一个范围，然后让学生在各个层面上加以研究并汇报。
从中涌现了一些有用的东西，但真的是直到我去了普林斯顿以
后，才有了一个可以指望的团体，才能够指定一个你想研究的
主题，也才可能有一些愿意对此进行研究的人……

　　我初到伯克利之时，实际上是我刚去的那一年，曾被邀请
前往［斯坦福］行为科学中心。但是我不能去，因为我刚刚在
伯克利接受了一份新的工作，那本应是我就职的第一年。不过
我在伯克利工作了一两年以后，又受到了他们的邀请。我就请
假前往［该中心］，就是那一年，我全身心地准备《结构》。我
度过了一段无法想象的艰难时光。我有一篇非常有启发性的文
章，我本该提到它的，那是我更早一些时候写的。我在伯克利
日子的更早时期，曾应邀参加一个社会科学方面的重大活动，

[19] T. S. Kuhn, "Mathematical versus Experimental Traditions in the Development of Physical Science," *Journal of Interdisciplinary History* 7 (1976): 1-31; reprinted in *The Essential Tension,* 31-65.

主题是"测量在……中的作用"。我就是在那里遇见了你们的总理安迪（安德烈亚斯·帕潘德里欧[①]）。他做了一个关于经济学的讲演，我做了一个关于物理科学的讲演。最终发表的论文为《测量在现代物理科学中的作用》[20]，那是篇极其重要的文章。正是那里毫不起眼的词最早完成了一个拖了很久的扫尾行动——我甚至都记不太清楚它是怎么引入的，但常规科学的概念就是从这里进入了我的思想。这不是说我曾经认为一切都是革命的——永恒革命是个自相矛盾的词。但不知什么原因，我就把常规科学看成了解谜活动，尽管这个想法还不是很成熟；正是从那一点所展开的东西，有助于我为写作《结构》做好准备，而《结构》的写作是我接下来一年的事业。然后，我写了关于革命的一章，缓慢但并不是太困难，我在这一章中谈到了格式塔［转换］……接着，我试着写关于常规科学的一章。我不断发现我不得不——由于我采用一种较为古典的、公认的观点来研究什么是科学理论——我不得不把所有关于这个、那个和其他事物的一致性归因出来，这些一致性会出现在公理化中，要么作为公理，要么作为定义。作为一个历史学家，我足以认识到那种一致性并不存在于［相关］人群中。正是在这个关

296

---

①　安德烈亚斯·帕潘德里欧（Andreas Georgiou Papandreou，1919—1996），生于希俄斯岛，毕业于雅典大学和哈佛大学。泛希腊社会主义运动的创始人和主席。1981—1989年和1993—1996年两次出任希腊总理。——译者注

[20]　T. S. Kuhn, "The Function of Measurement in Modern Physical Science," *Isis* 52 (1961): 161-93; reprinted in *The Essential Tension*, 178-224.

键点上，范式的观念作为一个模型被引入。一旦它就位了——那时一年已经过去大半了——书就好像自动写出来一样。我苦干了一整年，写完了两章和一篇文章，也许还有其他什么。不过，等我回到伯克利以后，在接下来的 12—16 个月里，我一边教书，一边很快地写完了整本书。那 ⑪ 是全书的关键。现在，有一个问题我不知道答案——人们常常把我的书和波兰尼的书在这一点上联系在一起。波兰尼那一年来该中心做了一个关于**默会知识**的讲座。我确实很喜欢那个讲座，它可能有助于我想到范式的观念，尽管我并不确信。没什么很强的理由证明它应该会有助于我想到范式观念，因为默会知识在某种意义上也是一种命题性知识（propositional knowledge）。阿里斯泰德，你会发现我对你的文章做的评论：我们需要找到一些……

巴尔塔斯：……一些不是命题性的……

库恩：是的。但是我本来不会这么说的。所以，我不知道。这也是很有可能的；我们在柯南特的课上确实读了一些波兰尼的东西。柯南特把他引介到这门课中，我也十分喜欢他的东西——我不记得具体是什么内容了，只记得我一直觉得他的一些观点很极端，他好像说超感官知觉是科学家之研究的来源。我不这么认为。那个［味道］也贯穿于默会知识之中。我不知道。不过，波兰尼肯定是一个影响因素。我不认为是一个很大的影响因素，但是他的工作还是对我很有帮助的。在这方

---

⑪ 指范式的观念。——译者注

面，还有一件事——在我尝试写作《结构》时，有两本书问世。一本是波兰尼的《个人知识》[21]，另一本是图尔敏的《前见与理解》。特别是那本《个人知识》，我看着它说，我现在**一定**不能读这本书。那样的话，我将不得不回到第一原理，重新开始，而我不打算这么做。我对那本《前见与理解》也是这么说，我认为我应该会论及更多。后来，当我试着读《个人知识》时，我发现我并不喜欢它。开头的那些关于统计学的部分我就从来没搞明白过，这在我看来错得厉害，完全错了。我后来还是读了图尔敏的《前见与理解》[22]，理解了为什么图尔敏也许会恼火我偷了他的观念，但是我认为我没有。让我来澄清一下：我完全不认为他会这么想，他从未说过这样的话。图尔敏是我在学者学会的最后时期去英国旅行时遇到的人之一——我与他相处融洽，他带我在牛津转了一天，不过我们没有密切的交往。但自从他来美国以后，他和我相处得就不是很好了。

巴尔塔斯：伯克利的同事怎么样……

库恩：非常好。我只想谈一个人——我的意思是有一些志同道合的人，但基本上都不在哲学系。这个**非常**重要的人是斯坦利·卡维尔。和他交往教会了我很多，鼓励了我很多，给了我一些思考我的问题的方式，这些都非常重要。

金迪：你是在那里遇见他的吗？

[21]　M. Polanyi, *Personal Knowledge* (London: Routledge & Kegan Paul, 1958).

[22]　S. Toulmin, *Foresight and Understanding* (Bloomington: Indiana University Press, 1961).

库恩：他曾经也在学者学会。我是在他和我们前往伯克利之前不久遇见他的。学者学会每年春季都举行一场垒球比赛，他当时刚从欧洲回来。我们正准备离开，就在那里碰到了。但我们直到到了伯克利才真正认识。那是一段非常亲密而有意义的关系。我们俩现在都在剑桥，可我再也没有见过他，我对此很遗憾。

金迪：费耶阿本德当时在那里吗？

库恩：费耶阿本德在那里。就我的时间概念来说，他来得有些晚。但我的回忆可能并不像我期望的那么准确。我想我记得与费耶阿本德的一次谈话。他坐在他的书桌前，我则站在他的办公室门口，我们两人的办公室是紧挨着的。现在，我不能肯定这个记忆一定准确，这种事情也可能是我自己构造出来的。我跟他谈了一些我的观点，包括**不可通约性**一词，他说："噢，你也在使用这个词啊。"他给我看了一些他正在研究的东西，《结构》和他那篇发表于《明尼苏达研究》（*Minnesota Studies*）的著名文章同一年问世。从某种意义上说，我们讨论的是同一个东西。和他相比，我把它弄得更加混乱；我现在认为它**全是**语言问题，而且我把它与价值变化联系在一起。你瞧，价值是与语言一起获得的，所以，这不是一个严重的错误，而是它肯定会使人们更难以理解不可通约性——或者说使我更难以理解……我当时对意义懂得不够多，所以就努力学习格式塔转换；我想我在《结构》中谈到了意义变化，但我最近寻找这些章节时，惊讶地发现怎么只有这么一点儿。

金迪：你是怎么想到**范式**和**不可通约性**这两个术语的？

库恩：你瞧，**不可通约性**很简单。

金迪：你是指数学吗？

库恩：我忘了最近跟谁讲过这件事，但我想是我来这里以后讲的。当我还是一个聪明的高中生，数学刚刚开始学微积分时，有人给了我——也可能是我向人家要的，因为我听说了这个东西——一套厚厚两册的微积分书，我忘了是谁给我的了。可后来我从来没有真正读完过，只读了最前面的几部分。书的前面部分里，给出了一个关于根号 2 是无理数的证明。我觉得这个证明真是漂亮，让人相当兴奋，我就是在那时、那本书里学会了什么是**不可通约性**。这样，我就准备就绪了，它是一个隐喻，但却非常贴切地适用于我所研究的东西。所以，我就是在那里找到这个术语的。在被我弄糟之前，**范式**一直是一个相当好的词。我的意思是，在这一点上，它以前是个恰当的词，即你不必就公理达成一致意见。如果人们都赞同这是这些公理（不论它们是什么）的正确应用，赞同这是一个模型应用，那么他们就可以不赞同这些公理；就像他们可以合逻辑地、没有任何影响地不赞同这些公理一样，他们还可以非常自由地来来回回转换公理和定义，有时确实是这样。在物理学中，如果你转换了公理和定义，那么你就在某种程度上改变了该领域的性质。但是，你可以有一个科学传统，在这个传统中，人们一致赞同这个问题已经被解决了，尽管他们仍然可以在有没有原子或类似的问题上有截然不同的意见。在传统意义上，范式就是模型，特别是正确处事方法的语法模型。

巴尔塔斯：这是你与这个词的第一次联系——我的意思是，这就是你采用这个词的原因。

库恩：对。

金迪：你不知道利希腾伯格的**范式**用法，或者维特根斯坦的用法……

库恩：我当然都不知道。利希腾伯格曾经引起我的注意，我也有点奇怪，我竟然没有被维特根斯坦对这个词的用法牵着鼻子走。但是没有，我不知道。之后立刻就发生了一件很糟糕的事。我第一次在出版物中使用这个词是在一篇题为《必要的张力》[23]的文章中，我在一次会议上宣读过这篇文章。我在文中正确地使用了该词。但是我还在继续探索怎样描述科学家——在取得**共识**时，传统起作用的方式，以及共识是关于什么的共识。共识是关于模型的共识，但它［也］是关于许多其他非模型事物的共识。我进一步把这个术语用于全部，用于所有事物，这使得人们很容易忽略完全属于我的观点，而只是把它简单地看成整个该死的传统，这是从那以后它被使用的主要方式。

---

[23] T. S. Kuhn, "The Essential Tension: Tradition and Innovation in Scientific Research," in *The Third (1956) University of Utah Research Conference on the Identification of Creative Scientific Talent,* ed. Calvin W. Taylor (Salt Lake City: University of Utah Press, 1959), pp. 162-174; reprinted in *The Essential Tension: Selected Studies in Scientific Tradition and Change* (Chicago: University of Chicago Press, 1977), pp. 225-239.

金迪：马斯特曼的 21 种用法是怎么回事？[24]

库恩：好吧，我给你们讲一件事。这件事发生在晚些时候。当时，在伦敦的贝德福德学院（Bedford College）召开了一个科学哲学国际研讨会。会议文集以《批判与知识的增长》为书名结集出版。我在会上宣读了一篇论文，波普尔任主席，沃特金斯对文章进行评论，按原定计划接下来再做进一步讨论。应邀参加进一步讨论的人中就有玛格丽特·马斯特曼，我此前从未见过此人，但听说过她，我所听说的不全是正面的，多半说她是个疯女人。讨论中，她从后排站起来，大步走上讲台，面向听众，双手插进口袋里，说了起来："在我的科学里，在社会科学里"（她当时正运营一个所谓的剑桥语言实验室〔Cambridge Language Lab〕），"每个人都在谈论范式。就是这个词。"她说："我最近生病住院，就把这本书读了一遍，我认为我找到了这个词的 21 种不同用法。"或者 23 种，管它 21 种还是 23 种呢。你们知道的，就是那一些。但是她又接着说："我认为我知道什么是范式。"也就是这一点人们搞不明白，尽管它或多或少出现在她的文章里。她继续列举了范式的四五个特征。我坐在那儿，我说，天哪，如果让我讲上一个半小时的话，我也许能面面俱到地讲下来，也可能不行。但是她竟然做

300

---

[24] M. Masterman, "The Nature of a Paradigm," in *Criticism and the Growth of Knowledge: Proceedings of the International Colloquium in the Philosophy of Science,* London 1965, vol. 4, ed. I. Lakatos and A. Musgrave (Cambridge: Cambridge University Press, 1970), pp. 59-89.

到了！这件事给我的印象特别深刻，虽然不能说它完全到位，但是它离关键之点已经非常接近了：当理论不在的时候，范式就是你的用法。后来，在我接下来停留的那段时间里，她和我交流了很多。

巴尔塔斯：我想，那次会议是 1965 年在伦敦召开的，所以你那本书已经出版了三年了。你到伦敦时它已经出版了……最初是被哪里接受出版的？

金迪：那时已经在百科全书中出版了，是吗？

库恩：是的，1962 年出版。瞧，我再给你们讲一件关于这本书出版的事。我告诉过你们，我从斯坦福中心回来以后，写稿的速度就非常快。我期望它很重要。这是我自己想做的事，虽然并不完全满意，但却对它充满激情。我不知道它会受到怎样的欢迎。于是，对于把它放到《统一科学百科全书》中出版一事，我开始有了相当大的保留意见，因为百科全书十五年前曾经是件令人激动的事情，但它的声誉已经在相当大的程度上降低了，不再处于学术前沿。可我早已许下了承诺。我去跟我的一个加利福尼亚［大学］出版社的朋友谈，问他在这种情况下该怎么做。他说，你瞧，芝加哥［大学］出版社的副社长是个非常可爱的人，名叫柯利·鲍恩。给他写信说说你的问题，看他怎么说。于是我就给柯利·鲍恩写了一封长信，我那时刚好拿到了一份手稿复印件，我需要对它进行一些修改，不过我想不会改得太多。我讲了这个问题——我所认为的问题——我还说："有任何可能您会这么做吗……它是其他专著的两倍长，我不知道该如何删减。但是如果您愿意将它独立于百科全书并全文出版的话，我就把它略作删减，要不就供百科全书出版。"我记得，信是在星期天下午或星期一早上寄出的。到了星期三，我正准备离开加利福尼亚的住处时，电话响了，正是鲍恩。他说："别担心，我们会……"哇噢，这是一个多好的与出版商交往的经历啊！从那以后，我和芝加哥大学出版社的关系就一直非常好，尽管他很早就离开那里了。他说："我们会出版的，你无须删减。"他们于是就出版了这本书，他们最初还出版了一个精装本，其中略去了百科全书的内容。以后，这件事就基本上不用我费心了。

　　我想，除了一件事以外——我确实很想把它记录下来——我们已经谈到了我在伯克利的最后时光。但在这个时候，发生了一件令我很不愉快的事。约翰·霍普金斯大学曾经聘请我去那里工作。这份工作将把我提升为正教授，给我一份相当高的薪水，同时还有委任三到四个人的机会；条件非常优渥。我去了东部，告诉我那两个系［哲学系和历史系］的主任说我打算去看看。我说，我觉得你们没什么好担心的，如果有什么情况我会告诉你们，我只是想将此记录在案：我要离开去做这件事情。然后我就去了，实际上我发现那个职位非常有吸引力。回来后我就跟系主任说，我不知道结果会怎么样，我打算考虑一下。但实际上我发现那个职位非常有吸引力。然后他们问我留下来［在伯克利］需要什么条件，我说，瞧，如果在这种情况下，你们不给我一个正教授的话，我至少要知道原因。其实这

301

个头衔对我来说并不意味太多，我肯定你们不会给我与之相匹配的薪水，但我不要求你们这么做，尽管我本可以要求加薪。但是，我说，我**必须**要得到的是发展空间；我被允许委任一个人——这就是我所能得到的全部，一个初级职位的任命。当时我坐在那里思前想后，我对自己说，看，也许五年以后我应该回到霍普金斯去，但我在这里只待了两三年。这是一个非常富有的学校，我说的富有指的是它有非常优秀的人才。我决定当下不能离开这里。我告诉了历史系主任，又来到哲学系主任那里告诉他，他说："不要这么快就做决定。再想想吧。"实际上那时候我已经给霍普金斯写信说我不去了。我想我没有告诉他。于是，我继续做我的事情，教书。几个星期以后，我刚走出教室就接到了一个电话，要我去一下校长办公室。常务校长是我哲学系的同事艾德·斯特朗，自己做一些历史研究，他想找我谈谈。我来到他那里，他说："关于你晋职的报告现在已经全部通过了，都是正面的，报告就在我的桌子上。但有一件事情：资深哲学家们都一致同意你的晋职——在历史系。"我说："假如我不接受呢。"他说："你还是能晋职，但是……"我接过他的话说："你的意思是，为什么你要待在一个不要你的地方，是不是？"他微微点了点头。我气极了，你们可以想象，我觉得受到了很深的伤害，那种伤害永远都不会完全消除。实际上我是受哲学家的邀请，在哲学系任职……我知道与他们并不志趣相投，但我确实很想去那里，是我的哲学学生和我一起做研究，不在哲学方面而在历史方面，他们是我最看中的学生。

于是我说："我得考虑一下。"斯特朗说："噢，可是我必须在星期五把它提交给董事会，以便在下次会议前通过。"我说："我会在星期五前告诉你我的决定。"我回去以后跟哲学系主任发了一顿脾气。我最后说："好吧，我还能做什么，我只能接受。"此后我一直非常难过。我感觉我本来应该这样说，好，在坐下来和哲学系资深教授讨论这个情况之后，我才会接受。如果他们仍然想要这么做，那我就接受。但是我不会在这些条件下接受。我想假如我真那么说的话，他们肯定不愿意来面对我。不管怎么说，我觉得我在道义上不应该让自己受到这样的对待。但我却受到了很大伤害。我又待了一年左右才离开伯克利，也不是因为这个原因而离开。但在伯克利还发生了一些事情，使我越待越没劲，尽管也不是完全没有意思。我受到了普林斯顿大学的聘请，在普林斯顿，我将会有一位资深同事，他正在组建一个项目。我们俩打算一起工作，还会有一些其他人。那是一个容易应付得多的环境。我在丹麦时收到了那份聘请。我说，我回去后才能答复，但是我回去以后会尽可能考虑这件事，而且我将会来访问普林斯顿。所以，我们回去后，大概是1963年秋，我妻子和我就去了普林斯顿访问，然后我就决定接受这份聘请。

伽伏罗格鲁：你们为什么会去丹麦呢？

库恩：我完成《结构》的手稿后不久，美国物理学会（American Physical Society）委员会邀请我指导一个关于量子论历史的档案项目。邀请者之一是我的博士论文指导老师范弗 303

莱克。我应邀前往。如果我那时候没有写完《结构》的话，我可能就不会接受这个邀请了。但是，我一直渴望完成的一件事——我对自己的重大承诺——我已经知道自己接下来想做什么，就是这本关于 17 世纪科学和哲学的书。不过我想，我可以把它先搁在一边。于是我就这么做了。我接受了这份工作；剩下的你们基本上都知道。其间只有一件特别的事情：那个项目可能有一些实际的影响。我们弄回了许多档案文件的缩微胶片，还得到了存放在各个不同地方的手稿和信件。我们将其编目整理。这可能是该项目比较重要的部分。采访工作令人十分沮丧！有的采访真的非常棒。可是那些物理学家，包括赞助该项目的物理学家，实际上想要得到的是思想的发展，那当然也是我想要的。我从一个历史学家的经验认识到，科学自传总是不准确的，他们讲述的是错误的故事。但通常情况是这样的：如果你坐下来，面对那些已发表的论文或其他别的什么，然后问，为什么他讲的是这件事而不是那件事……你就会得到重建的重要线索。我没有料到那些人会如此频繁地说："我不知道，我不记得了；你怎么会期望我记得那些？为什么你希望我记得那些事？"在那个意义上，对于那些事情，我们所得到的信息比我期望的要少很多。另一方面，你能和科学家们进行自由充分交谈的内容是，在慕尼黑会是什么样子等等，最重要的老师是哪些人，你从那里到哥廷根（或反过来）时，最初的体验是什么，或者别的什么。这就是你能做的交谈。如果你回到某些我常常用来作为开始的问题，比如你最初是如何进入科学领域的，你父母赞成吗？你常常会得到这样的回答："那不是物理学。"
这就是那个量子物理学项目；我从那里回来后就去访问普林斯
顿，第二年我们去了普林斯顿。

金迪：你能谈谈与你一起做研究的学生吗？

库恩：我从没有带过很多研究生。也许这一方面是因为还
没有那么多研究生，另一方面是因为我常常把他们都给吓跑
了。我很挑剔。我的头两个研究生——尽管其中一个不是正式
从我这里拿到学位的——第一个是约翰·海尔布朗，第二个是
保罗·福曼，他在我离开后最终从亨特·杜普里那里拿到了学
位，尽管他已经通过我的课程进入了拿学位阶段。约翰几乎就
快写完物理学论文了，可是他病了，他在生病期间读了桑代克
的《巫术和实验科学的历史》，就决定要成为一名科学史家。

　　我在跟你们讲述时，可能把两件事混淆了，因为我在伯
克利第一次碰到的是一个学哲学的研究生，当时我坐在办公室
里，还没开始讲课——噢，没有，我没有混淆——那个学生来
我那里，想要查一下这门课，他问我说："你觉得丹皮尔怎么样？"
丹皮尔是一本单卷本的科学全史的作者[25]，我好像回答说："我
从来都没有读完过，我觉得非常枯燥。"他说："噢，我觉得这
太棒了！"你们看，这就是为什么我会以为我混淆了这两件事。

　　这就是我培养学生的开始。肯定有人会说：还有其他的

[25]　W. C. Dampier and W. M. Dampier, *Cambridge Readings in the Literature of Science: Being Extracts from the Writings of Men of Science to Illustrate the Development of Scientific Thought* (Cambridge: Cambridge University Press, 1924).

学生——我想没有一个学生能像约翰那样拥有这样的权威和名望……但我依然是保罗的《魏玛文化和量子理论》[26] 一书的热爱者。大家都知道，这本书不可能完全正确，不过，我还是觉得，为了回避批评，他放弃了太多东西。我还记得第一次读这本书的情景。我当时在普林斯顿，我在系办公室的公告栏里贴了一张纸条，写道："我刚刚读了一本自我发现亚历山大·柯瓦雷以来最激动人心的作品！"这就是我最早的两个学生。后来我在普林斯顿还有一些学生，等我们谈到那里的时候我很乐意再谈谈他们。但正像约翰和保罗的经历所表明的，我让我的学生们接触一点我所研究的科学史，他们原则上都能做，每个人都在早期作品中表现出了这一点。但后来他们两人都完全转到别的方向去了。所以，在这个意义上，我没有培养出什么学生。只有一个例外，这个例外实际上是杰德·布赫沃尔德，他不是我的研究生，而是我的本科生。我把他引到科学史上来，而且这也正是他决定要研究的。可是，看到我喜欢做也教别人去做的事情无法往前推进，往往是我烦恼的根源。但这有很多原

305 因。当然，其中一个原因是学生们必须脱离他们的博士导师；另一个原因是这个领域已经远离了我过去研究的科学史。但我还是不完全喜欢它！

---

　　[26]　P. Forman, "Weimar Culture, Causality, and Quantum Theory, 1918-1927: Adaptation by German Physicists and Mathematicians to a Hostile Intellectual Environment," *Historical Studies in the Physical Sciences* 3 (1971): 1-115.

　　金迪：你有研究科学哲学的学生吗？

　　库恩：没有。我从没带过哲学研究生。在普林斯顿我不会带，在 MIT 我本来是可以带的，不过我离我的同事们树立的哲学传统中的主流研究工作非常之远，曾经有一两个学生开始跟我读学位，但我把他们赶走了。其中一个学生在一次讨论中最后看着我说，他学得很好："你真的认为这是另类的，是吗？"我说，是的。于是他振作精神，重新找了一个论文指导老师，做了一个不同的内容。另一个学生我们最后让他拿了个硕士学位，然后去做别的了。这就是那两个哲学系学生，那是在 MIT。我曾经给搞哲学的人开过一些讨论班，在普林斯顿偶尔开，［在 MIT？］定期开，在讨论班上，会有一些非常好的互动交流。我们可以回过头来再谈谈这个。

　　我意识到我在前面漏讲了一件事，应该把那件事补上，它是这样的一个问题，就是在《科学革命的结构》中，我从哪里获得了反叛的形象。这件事情本身十分奇怪，并不完全是好事。回首往事，我认识到我是相当不负责任的，在这个意义上，它并不完全是好事。正如我曾经说过的，我在大学一年级的时候对哲学非常感兴趣，然而却没有机会去从事——至少最初是这样的。结果我毕业后去了无线电研究实验室，我在欧洲的时候大部分时间都在继续我的兴趣——我不再需要写学校作业、作文——我的工作基本上是朝九晚五；我突然有时间阅读了。我开始阅读我所认为的科学哲学书籍——这似乎是读书的好地方。我读了如伯特兰·罗素的《我们关于外在世界的知识》[27]，还读了相当一部分半通俗半哲学的书；我读了一些冯·米塞斯的书；当然还读了布里奇曼的《现代物理学的逻辑》[28]；我读了一些菲利普·弗兰克的书；读了一点儿卡尔纳普，但不是后来有人指出的那个在内容上和我有着非常相似之处的那些。你们都知道最近发表的这篇文章吧。[29] 这是篇很好的文章。我承认我不知道［卡尔纳普的］那个观点是很尴尬的。但另一方面，如果我知道它，如果我对那个文献了解到那个程度的话，我可能永远都写不出《结构》。《结构》中的观点与他的观点是不同的，但有趣的是，它们的来源只是部分不同……停留在传统之内的卡尔纳普被推到了这一点——而我已经反叛了，我是从另一个角度达到这一点，无论如何，我们都是不同的。但是，那就是当时在我头脑中的情形，因为我已经有了应邀参加柯南特课程的工作经历。它反对逻辑实证主义的日常图景——我甚至从来都没有认为它是逻辑经验主义——当我看到我的第一个历史案例时，我的反应就是这个。我们已经谈到了我去普林斯顿……

巴尔塔斯：是的，你的《结构》已经出版了，你已经启动了那个关于量子力学来源的研究项目，你开始前往普林斯顿……

------

[27] B. Russell, *Our Knowledge of the External World*, 2d ed. (London: Allen & Unwin, 1926).

[28] P. W. Bridgman, *The Logic of Modern Physics* (New York: Macmillan, 1927).

[29] G. Irzik and T. Grunberg, "Carnap and Kuhn: Arch Enemies or Close Allies?" *British Journal for the Philosophy of Science* 46 (1995): 285-307.

库恩：是的。好了，我实际上已经完成了那个档案项目，我的意思是，我去普林斯顿以后，仍然还必须做一些编目工作，这花了我在普林斯顿第一年的大量时间。

巴尔塔斯：也许继续我们谈话的一个好方法是问你这样一个问题：你在1962年出版了《结构》。我们的感觉是（也许是错的），人们对《结构》的那种好像大爆炸式的接受大概是在1965年之后才发生的——当时，你正好在伦敦发生了一些事。我指的是《批判与知识的增长》在20世纪70年代左右的出版，或者已经流传着你和波普尔争论或类似这种事情的流言。这就是我们得到的印象，也许是完全错误的。

库恩：我不能说你们错了，我有点儿吃惊；我不会以那种方式来叙述这件事。但是，也有可能有证据表明是我错了。我会说我自己……它一下子大概积累了一年的势头，我不会认为任何特定的爆发与1965年有什么联系。另一方面，1965年可能真正发生的是，或者作为一个结果是，哲学家开始给予更多的关注。我指的是，最初的读者中很多是社会科学家。但也不仅仅是社会科学家。我是指，夏皮尔在康奈尔出版的期刊上发表了一篇很不错的书评。[30] 那是篇很好的评论，除了有几点我持强烈的保留意见，我认为这几点很大程度上是不正确的。人们一开始就盯上了"范式"，我不觉得他们有什么错。这使我更加难以把人们召回到我真正想说的东西上来；如果我之前就看到

307

---

[30]　*Philosophical Review* 73 (1964): 383-394.

自己所做的一切，我一定能做得更好。我有一些印象，但我完全不能确定它们是否准确，有些印象来自某些失望的情绪，或者别的。最早的反馈是——这本书获得了很好的评论。

巴尔塔斯：在哪些期刊上，主要是哲学类期刊还是……

库恩：我可能得回去查查我的书评档案。相当广泛；可能并不主要在哲学期刊上。但也不是只有一篇夏皮尔的书评。玛丽·赫斯在《爱西斯》上写了一篇书评，这我记得很清楚……我渐渐意识到，许多反馈来自社会科学家，我对此完全没有准备；我把它看成一本面向哲学家的书。我想读过它的哲学家不是很多，我认为它在其他领域比在哲学领域得到更广泛的阅读；一段时间里，它在哲学界没什么特殊的影响力，尽管哲学家们的确知道这本书。不过，我记得——我想是彼得·亨普尔告诉我，他参加了一个会议，我想是在以色列召开的会议，会上，有一群人说："那本书应该被烧掉！""它满篇都在谈论非理性！……"尤其是非理性，非理性和相对主义——夏皮尔的评论所困扰我的全都是关于相对主义的讨论。我理解为什么他会这么说，但我认为，如果他再稍稍认真地考虑一下什么**是**相对主义，考虑一下我说的是什么，他就完全不会那么说。就算它**是**相对主义，它也是一种有趣的相对主义，在给它贴上标签之前，需要对它进行仔细考察。实际上，我要说它不是一本相对主义的书。尽管我最初可能会有这样的麻烦，但在《结构》的结尾，我试着说明了在哪种意义上我认为存在进步。我在很大程度上已经挤出了答案，讨论了谜题的积累，我认为我现在能非常有力地论证，书结尾部分的达尔文主义隐喻是正确的，本应得到更多重视；可**没有人**重视它。人们都忽视了它。这个问题是，不要把我们看成**越来越接近**某物，而是把我们看成**远离**我们之所在。它当时超出了任何我真正完全把握的范围，直到我不得不真正仔细斟酌这个困难。不过可以说那对我非常重要，而且它导致了后来所发生的那些事。我认为它本应得到更多的接受和认可。与所有这些相伴随的是，瓦叟⑬，我看到你在一篇文章中谈到[31]，正是那些在 60 年代使我不受欢迎的东西，如何使我在 80 年代大受欢迎。我认为那是个非常发人深省、非常恰当的评论，但它在一个方面是错的：60 年代是学生反叛的年代。有一次我听人说："库恩和马尔库塞在旧金山州［立大学］是英雄。"而这个人写了两本关于革命的书……学生们常常过来跟我说这样的话："谢谢你告诉我们范式——既然我们知道了它们是什么，那么没有它们我们照样也能生活。"所有一切都被看成压迫的例子。可是那根本就不是我的观点。我记得在这个纷乱的时期，我曾经应邀参加一个由普林斯顿本科生组织的讨论班，并做了发言。我不断地说："可我没有这么说！可我没有这么说！可我没有这么说！"最后，我的一个学生，或者说那个项目组的一个学生——在一定意义上他曾帮助我进入这个项目，

308

---

⑬　库恩对本次访谈者之一瓦塞里奇·金迪的昵称。他所写的有关文章见注释 31。——译者注

[31]　V. Kindi, "Kuhn's The Structure of Scientific Revolutions Revisited," *Journal for General Philosophy of Science* 26 (1995): 75-92.

他也一起来听——对学生们说："你们必须认识到，如果按照你们的想法来理解，那么这就是一本极其保守的书。"确实如此；我的意思是，在某种意义上我试图说明，为什么所有学科中最严格的学科，在特定情况下最独断的学科，也可能是最具有创新性的学科。为了破这个难点，我必须先把它立起来；当然在把它作为一个难点立起来的时候遇到了各种各样的阻力。所以，很难描述我当时的感觉。我觉得我被——我想说我受到了不公正的对待——严重误解了。我不喜欢大多数人对那本书的理解。另一方面，我从未想到后来所发生的所有事情。有些人接受了它，而且确实似乎在推进着它，在继续研究它，最初可能更多是以一些社会学家开始的时候接受它们的方式。我从科学家那里得到了很好的初始回应。

巴尔塔斯：物理学家，生物学家……

309　**库恩**：是的，都有。各种各样的人向我报告说，这是他们读过的第一本哲学书，他们真的觉得写的就是关于他们所做的事。我很重视这些评价，还有一些其他的事……我的意思是，显然，我希望它成为一本重要的书；显然，它确实成为了一本重要的书——我不喜欢它成为一本重要的书的大多数方式，但从另一方面来说，我承认假如我必须全部重写一遍的话，如果有机会，我也许能够消除一些误解。但是，假如我无法做到的话，那我还是会全部以同样的方式来写。我的意思是，我有失望，但我没有遗憾。

巴尔塔斯：在你和哲学家的讨论中有什么重要的事件吗？

这些讨论既可以是关于你对自己所做之事的体会，也可以是关于人们对这本书的全面接受。比如说会议上发生的一些事件，或者某人和你讨论这本书，给了你一个新的启发……

库恩：一开始没多少。我应邀去几个地方讲了讲，我很乐意去讲，可我并不是那么受欢迎。我并没有真正地为哲学家所了解，尽管他们中有些人非常感兴趣。我来到普林斯顿后，开始和彼得［·亨普尔］一起做了大量研究。我想，这是第一位哲学家，当然是逻辑经验主义传统中的第一位哲学家，开始对我所做的工作做出回应，而且是认真的回应。他沿着这条路的立场并没有成为我的立场，而且其中没有维特根斯坦的位置。不过在一些我认为重要的方面，它产生了显著变化。我过去常常试着比较这两个传统，我常常指出这样一个转折点——我不能肯定是受我的影响，但我认为可能性很大——在这个转折点之后，亨普尔不再讨论理论术语和观察术语，而是开始讨论**先前获得的术语**。这个术语本身已经将事物纳入一种历史发展的视野之中。我不认为他完全以那种方式来看待这个术语，但这是非常重要的一步。

金迪：这个时期的其他科学哲学家呢？费耶阿本德或拉卡托斯——在某种意义上，你们都是被同时接受的。

巴尔塔斯：就是所谓的历史主义转向。

库恩：这个问题很难谈。当然有一些哲学家开始从事这方面研究，而且不止几个人在做。他们开始讨论历史的科学哲学。从我的观点来看，我很乐于看到这一点，但是，令我十分震惊的

310 是，当他们做出这个转向时，他们全都完全放弃了**意义**问题，从而放弃了不可通约性，并从而退回到消解了这个［对我来说是的］哲学问题。我和费耶阿本德有过一段奇特的交往经历。他当时在伯克利，我给他看我已经寄给芝加哥大学出版社的那本书手稿。我想他在某种意义上是喜欢的，可是他那时正被整个教条、僵化的事务搞得心烦意乱，这当然和他自己的信念完全相反。除了那些事务之外，我几乎无法和他谈别的。我努力试着和他谈那本书：我们好像一起吃了顿午饭，或者别的什么，可他总是要回到那个话题。我越来越灰心丧气，最后只好放弃努力了。所以，他和我从未真正就这些问题做过深入交谈。他对理想社会的渴望压倒了我的进路中的准社会学要素。我们再没有联系过。

金迪：那些后来的科学哲学家，像劳丹或范弗拉森这些人呢？好像随着你那些问题的提出，这个领域不再把科学现象作为一个整体来研究，现在似乎已经退回到了科学哲学的标准问题：归纳、证实、贝叶斯主义……

库恩：我很奇怪你把范弗拉森也算在内。

金迪：我不是指他属于历史主义传统。我把他算在内是因为他研究诸如理论／观察之二分这样的问题。

库恩：可那远远在我之前。

金迪：难道你对颠覆它没有贡献吗？

库恩：它早已被颠覆了。我认为，在某种意义上，范弗拉森试图再次回到它，试图证明它仍然是一个可行的概念。而且我不是它的首要颠覆者。理论／观察之二分在我之前已经遇到了麻烦。在颠覆这个二分的哲学家中，普特南无疑是一个比我更为重要的人物。他有很多十分重要的文章。

巴尔塔斯：此时此刻存在着某种不可通约性，因为在下述意义上，我认为它在美国是相当不同的。最好请您澄清一下。我认为在希腊是肯定的，我还认为在诸如意大利或法国这些地方也是如此，我不知道其他地方怎么样，对这个时期的理解是这样的：逻辑实证主义有其自身的问题等等，然后出现了一些传统内部的批判，接着，**你**出现了，并改变了范式。在改变的同时，那些已经做了类似事情的人，比如说，对逻辑经验主义的主要框架进行批判的人，他们加入了这股力量，和你一起，不是真正意义上的一起写论文，而是你们都被认为……

金迪：你打开了这个领域……

311

库恩：我肯定这是对的，可是我还是感到很惊讶，你们把范弗拉森和劳丹归到同一个……劳丹是这样一个人，他说他研究的是历史的科学哲学。他所说的关于我的事情绝对不是事实。别人向他指出这一点以后，他还是继续这么说。他试图坚持科学进步的传统观点，逼近真理，完全抛开了〔我曾〕指出的那些问题。在我看来，那是非常糟糕的！

有一个人既研究哲学又研究历史，而且曾经鼓励过我，我也十分喜欢他，这个人就是厄南·麦克穆林。他在那些年里是我真正的支持者。他并不喜欢某些我试图说服他应该去喜欢的东西，可是这反而对我很有帮助。我已经发现，如今，随着科学史家越来越远离科学的实质，许多重要的科学**哲学家**越来越多地涉足一些历史研究，我对此感到十分高兴。他们的研究方式几乎就是我想看到的方式。这是条非常令人愉快的研究路线。

金迪：你现在所指的哲学家都有些谁呢？

库恩：约翰·艾尔曼做过一些这方面的研究。克拉克·格莱默也做过一些，不过我不认为是来自我的思想（尽管艾尔曼也许是）。约翰是普林斯顿大学科学哲学与科学史项目组以哲学目标培养的学生之一。我在普林斯顿的第一年，他来参加过我的讨论班，此后我和他有过一些交谈，而且他继续做下去了。所以，算是起了作用。让·吉尔是另一个开始做一些这方面研究的人。在科学哲学家中，以不同进路研究历史案例的影响逐渐增强。当我五六年前意外当选为科学哲学协会主席时，我才第一次发现这个变化竟然这么大。我甚至都不是协会会员，我只参加过一年，之后就退出了，或者类似这样的事情。科学哲学家的兴趣点是非常不一样的。而我显然有一些重要的事情要做——尽管不是我单枪匹马地干。现在来回忆一下儒斯·汉森就变得十分重要了，某种程度上，或者再低一点程度上还有波兰尼、图尔敏。我认为儒斯·汉森可能比另两位更为重要。还有费耶阿本德等等。有一大群人转向这个方向。我不认为那些研究历史的人基本上都看到了我从中看到的每一样东
西。他们不会回过头来问"这对真理的概念有什么影响，那对进步的概念有什么作用"，或者说，即使他们这么问了，他们也会觉得轻易就能找到答案，而这些答案在我看来十分肤浅。这不是因为我知道答案，而是因为我认为他们的答案经不起必

要的审查。我对此十分忧虑，为了改变这个状态，我就回过头去写历史。可是，我想做的仅仅是回过头去解决这些问题——我真的不知道该怎么去做——我不停地说，这就像在一个舞台布景中走来走去，打开许多扇门，看看哪些门后只挂着一幅油画布，哪些门可以通往另一个房间。好了，我渐渐找到了一些通往另一个房间的门，或者是通往另一个房间的部分道路：指称因果理论。克里普克对我有非常重要的影响，[32] 因为我绝对相信它在专有名词方面是一个重大突破——不过后来在其他方面，在普通名词上就行不通了。普特南的东西也很有帮助——但是我完全不能接受下述说法："如果热是分子运动，那么它一直就是分子运动。"那根本没有命中要点。不过我从中获得了一些非常重要的工具，其中之一就是回过头来思考哥白尼革命，我突然意识到，瞧，你可以通过哥白尼革命追溯行星个体，火星，天体——你不能通过它来追溯的是"行星"。革命之前和之后，行星恰好是不同的集合。这里有一个非常贴切的局部断裂。而现在的结果是，有些人竟然说："在托勒密体系中，行星绕地球转；在哥白尼体系中，行星绕太阳转。"这太令我和其他人吃惊了。它根本就是一个不连贯的说法！真的就是！绕过它太容易了，因为你开始这样做：存在有限的行星，它们都有专有名称，你就这样做了。可是没错，这个说法

---

[32]　S. Kripke, *Naming and Necessity* (Cambridge, MA: Harvard University Press, 1980).

确实不连贯。这是对这类事物的强烈暗示，我认为需要对它进行讨论。我也一直很清楚，或者在一段时间里清楚地知道，只有两个人严肃对待我所看到的这些问题，一个是我，一个是希拉里。当希拉里开始讨论内部实在论时，我想，见鬼，**现在**他在讲我的语言了。后来，他不再讲我的语言了。但是在这个时候，这些问题以一种前所未有的方式成为哲学上的重要问题。除了尊敬，没人会对普特南表现出别的什么；不过他们可能拿他开一点玩笑，因为他总是走得那么远，然后又回来那么多，而且把同样的东西写了那么多次，每次都要改变。普特南曾经写过一篇关于不可通约性的论文，题目为《怎样才能不讨论意义》[33]，在这篇文章中，整件事就是一根麻绳——你可以改变其中的这股或那股绳子，可是它仍然是同一根麻绳，因此不存在费耶阿本德和我所讨论的那种问题——这是很大的一步……内部实在论及随之而来的那些东西。对因果理论的思考对我来说十分重要。我认为它对普通名词不起作用。不过搞清楚为什么它看起来好像起作用却是一件相当有趣的事。在我现在的研究中，它变得越来越清楚了——在某些意义上，它几乎是起作用的。它在革命时期不起作用，但在两个革命之间却很好地发挥作用。等你对革命之后所出现的东西进行重建

———————

[33] H. Putnam, "How Not to Talk about Meaning," in *Boston Studies in the Philosophy of Science,* vol. 2, *In honor of Philipp Frank,* ed. R. Cohen and M. Wartofsky (New York: Humanities Press, 1965); reprinted in *Mind, Language and Reality,* Philosophical Papers, vol. 2 (Cambridge: Cambridge University Press, 1975).

之时，你把它拿回来一看，它又起作用了。我那天提到了我的一篇文章《科学史中的可能世界》[34]，在这篇文章中，我讨论了普特南的"水是且总是 H_2O"有什么不对。这已经逐渐悄悄地进入了哲学讨论。我对此感觉相当良好，我觉得我对哲学课程比以前理解得更多了，我讨论得越多，就越受其影响。但我必须要说，正如我已经说过的，我从来都不曾处于人们将我置于其中的那个可爱的境地。在这个背景下，它令人感到格外愉快。

巴尔塔斯：关于《黑体》[一书]呢？我的意思是，你的《科学革命的结构》获得了巨大成功，一些人可能期望你从那儿继续下去，把你自己解释得比《后记》[35]之类的东西更好；而且一本书的问世显然至少并不像人们很期待的那样……比如，在应用上，在引用上。

库恩：我已经重复说过，现在我再说一遍：你不能**试图**通过记录、考察或应用一种概要性的观点来研究历史……显然，我以一种不同的方式研究历史，这是因为我认为我已经学到了一些东西，这些东西隐藏在《科学革命的结构》之后，并且可能得到了进一步发展。我喜欢研究历史，我总是来来回回——

314

---

[34] T. S. Kuhn, "Possible Worlds in History of Science," in *Possible Worlds in Humanities, Arts and Sciences: Proceedings of Nobel Symposium 65*, ed. Sture Allén, Research in Text Theory, vol. 14 (Berlin: Walter de Gruyter, 1989), pp. 9-32; 在本书中作为第六章重刊。

[35] T. S. Kuhn, "Postscript," in *The Structure of Scientific Revolutions,* 2d ed., rev. (Chicago: University of Chicago Press, 1970), pp. 174-210.

你不可能同时做两件事。哲学总是更为重要一些，如果在我写《黑体》一书的时候，我有办法回头并直接致力于这些哲学问题的话，那么我可能就会这么做了。瞧，我会告诉你们这之间的距离有多远。在这本书出版以前，我曾答应就这本书与一些人进行交谈，当我来到本应是一小组围坐在桌旁的人中时，却发现屋子是满的，或者说几乎是满的。所以，我不得不做了一个即兴讲演。我讲完以后，有个人举起手说："非常有趣，可是请告诉我，你找到不可通约性了吗？"我想："上帝啊！我不知道，我甚至从未想过这个问题。"是的，我的意思是我**确实**找到了，后来我认识到了它是什么，特别是当我开始读到人们的书评时，我认识到了它。比如马丁·克莱恩说：它与能量元素 hv 有关。我的意思是，这本书里有过这方面的讨论。我谈到了普朗克在 1910 年或 1911 年给洛伦兹的信，普朗克在信中说，它是从共振器到振荡器的转换。他说："你将会看到我不再称它们共振器，它们是振荡器"；在我看来，这是个相当重要的转换。共振器对刺激做出反应，而振荡器则只是来回摆动。其他的，我的意思是……普朗克的能量"元素"不能用理解普朗克的能量"量子"的方式去理解，等等。所以，不可通约性就在其中，只是我没有特别地去寻找它。我之所以告诉你们有关这个问题的故事，是因为我要告诉你们，我以前不曾思考过它！这是个相当好的问题；我后来认识到了如何去回答，不过当时这个问题真是把我给难住了，我有点结结巴巴地答不上来。

金迪：因为你没有把哲学理论应用到历史中去。

库恩：不是的。如果你有一个理论，你想要证实它，你**可以**去研究历史，从而用历史来证实它，等等；可它恰恰不是这样的事情。

巴尔塔斯：因为关于科学史和科学哲学之间的关系已经有了很多讨论，你会给出什么样的建议？你会给想研究其中之一或同时研究两者的年轻人提些什么建议？

金迪：你在演讲中讲过了些什么，比如进入他们的思想……

315

库恩：是的，我认为这是一个思想史家必须要做的。而这恰恰是哲学家系统性地拒绝去做的。可是他们讲故事的方式——哲学史讲述笛卡尔的故事，他什么地方对，什么地方错，以及本可以怎样将两者结合起来。

我写过一篇论科学史与科学哲学之关系的文章[36]，在文章中，我坚持认为，尽管我是"科学史与科学哲学"项目组的主席，可是并不存在这样的领域。我试着把哲学家、历史学家和科学家放在一起来谈一点我的感受。哲学家和科学家彼此更为接近，因为他们所关心的都是什么是对什么是错——而不是关于发生了什么——因此，他们都有这样的倾向，在读一个文本时，简单地用一种现代的观点，用他们已知的东西来分辨对错。而历史学家，至少以我这种方式进行研究的历史学家，则会坚持说：那是个受

---

[36]　T. S. Kuhn, "The Halt and the Blind: Philosophy and History of Science," *British Journal for the Philosophy of Science* 31 (1980): 181-192.

人尊敬的人，[所以]他怎么会有这样的想法呢？瓦曳在她的书中有一条评论我特别喜欢，就是这么说的……我是说，是的，人们把我当成了一个傻子！我想说，怎么竟然会有人认为我会相信那样的东西！那真是相当具有破坏性，我很早就不再读关于我的评论了，特别是从哲学家那里说出来的评论。因为我太生气了。我知道我不能回应，可是我试着读那些东西的时候实在太生气了，我真想把它们扔出房间，我不愿意读完，不过因为愤怒，我也会漏掉一些可能有用的东西。那种滋味真不好受！

关于历史和哲学……所以，我说过，它们是非常不一样的领域。我把它们作为不同的意识形态、不同的目标来讨论，从而对应不同的方法，以及对什么是必须负责的有不同的理解。两者都会说："对，不过那无关紧要，没什么要紧。"但是历史学家和哲学家会在完全不同的场合下觉得有资格、有能力说这句话。另一方面，在我看来，如果你能在两者之间进行一些互动，那么就能产生相当多的思想火花，这在某种意义上更难，而不是更容易，因为历史学家已经不再研究技术问题。不过，我认为，在两者的互动方面有相当多的事情可做，至少我自己就是个例子，因为我从来都不同时是哲学家和历史学家，而这两方面确实在互相影响。在我看来，这是个理想的安排。

316

伽伏罗格鲁：《结构》问世之后……不完全独立于此事，科学史出现了很多具有明晰进路的分支。被称为强纲领的进路最具争议性。尽管你已经（不是非常系统地）表达了你对强纲领的看法，我还是觉得，跟我们谈谈你对强纲领之学术的看法一定很有意思。

　　库恩：我来给你们讲两件事。第一件事：当我宣读完那篇关于科学史与科学哲学之关系的讲演之后，一个哲学家过来跟我说："但是我们有这么好的**学术**！我们在哲学史领域里有这么好的**学者**！"是的，可是他们不是在研究历史。我那时候并没有这么说。但我现在这么说是因为你们用了这个词：我对学术的看法。他们的学术常常极好！你们和我曾经讨论过《利维坦与空气泵》[37]，我认为这本书的学术**确实**非常好，而且我认为这是本相当令人着迷的书。可是他们［作者］不懂现在每个人高中就学的，甚至小学就学的气压计理论，这让我不舒服极了……他们主要讨论的是霍布斯和波义耳之间关于"空"（emptiness）的对话，可他们的理解完全是大错特错。我们以前讨论的时候，我曾对你们说过，他们讨论的是波义耳在讨论"压力"和讨论"空气的弹性"之间的来回转换。这不是个连贯的讨论方式，但是有一个非常重要的理由，说明了他为什么一直没有完全摆脱这种讨论方式；这并非无关紧要。他用的是流体静力学模型。流体静力学模型处理的是不可压缩的液体。空气不是不可压缩的液体。所以，在一种情况下你用垂直下压的方式得到的，你也可以通过另一种压缩的方式得到；你还可以同时得到。但事实是他在两者之间来回转换……它们是不相

---

[37]　S. Shapin and S. Schaffer, *Leviathan and the Air Pump: Hobbes, Boyle, and the Experimental Life* (Princeton: Princeton University Press, 1985).

317 容的，是讨论同一个事物的不同方式，但它们最好能够得到进一步深入整合，而不是局限在波义耳所讨论的那个点上；这个地方不完善。再一个，他们讨论了不可能证明关于微小的液体进入并充满顶部的气压计说明——你确实不能证明那些是错的——这些是反渗透的说明。你当然不能证明它们是错的，可是，［夏平和沙弗尔］完全忘掉了，最强大的说明力度来自包括直接的多姆山实验和许多其他实验。所以，从一种研究方式转换到另一种方式完全有合理的理由，不论你认为你是否证明了自然界是否存在虚空。这类事情一直困扰着我。柯斯塔斯，我以前也对你说过，真正令我忧虑的是科学史学生现在自己都不关注这些。我和诺顿［·怀斯］讨论过这个问题，他曾推荐我读《利维坦与空气泵》。我认为在很多方面，这是本非常有趣的好书。所以，令我忧虑的并不是学术。诺顿本人是个物理学家，他经过思考后，觉得我是对的，于是他把这些讲给他的学生听。他告诉我，在他的班上，没有一个人能明白它的重要性。这正是我所忧虑的。我的意思是，那对我来说是一件很忧心的事。现在，整件事情又以某些方式重新出现了，而我不知道它是从哪里冒出来的。这不是说，我认为它完全是错的。我跟你们说过，"商谈"这个词在我看来正好是对的，除了当我说"让自然进来"的时候，显然只是在隐喻意义上使用"商谈"一词，而在其他情况下则是完全在字面意义上使用。但是，如果你不考虑［自然的］作用，那么你所讨论的就不是任何称得上科学的东西。他们中的一些人干脆声称，没有什么称得上科学的东西，没人证明它有多重要。现在，我认为他们不会再这么说了，但我不认为他们真的有足够的发展空间……我还没有读皮克林最近新出的那本《实践的冲撞》。[38]

金迪：斯太格缪勒小组怎么样？

库恩：我不知道，我和斯尼德有多大关系是毫无意义的。我通过斯太格缪勒知道了他们的研究工作。斯太格缪勒寄给了我一份那个杂志——我想我跟阿里斯泰德说过这些，我很高兴能把这段录下来。他给我寄了一份《理论结构和理论动力学》[39]，上面有非常漂亮的题字，还附了一张卡片，卡片上他把自己描写成一个可能成为初期库恩主义者的卡尔纳普主义者，或类似这样的话。当我开始读这本书的时候，我意识到我必须边学边读，它完全用德文写作，而且通篇都是集合论，可我不懂集合论，而且我也不懂用集合论表示的函数是什么。我现在仍然没有真正懂得模型论，而且我当时也没有集合论或模型论的德语词汇表。但是我认识到我必须要读这本书；于是我花了两三年时间来读它——也许是一年半。我常常带着它在飞机上读，如此等等，一点一点地啃。我觉得这真是本激动人心的好书！我不支持它的还原论观点，这基本上又是一种单一语

318

[38] A. Pickering, *The Mangle of Practice: Time, Agency, and Science* (Chicago University of Chicago Press, 1995).

[39] W. Stegmüller, *Probleme und Resultate der Wissenschaftstheorie und analytischen Philosophie*, vol. 2, *Theorie und Erfahrung*, part 2, *Theorienstrukturen und Theoriendynamik* (Berlin: Springer-Verlag, 1973); reprinted as *The Structure and Dynamics of Theories*, trans. W. Wohlhueter (New York: Springer-Verlag, 1976).

言的论点。但我认为，与任何我曾读过的哲学家的观点相比，或者跟任何人在这方面的观点相比，他所说的范式更接近于我曾经的想法！——它是作为范例的范式，它是这样一个观点：只有当你在结构中至少包含了几个范例之后，你才有一个结构。这些都是令我非常激动的事，而且，我后来一直在做的一些事也以某种方式从他们的讨论中汲取了灵感。我的意思是，在几年前我还没有接触到斯尼德－斯太格缪勒的东西时，我可能绝对写不出那篇文章中关于学习力、质量等等的内容。我认为它绝对是第一流的。它当然对我产生了影响，我会再次向大家证明这一点，我将在我正在写的那本书中谈到一些。我对斯尼德说，我觉得你不是通过我得出这些的。他回答说："不要太肯定了，我读过你的书！"

我曾经试图让哲学家对这个东西产生更多兴趣。总的来看，在很长一段时间里，我根本无法成功。现在，人人都在讨论理论的语义学观点，但基本上都没有注意到斯尼德和斯太格缪勒。我想我现在知道原因之所在了；我一直在读弗瑞德·萨普的书，我想我明白了它讲的是什么了。他们不愿意回到任何看起来像……

巴尔塔斯：像模型的东西？

库恩：噢，不是的。我的意思是，结构是形式的。他们把拉姆塞化，即拉姆塞语句的使用，看成是某些诸如理论/观察的二分的重新引入——这就是斯尼德这么做的原因。他们认为那不再有一席之地。但是，除非你有了类似那样的二分——不仅仅是理论/观察的二分，我也不相信有这样的二分——否则它一定是先前的词汇表或共享的词汇表……如果你从动态的观点来看，你就会把讨论术语的修改和新术语的引进作为引进一个新理论、新结构的一部分。而且我认为如果不这样的话，你就无法去做。我仍然愿意回过头来把斯尼德－斯太格缪勒的观点作为最贴近实际发生之事的观点，原因就在这里。它适应历史发展的进路。

伽伏罗格鲁：即使你在科学史方面只有至少两个学生，你也从未招过科学哲学方面的学生。

库恩：我从未指导过哲学研究生。

伽伏罗格鲁：我们可以回到最后那个问题了。

库恩：好的。瞧，我只有一个学生做的是我做的、我喜欢做的那种观念分析的历史，他是杰德·布赫沃尔德，而且他不是从我这里拿到学位的。他还是本科生的时候，我把他引到了科学史上来；他在哈佛拿到了学位。此后继续做这方面的研究。但是，我其他所有的学生某种程度上都更多地转向了……不，也不全是……但他们大多数都更多地转向了科学与社会、科学的社会环境、公共机构等等。从这个领域所走过的路来看，从任何一个研究生都需要脱离父辈，走向独立来看，这个发展是自然的。不过，假如不止杰德一个学生继续从事这方面研究的话，我会非常高兴。

巴尔塔斯：我有两个问题——一个其实并不是真正的问题，你说过你还没有讲完普林斯顿的那段经历，你可能想要再谈一谈你的同事，学生的氛围……

库恩：只有一件事情是我真正想要补充的。我非常喜欢普林斯顿。我有优秀的同事，优秀的学生。我没有和哲学家们深入交谈，待在 MIT 的一个优势是，那里的哲学家们不太确定，自己是否和普林斯顿的哲学家一样优秀。所以，和他们打交道更容易——不过，无论如何也不是非常容易，因为他们**确实**非常优秀。我在普林斯顿的工作生活都非常顺心，我离开那里去 MIT 的原因是我离婚了。和 MIT 或普林斯顿都没有任何关系。

320 对了，有一件事应该提一下。我到那儿以后……我不能肯定具体日期是哪一天，是我在普林斯顿的相当晚的时期了，不过并不是最后时期，普林斯顿宣布，它愿意让人们通过谈判减少工作量来降低工资。我的母亲在此期间去世了，我可以承受得起这么做的经济损失了，而且我想要有更多的时间来做我自己的研究。于是我就这么做了；接着，我应邀成为高等研究院的长期成员，这不是教员身份。所以，我在那里有一个办公室。这使得我与一些本来可能根本不会认识的人产生了相互影响，其中的一些影响有或多或少的重要性。我认为，与人类学家克利福德·格尔茨的相互影响非常重要。我还认识另外两个人，我很喜欢他们，也从他们那里获得了很多鼓励，不过我认为在观点上并没有太多反馈——一位是英国剑桥大学的哲学家、政治科学家昆廷·斯金纳，另一位是一个年轻的历史学家，现在在芝加哥大学的政治科学系，叫威廉·西韦尔。他们两位对研究工作都极富热情。

伽伏罗格鲁：为什么你去了 MIT，而不是哈佛？

库恩：哈佛不要我。而且，假如［哈佛请我，而］我可以拒绝的话，我会被非常建议去这么做。当时大家都知道我在找工作，哈佛没有请我，MIT 请了。但是你们对哈佛那个系应该有足够多的了解，知道为什么会出现这种情况。

巴尔塔斯：另一个问题是关于政治表述与哲学传统之对比。因为人们对你的一种看法是，你的研究也许并未说明为什么它会有这样的影响，我想在私下的交谈中，我们都或多或少地同意这一点。这是一种跨越了哲学传统边界的研究。你不能被贴上欧陆形而上学家的标签，但另一方面，你也不能被标记为一个不懂逻辑和说明的理论，不懂类似这种东西的人。所以基于此，这个分裂在某种意义上又被沟通起来。在这方面你是如何看待你自己的？

库恩：噢，我知道你会问我关于哲学传统。瞧，关于这个问题，有些东西一定是对的。我的意思是，你一开始会说，这个人从来没有被训练成一位哲学家，他曾经是一个通过自学、通过与别人的相互影响等等不断学习的业余爱好者——但不是一个哲学家。他是一个抱着哲学意图来研究历史的物理学家。 321
我认识并接触的哲学，以及我周围可以讨论的人，在某种程度上都属于英国逻辑经验主义传统。这个传统基本上对欧洲大陆特别是德国的哲学传统毫无用处。我认为，在某种意义上，我可以被描述成在某些方面为自己重新创造了这个传统。显然，它不是同一个传统，它有各种各样的方式走向其他的方向和过去等等——有大量的作品我甚至都不太了解。当人们说，海德格尔不是说过这些或那些了吗，是的，他可能确实说了，可我没有读过，假如我读过的话，我愿意认为这将有助于沟通这个鸿沟。而且我认为，这是它正在做的一部分。这是我的一种观点，但这并不是对一般哲学传统的陈述；没有传统就没有哲学。

伽伏罗格鲁： 谁是大众库恩？

库恩： 柯斯塔斯，对这个问题的回答十分复杂。我在普林斯顿认识一个人，他对我避免成为权威表示祝贺。说我根本不希望成为权威，可能有些言过其实。但从各方面来说，我不想做权威。我对做权威害怕极了。我的意思是，我是个焦虑的、神经质的人——我不咬自己的指甲，但我不知道为什么我不咬自己的指甲……所以，我很难避免被邀请上电视；我上过一些电视，不是很多，但部分原因是我拒绝了他们的消息传开了。我对采访的感觉也差不多如此，尽管我接受过一些采访，但我试着提出一些条件：（a）我不接受任何不了解我的研究工作的人的采访，包括我最近的研究；（b）访谈稿发表之前要让我看一下，我保留一些控制权。在这个伟大的采访世界中，这些不是令人愉快的条件。所以，我没有很多采访，这是一个突破。这可不是对本次采访的评论……瞧，我高兴地认为，我现在说的一些事情将会在某些地方流传。

伽伏罗格鲁： 但我记得有一次你跟我提过，后来不知何故我们没能继续讨论，你被要求去亚利桑那州参加一场关于神创论的审判。

库恩：我拒绝了，我认为我拒绝的理由很充分。〔找我的那些人都是抵制神创论的，我对他们是同情的，但〕我不认为世界上有过这么一次……我的意思是，天哪，我被那些神创论者利用了！[40] 至少在某种程度上是这样的。我认为，在这个世界上，不可能有任何一种方式，使得一个不完全相信真理的人，一个越来越逼近真理的人，一个认为科学划界的本质是解谜的人，能够得出那样的观点。而且我觉得这样做弊大于利，我就是这么跟他们说的。

322

伽伏罗格鲁：你在国家科学基金会（National Science Foundation）时的情况如何？科学史与科学哲学的研究指南是什么情况？

库恩：在过去的岁月里，我当然参加了各种各样的委员会。特别是，我是奖学金委员会委员，负责审核奖学金申请，不过我也在各种其他委员会工作。我把它看成是一个专业义务去做。但我从未试着扮演一个领导角色。在某种意义上我也做过几次，却对所发生的一些事情非常生气，我干脆完全不管了——部分原因是我很气愤。

巴尔塔斯：你还一点都没谈你最近的研究，你目前正在研究什么？也许你可以跟我们谈谈这个领域的现状。

库恩：哪个领域？

巴尔塔斯：都谈一谈。我指的是科学史和科学哲学两个

---

[40]　他们援引库恩来支持他们的反科学立场。

领域。

库恩： 我对科学史不够了解。我的意思是，在过去的十到十五年里，我一直在努力发展这种哲学立场，已经不再阅读科学史了。我几乎没读过科学史方面的书。实际上，我在写作《结构》时，就不读科学史了，并不是完全不读，而是基本上不读了。我必须停止阅读来进行写作。等我写完再回过头来看时，文献一下子增加了那么多。当然，这并不意味着我就不再读这类文献了；在普林斯顿期间，我继续读了我所研究的那些领域的材料，并且一直追踪阅读了部分文献。再也没有人能够追踪阅读所有文献，我甚至连试都没有试一下。不过，现在我已经完全不这么做了。当我看到参考文献中提到这样那样时，我就会想，这多有趣啊，而我却不知道。所以，我不想对这个领域的现状做什么评论，但是，在某种意义上，当我说我希望更多地关注科学的内在性，我已经在评论了。除此之外，我不想再说什么了。

巴尔塔斯： 那么科学哲学呢？

库恩 [压低嗓门秘密地]： 我认为每个人都在期待着我那本书的问世！

金迪： 我们肯定需要它。你有别的爱好吗……比如听音乐、绘画……

伽伏罗格鲁： 令你着迷的事情。除了科学哲学之外令你着迷的事情。

库恩： 你们肯定想不到！我喜欢读侦探小说。

金迪：啊，跟维特根斯坦一样。

库恩：我对音乐的喜爱程度只能说一般——我花了很长时间才找到原因，部分是因为我有一个热爱音乐的父亲和一个非常有音乐才华的弟弟，而这些却有损于我对音乐的喜欢。他们常常在录音机里放一些交响乐，或是带我去听交响乐；我并不喜欢，我的意思是我被烦死了。可是当我发现室内乐时，我的感觉就变了。我听得不多，因为安静地坐在那里对我来说是件难事，但我确实喜欢室内乐。我们现在还是那样，由于这样那样的原因，我们不常去听音乐会。我喜欢戏剧，尽管我们看的戏剧不多。我喜欢，或者说过去喜欢阅读。但是我现在读的大部分都是侦探小说。我记得，我的孩子们过去常常嘲笑我——其实不是嘲笑我，而是希望——这种东西怎么也能看得下去。我还记得我的女儿进入学术圈后，她也在读侦探小说，她对我说："这是唯一我读起来不像是在工作的书！"就是这么回事儿！杰海娜嫁给我的时候对侦探小说嗤之以鼻，但她现在几乎和我读得一样多！我是个思想堕落的人！

托马斯·库恩的作品

　　托马斯·库恩作品书目的早期版本由保罗·霍宁根－胡尼整理，并在他的著作《重构科学革命：托马斯·库恩的科学哲学》(*Reconstructing Scientific Revolutions: Thomas S. Kuhn's Philosophy of Science*, Chicago: University of Chicago Press, 1993) 中出版。史蒂法诺·盖泰在他编写的《托马斯·库恩》(*Thomas S. Kuhn: Dogma contro critica*, Milano: Rafaello Cortina Editore, 2000) 一书中，对书目进行了更新和扩充。编者及出版社感谢他们允许我们在本书中收录这一书目。

Books and Articles

1945 [Abstract] [on General Education in a Free Society]. *Harvard Alumni Bulletin* 48, no. 1, 22 September 1945, pp. 23–24.

1945 Subjective View [on General Education in a Free Society], *Harvard Alumni Bulletin* 48, no. 1, 22 September 1945, pp. 29–30.

1949 The Cohesive Energy of Monovalent Metals as a Function of Their Atomic Quantum Defects. Ph.D. dissertation, Harvard University, Cambridge, MA.

1950 (with John H. Van Vleck) A Simplified Method of Computing the Cohesive Energies of Monovalent Metals. *Physical Review* 79: 382–88.

1950 An Application of the W. K. B. Method to the Cohesive Energy of Monovalent Metals. *Physical Review* 79: 515–19.

1951 A Convenient General Solution of the Confluent Hypergeometric Equation, Analytic and Numerical Development. *Quarterly of Applied Mathematics* 9: 1–16.

1951 Newton's '31st Query' and the Degradation of Gold. *Isis* 42: 296–98.

1952 Robert Boyle and Structural Chemistry in the Seventeenth Century. *Isis* 43: 12–36.

1952 Reply to Marie Boas: Newton and the Theory of Chemical Solution. *Isis* 43: 123–24.

1952 The Independence of Density and Pore-Size in Newton's Theory of Matter. *Isis* 43: 364–65.

1953 Review of *Ballistics in the Seventeenth Century: A Study in the Relations of Science and War with Reference Principally to England*, by A. Rupert Hall. *Isis* 44: 284–85.

1953 Review of *The Scientific Work of René Descartes (1596–1650)*, by Joseph F. Scott, and of *Descartes and the Modern Mind*, by Albert G. A. Balz. *Isis* 44: 285–87.

1953 Review of *The Scientific Adventure: Essays in the History and Philosophy of Science*, by Herbert Dingle. *Speculum* 28: 879–80.

1954 Review of *Main Currents of Western Thought: Readings in Western European Intellectual History from the Middle Ages to the Present*, edited by Franklin L. Baumer. *Isis* 45: 100.

1954 Review of *Galileo Galilei: Dialogue on the Great World Systems*, revised and annotated by Giorgio de Santillana, and of *Galileo Galilei, Dialogue Concerning the Two Chief World Systems—Ptolemaic and Copernican*, translated by Stillman Drake. *Science* 119: 546–47.

1955 Carnot's Version of "Carnot's Cycle." *American Journal of Physics* 23: 91–95.

1955 La Mer's Version of "Carnot's Cycle." *American Journal of Physics* 23: 387–89.

1955 Review of *New Studies in the Philosophy of Descartes: Descartes as Pioneer and Descartes' Philosophical Writings*, edited by Norman K. Smith, and of *The Method of Descartes: A Study of the Regulae*, by Leslie J. Beck. *Isis* 46: 377–80.

1956 History of Science Society. Minutes of Council Meeting of 15 September 1955. *Isis* 47: 455–57.

1956 History of Science Society. Minutes of Council Meeting of 28 December 1955. *Isis* 47: 457–59.

1956 Report of the Secretary, 1955. *Isis* 47: 459.

1957 *The Copernican Revolution: Planetary Astronomy in the Development of Western Thought*. Foreword by James B. Conant. Cambridge, MA: Harvard University Press, 1957. (Successive editions, 1959, 1966, and 1985.)

1957 Review of *A Documentary History of the Problem of Fall from Kepler to Newton, De Motu Gravium Naturaliter Cadentium in Hypothesi Terrae Motae*, by Alexandre Koyré. *Isis* 48: 91–93.

1958 The Caloric Theory of Adiabatic Compression. *Isis* 49: 132–40.

1958 Newton's Optical Papers. In *Isaac Newton's Papers and Letters On Natural Philosophy, and Related Documents*, edited with a general introduction by I. Bernard Cohen. Cambridge, MA: Harvard University Press, pp. 27–45.

1958 Review of *From the Closed World to the Infinite Universe*, by Alexandre Koyré. *Science* 127: 641.

1958 Review of *Copernicus: The Founder of Modern Astronomy*, by Angus Armitage. *Science* 127: 972.

1959 The Essential Tension: Tradition and Innovation in Scientific Research. In *The Third (1959) University of Utah Research Conference on the Identification of Creative Scientific Talent*, edited by Calvin W. Taylor. Salt Lake City: University of Utah Press, 1959, pp. 162–74. Reprinted in *The Essential Tension*, pp. 225–39.

1959 (with Norman Kaplan) Committee Report on Environmental Conditions Affecting Creativity. *The Third (1959) University of Utah Research Conference on the Identification of Creative Scientific Talent*, edited by Calvin W. Taylor. Salt Lake City: University of Utah Press, pp. 313–16.

1959 Energy Conservation as an Example of Simultaneous Discovery. In *Critical Problems in the History of Science*, edited by Marshall Clagett. Madison: University of Wisconsin Press, pp. 321–56. Reprinted in *The Essential Tension*, pp. 66–104.

1959 Review of *A History of Magic and Experimental Science*, vols. 7 and 8, *The Seventeenth Century*, by Lynn Thorndike. *Manuscripta* 3: 53–57.

1959 Review of *The Tao of Science: An Essay on Western Knowledge and Eastern Wisdom*, by Ralph G. H. Siu. *Journal of Asian Studies* 18: 284–85.

1959 Review of *Sir Christopher Wren*, by John N. Summerson. *Scripta Mathematica* 24: 158–59.

1960 Engineering Precedent for the Work of Sadi Carnot. *Archives internationales d'Histoire des Sciences*, XIII année, nos. 52–53, December 1960, pp. 251–55. Also in *Actes du IXe Congrès International d'Historie des Sciences*, Asociación para la Historia de la Ciencia Española (Barcelona: Hermann & Cie, 1960), I, pp. 530–35.

1961 The Function of Measurement in Modern Physical Science. *Isis* 52: 161–93. Reprinted in *The Essential Tension*, pp. 178–224.

1961 Sadi Carnot and the Cagnard Engine. *Isis* 52: 567–74.

1962 *The Structure of Scientific Revolutions*. International encyclopedia of unified science: Foundations of the unity of science, vol. 2, no. 2. Chicago: University of Chicago Press, 1962.

1962 Comment [on *Intellect and Motive in Scientific Inventors: Implications for Supply*, by Donald W. MacKinnon]. In *The Rate and Direction of Inventive Activity: Economic and Social Factors*. National Bureau of Economic Research, Special Conference Series 13. Princeton: Princeton University Press, pp. 379–84.

1962 Comment [on *Scientific Discovery and the Rate of Invention*, by Irving H. Siegel]. In *The Rate and Direction of Inventive Activity: Economic and Social Factors*. National Bureau of Economic Research, Special Conference Series 13. Princeton: Princeton University Press, pp. 450–57.

1962 Historical Structure of Scientific Discovery. *Science* 136: 760–64. Reprinted in *The Essential Tension*, pp. 165–77.

1962 Review of *Forces and Fields: The Concept of Action at a Distance in the History of Physics*, by Mary B. Hesse. *American Scientist* 50: 442A–443A.

1963 The Function of Dogma in Scientific Research. In *Scientific Change: Historical Studies in the Intellectual, Social and Technical Conditions for Scientific Discovery and Technical Invention, from Antiquity to the Present*, edited by Alistair C. Crombie. London: Heinemann Educational Books, pp. 347–69.

1963 Discussion [on The Function of Dogma in Scientific Research]. In *Scientific Change: Historical Studies in the Intellectual, Social and Technical Conditions for Scientific Discovery and Technical Invention, from Antiquity to the Present*, edited by Alistair C. Crombie. London: Heinemann Educational Books, pp. 386–95.

1964 A Function for Thought Experiments. In *Mélanges Alexandre Koyré*, vol. 2, *L'aventure de la science*. Paris: Hermann, pp. 307–34. Reprinted in *The Essential Tension*, pp. 240–65.

1966 Review of *Towards an Historiography of Science, History and Theory*, Beiheft 2, by Joseph Agassi. *British Journal for the Philosophy of Science* 17: 256–58.

1967 (with John L. Heilbron, Paul Forman, and Lini Allen) *Sources for History of Quantum Physics: An Inventory and Report*. Memoirs of the American Philosophical Society, 68. Philadelphia: The American Philosophical Society.

1967 The Turn to Recent Science: Review of *The Questioners: Physicists and the Quantum Theory*, by Barbara L. Cline; *Thirty Years that Shook Physics: The Story of Quantum Theory*, by George Gamow; *The Conceptual Development of Quantum Mechanics*, by Max Jammer; *Korrespondenz, Individualität, und Komplementarität: eine Studie zur Geistesgeschichte der Quantentheorie in den Beiträgen Niels Bohrs*, by Klaus M. Meyer-Abich; *Niels Bohr: The Man, His Science, and the World They Changed*, by Ruth E. Moore; and *Sources of Quantum Mechanics*, edited by Bartel L. van der Waerden. *Isis* 58: 409–19.

1967 Review of *The Discovery of Time*, by Stephen E. Toulmin and June Goodfield. *American Historical Review* 72: 925–26.

1967 Review of *Michael Faraday: A Biography*, by Leslie Pearce Williams. *British Journal for the Philosophy of Science* 18: 148–54.

1967 Reply to Leslie Pearce Williams. *British Journal for the Philosophy of Science* 18: 233.

1967 Review of *Niels Bohr: His Life and Work As Seen By His Friends and Colleagues*, edited by Stefan Rozental. *American Scientist* 55: 339A–340A.

1968 The History of Science. In *International Encyclopedia of the Social Sciences*, vol. 14, edited by David L. Sills. New York: The Macmillan Company & The Free Press, pp. 74–83. Reprinted in *The Essential Tension*, pp. 105–26.

1968 Review of *The Old Quantum Theory*, edited by D. ter Haar. *British Journal for the History of Science* 98: 80–81.

1969 (with J. L. Heilbron) The Genesis of the Bohr Atom. *Historical Studies in the Physical Sciences* 1: 211–90.

1969 Contributions [to the discussion of New Trends in History]. *Daedalus* 98: 896–97, 928, 943, 944, 969, 971–72, 973, 975, 976.

1969 Comment [on the Relations of Science and Art]. *Comparative Studies in Society and History* 11: 403–12. Reprinted as Comment on the Relations of Science and Art in *The Essential Tension*, pp. 340–51.

1969d Comment [on *The Principle of Acceleration: A Non-dialectical Theory of Progress*, by Folke Dovring]. *Comparative Studies in Society and History* 11: 426–30.

1970 Logic of Discovery or Psychology of Research? In *Criticism and the Growth of Knowledge: Proceedings of the International Colloquium in the Philosophy of Science, London 1965*, vol. 4, edited by Imre Lakatos and Alan E. Musgrave. Cambridge: Cambridge University Press, pp. 1–23. Reprinted in *The Essential Tension*, pp. 266–92.

1970 Reflections on My Critics. In *Criticism and the Growth of Knowledge: Proceedings of the International Colloquium in the Philosophy of Science, London*

1965, vol. 4, edited by Imre Lakatos and Alan E. Musgrave. Cambridge: Cambridge University Press, pp. 231–78. Reprinted in this volume as essay 6.

1970 *The Structure of Scientific Revolutions*. 2d revised edition. International Encyclopedia of Unified Science: Foundations of the Unity of Science, vol. 2, no. 2. Chicago and London: The University of Chicago Press.

1970 Comment [on *Uneasily Fitful Reflections on Fits of Easy Transmission*, by Richard S. Westfall]. In *The Annus Mirabilis of Sir Isaac Newton 1666–1966*, edited by Robert Palter. Cambridge, MA: MIT Press, pp. 105–8.

1970 Alexandre Koyré & the History of Science: On an Intellectual Revolution. *Encounter* 34: 67–69.

1971 Notes on Lakatos. In *PSA 1970: In Memory of Rudolf Carnap, Proceedings of the 1970 Biennial Meeting, Philosophy of Science Association*, edited by Roger C. Buck and Robert S. Cohen. Boston Studies in the Philosophy of Science, 8. Dordrecht and Boston: D. Reidel, pp. 137–46.

1971 Les notions de causalité dans le développement de la physique. Translated by Gilbert Voyat. In Mario Bunge, Francis Halbwachs, Thomas S. Kuhn, Jean Piaget and Leon Rosenfeld, *Les théories de la causalité*. Bibliothèque Scientifique Internationale, Etudes d'épistémologie génétique, 25. Paris: Presses Universitaires de France, 1971, pp. 7–18. Reprinted in *The Essential Tension*, pp. 21–30.

1971c The Relations between History and History of Science. *Daedalus* 100: 271–304. Reprinted as The Relations between History and the History of Science in *The Essential Tension*, pp. 127–61.

1972 Scientific Growth: Reflections on Ben David's "Scientific Role." *Minerva* 10: 166–78.

1972 Review of *Paul Ehrenfest 1: The Making of a Theoretical Physicist*, by Martin J. Klein. *American Scientist* 60: 98.

1973 Historical Structure of Scientific Discovery. In *Historical Conceptions of Psychology*, edited by Mary Henle, Julian Jaynes and John J. Sullivan. New York: Springer, pp. 3–12.

1973 (editor, with Theodore M. Brown) Index to the Bobbs-Merrill History of Science Reprint Series. Indianapolis, IN: Bobbs-Merrill.

1974 Discussion [on The Structure of Theories and the Analysis of Data, by Patrick Suppes]. In *The Structure of Scientific Theories*, edited by Frederick Suppe. Urbana: University of Illinois Press, pp. 295–97.

1974 Discussion [on History and the Philosopher of Science, by I. Bernard Cohen]. In *The Structure of Scientific Theories*, edited by Frederick Suppe. Urbana: University of Illinois Press, pp. 369–70, 373.

1974 Discussion [on Science as Perception-Communication, by David Bohm, and Professor Bohm's View of the Structure and Development of Theories, by Robert L. Causey]. In *The Structure of Scientific Theories*, edited by Frederick Suppe. Urbana: University of Illinois Press, pp. 409–12.

1974 Discussion [on Hilary Putnam's Scientific Explanation: An Editorial Summary-Abstract, by Frederick Suppe, and Putnam on the Corroboration of Theories, by Bas C. van Fraassen]. In *The Structure of Scientific Theories*, edited by Frederick Suppe. Urbana: University of Illinois Press, pp. 454–55.

1974 Second Thoughts on Paradigms. In *The Structure of Scientific Theories*, edited by Frederick Suppe. Urbana: University of Illinois Press, pp. 459–82. Reprinted in *The Essential Tension*, pp. 293–319.

1974 Discussion [on Second Thoughts on Paradigms]. In *The Structure of Scientific Theories*, edited by Frederick Suppe. Urbana: University of Illinois Press, pp. 500–506, 507–9, 510–11, 512–13, 515–16, 516–17.

1975 Tradition Mathématique et tradition expérimentale dans le développement de la physique. *Annales*, XXX année, no. 5, septembre-octobre 1975, pp. 975–98.

1975 The Quantum Theory of Specific Heats: A Problem in Professional Recognition. In *Proceedings of the XIV International Congress for the History of Science 1974*, vol. 1. Tokyo: Science Council of Japan, pp. 17–82.

1975 Addendum to "The Quantum Theory of Specific Heats." In *Proceedings of the XIV International Congress for the History of Science 1974*, vol. 4. Tokyo: Science Council of Japan, p. 207.

1976 Mathematical vs. Experimental Traditions in the Development of Physical Science. *Journal of Interdisciplinary History* 7: 1–31. Reprinted in *The Essential Tension*, pp. 31–65.

1976 Theory-Change as Structure-Change: Comments on the Sneed Formalism. *Erkenntnis* 10: 179–99. Reprinted in this volume as essay 7.

1976 Review of *The Compton Effect: Turning Point in Physics*, by Roger H. Stuewer. *American Journal of Physics* 44: 1231–32.

1977 *Die Entstehung des Neuen: Studien zur Struktur der Wissenschaftsgeschichte*. Edited by Lorenz Krüger, translated by Hermann Vetter. Frankfurt am Main: Suhrkamp.

1977 *The Essential Tension: Selected Studies in Scientific Tradition and Change*. Chicago: University of Chicago Press.

1977 The Relations between the History and the Philosophy of Science. In *The Essential Tension: Selected Studies in Scientific Tradition and Change*. Chicago: University of Chicago Press, pp. 3–20.

1977 Objectivity, Value Judgment, and Theory Choice. In *The Essential Tension*, pp. 320–39.

1978 *Black-Body Theory and the Quantum Discontinuity 1894–1912*. Oxford: Oxford University Press.

1978 Newton's Optical Papers. In *Isaac Newton's Papers and Letters On Natural Philosophy, and Related Documents*, 2d ed., edited with a general introduction by I. Bernard Cohen. Cambridge, MA: Harvard University Press.

1979 History of Science. In *Current Research in Philosophy of Science*, edited by Peter D. Asquith and Henry E. Kyburg. East Lansing, MI: Philosophy of Science Association, pp. 121–28.

1979 Metaphor in Science. In *Metaphor and Thought*, edited by Andrew Ortony. Cambridge: Cambridge University Press, pp. 409–19. Reprinted in this volume as essay 8.

1979 Foreword to Ludwik Fleck, *Genesis and Development of a Scientific Fact*, edited by Thaddeus J. Trenn and Robert K. Merton, translated by Fred Bradley and Thaddeus J. Trenn. Chicago: University of Chicago Press, pp. vii–xi.

1980 The Halt and the Blind: Philosophy and History of Science. *British Journal for the Philosophy of Science* 31: 181–92.

1980 Einstein's Critique of Planck. In *Some Strangeness in the Proportion: A Centennial Symposium to Celebrate the Achievements of Albert Einstein*, edited by Harry Woolf. Reading, MA: Addison-Wesley, pp. 186–91.

1980 Open Discussion Following Papers by J. Klein and T. S. Kuhn. In *Some Strangeness in the Proportion: A Centennial Symposium to Celebrate the Achievements of Albert Einstein*, edited by Harry Woolf. Reading, MA: Addison-Wesley, p. 194.

1981 What Are Scientific Revolutions? Occasional Paper #18, Center for Cognitive Science, MIT. Reprinted in *The Probabilistic Revolution*, vol. 1, *Ideas in History*, edited by Lorenz Krüger, Lorraine J. Daston and Michael Heidelberger. Cambridge, MA: MIT Press, pp. 7–22; reprinted in this volume as essay 1.

1983 Commensurability, Comparability, Communicability. In *PSA 1982: Proceedings of the 1982 Biennial Meeting of the Philosophy of Science Association*, vol. 2, edited by Peter D. Asquith and Thomas Nickles. East Lansing, MI: Philosophy of Science Association, pp. 669–88. Reprinted in this volume as essay 2.

1983 Response to Commentaries [on Commensurability, Comparability, Communicability]. In *PSA 1982. Proceedings of the 1982 Biennial Meeting of the Philosophy of Science Association*, vol. 2, edited by Peter D. Asquith and Thomas Nickles. East Lansing, MI: Philosophy of Science Association, pp. 712–16.

1983 Reflections on Receiving the John Desmond Bernal Award. *4S Review: Journal of the Society for Social Studies of Science* 1: 26–30.

1983 Rationality and Theory Choice. *Journal of Philosophy* 80: 563–70. Reprinted in this volume as essay 9.

1983 Foreword to Bruce R. Wheaton, *The Tiger and the Shark: Empirical Roots of Wave-Particle Dualism*. Cambridge: Cambridge University Press, pp. ix–xiii.

1984 Revisiting Planck. *Historical Studies in the Physical Sciences* 14: 231–52.

1984 *Black-Body Theory and the Quantum Discontinuity 1894–1912*. Reprinted with an Afterword, "Revisiting Planck" pp. 349–70. Chicago: University of Chicago Press, 1987.

1984 Professionalization Recollected in Tranquillity. *Isis* 75: 29–32.

1985 Specialization and Professionalism within the University [panel discussion with Margaret L. King and Karl J. Weintraub]. *American Council of Learned Societies Newsletter* 36 (nos. 3–4): 23–27.

1986 The Histories of Science: Diverse Worlds for Diverse Audiences. *Academe* 72(4): 29–33.

1986 Rekishi Shosan toshite no Kagaku Chishiki [Scientific Knowledge as Historical Product], translated by Chikara Sasaki and Toshio Hakata. *Shisô* 8(746): 4–18.

1989 Possible Worlds in History of Science. In *Possible Worlds in Humanities, Arts and Sciences: Proceedings of Nobel Symposium 65*, edited by Sture Allén. Research in Text Theory, 14. Berlin: Walter de Gruyter, pp. 9–32. Reprinted in this volume as essay 3.

1989 Speaker's Reply [on Possible Worlds in History of Science]. In *Possible Worlds in Humanities, Arts and Sciences: Proceedings of Nobel Symposium 65*, edited by Sture Allén. Research in Text Theory, 14. Berlin: Walter de Gruyter, pp. 49–51.

1989 Preface to Paul Hoyningen-Huene, *Die Wissenschaftsphilosophie Thomas S. Kuhns: Rekonstruktion und Grundlagenprobleme*. Braunschweig, Wiesbaden: Friedrich Vieweg & Sohn, pp. 1–3.

1990 Dubbing and Redubbing: The Vulnerability of Rigid Designation. In *Scientific Theories*, edited by C. Wade Savage. Minnesota Studies in the Philosophy of Science, 14. Minneapolis: University of Minnesota Press, pp. 298–318.

1991 The Road since Structure. In *PSA 1990: Proceedings of the 1990 Biennial Meeting of the Philosophy of Science Association*, vol. 2, edited by Arthur Fine, Micky Forbes, and Linda Wessels. East Lansing, MI: Philosophy of Science Association, pp. 3–13. Reprinted in this volume as essay 4.

1991 The Natural and the Human Sciences. In *The Interpretive Turn: Philosophy, Science, Culture*, edited by David R. Hiley, James F. Bohman, and Richard Shusterman. Ithaca, NY: Cornell University Press, pp. 17–24. Reprinted in this volume as essay 10.

1992 The Trouble with the Historical Philosophy of Science. Robert and Maurine Rothschild Distinguished Lecture, 19 November 1991, Occasional Publications of the Department of the History of Science. Cambridge, MA: Harvard University, 1992. Reprinted in this volume as essay 5.

1993 Afterwords. In *World Changes: Thomas Kuhn and the Nature of Science*, edited by Paul Horwich. Cambridge, MA: MIT Press, pp. 311–41. Reprinted in this volume as essay 11.

1993 Introduction to Bas C. van Fraassen, From Vicious Circle to Infinite Regress, and Back Again, in *PSA 1992: Proceedings of the 1992 Biennial Meeting of the Philosophy of Science Association*, vol. 2., edited by David Hull, Micky Forbes, and Kathleen Okruhlik. East Lansing, MI: Philosophy of Science Association, pp. 3–5.

1993 Foreword to Paul Hoyningen-Huene, *Reconstructing Scientific Revolutions: Thomas S. Kuhn's Philosophy of Science*, translated by Alexander T. Levine. Chicago: University of Chicago Press, pp. xi–xiii.

1995 Remarks on Receiving the Laurea of the University of Padua. In *L'anno Galileiano*, 7 dicembre 1991—7 dicembre 1992, Atti delle celebrazioni galileiane (1592–1992). Trieste: Edizioni Lint, I, pp. 103–6.

1996 *The Structure of Scientific Revolutions*. 3d ed. Chicago: University of Chicago Press.

1997 Antiphónissi [Reply to Kostas Gavroglu, Honoring Thomas S. Kuhn], translated by Varvara Spiropúlu. *Neusis*, no. 6, Spring-Summer 1997, pp. 13–17.

1997 Paratiríssis ke schólia [Concluding Remarks, at the end of a symposium in honor of Thomas S. Kuhn], translated by Varvara Spiropúlu. *Neusis*, no. 6, Spring-Summer 1997, pp. 63–71.

1999 Remarks on Incommensurability and Translation. In *Incommensurability and Translation: Kuhnian Perspectives on Scientific Communication and Theory Change*, edited by Rema Rossini Favretti, Giorgio Sandri, and Roberto Scazzieri. Cheltenham, U.K. and Northampton, MA: Edward Elgar, pp. 33–37.

Interviews

Paradigmi dell'evoluzione scientifica. In Giovanna Borradori, *Conversaʒioni americane*, con W. O. Quine, D. Davidson, H. Putnam, R. Nozick, A. C. Danto, R. Rorty, S. Cavell, A. MacIntyre, Th. S. Kuhn. Roma-Bari: Laterza, 1991, pp. 189–206.

Profile: Reluctant Revolutionary. Thomas S. Kuhn unleashed 'paradigm' on the world. Edited by John Horgan. *Scientific American* 264 (May 1991): 14–15.

Paradigms of Scientific Evolution. In Giovanna Borradori, *The American Philosopher: Conversations with Quine, Davidson, Putnam, Noʒick, Danto, Rorty, Cavell, MacIntyre, and Kuhn,* translated by Rosanna Crocitto. Chicago: University of Chicago Press, 1994, pp. 153–67.

Un entretien avec Thomas S. Kuhn. Edited and translated by Christian Delacampagne. *Le Monde,* LI année, no. 15561, dimanche 5—lundi 6 février 1995, p. 13.

Thomas Kuhn: Le rivoluzioni prese sul serio. Edited and translated by Armando Massarenti. *Il Sole*-24 Ore, anno CXXXI, no. 324, domenica 3 dicembre 1995, p. 27.

A Physicist Who Became a Historian for Philosophical Purposes: A Discussion between Thomas S. Kuhn and Aristides Baltas, Kostas Gavroglu, and Vassiliki Kindi, *Neusis,* no. 6, Spring-Summer 1997, pp. 145–200. Reprinted in this volume.

Note sull'incommensurabilità. Edited by Mario Quaranta, translated by Stefano Gattei, *Pluriverso,* anno II, n. 4, dicembre 1997, pp. 108–14.

Videorecording

The crisis of the old quantum theory, 1922–25. Science Center, Harvard University, Cambridge, MA, 5 November 1980. 120 minutes.

人名译名对照表

阿米提吉：Armytage

阿佩尔：Karl-Otto Apel

艾布拉姆斯，苏珊：Susan Abrams

艾尔曼，约翰：John Earman

爱森伯格：Isenberg

爱因斯坦：Einstein

安培：Ampère

奥斯汀：J. L. Austin

奥特尼，安德鲁：Andrew Ortony

巴尔末：Balmer

巴尔塔斯，阿里斯泰德：
　　Aristides Baltas

巴什拉：Bachelard

柏拉图：Plato

班克斯，约瑟夫：Joseph Banks

鲍恩，柯利：Curley Bowen

比尔德：Beard

比亚吉奥里，马里奥：Mario
　　Biagioli

波兰尼，米歇尔：Michael Polanyi

波普尔，卡尔：Karl Popper

波义德，理查德：Richard Boyd

波义耳：Boyle

玻尔：Bohr

玻尔兹曼，路德维希：Ludwig
　　Boltzmann

玻姆：Bohm

伯克霍夫，乔治：George Birkhoff

泊松：Poisson

勃朗宁，罗伯特：Robert Browning

布赫沃尔德，杰德：Jed Z.
　　Buchwald

布莱克，马克斯：Max Black

布劳克，耐德：Ned Block

布雷斯卫特：R. B. Braithwaite

布里奇曼，珀西：Percy W.

豪格兰德，约翰：John Haugeland

赫斯，玛丽：Mary Hesse

亨普尔，卡尔：Carl G. Hempel

胡夫保尔，卡尔：Karl Huffauer

胡克：Hooke

怀斯，诺顿：M. Norton Wise

惠更斯：Huyghens

霍布斯：Hobbes

霍尔维奇，保罗：Paul Horwich

霍宁根 - 胡尼，保罗：Paul
　　Hoyningen-Huene

基切尔，菲利普：Philip Kitcher

吉尔，让：Ron Giere

金，罗纳德：Ronald W. P. King

金迪，瓦塞里奇：Vassiliki Kindi

卡尔纳普：Carnap

卡特莱特，迪克：Dick Cartwright

卡特莱特，南希：Nancy Cartwright

卡维尔，斯坦利：Stanley Cavell

卡西尔，恩斯特：Ernst Cassirer

开普勒：Kepler

康德：Kant

康普顿：Compton

柯南特，杰姆斯：James Conant

柯瓦雷，亚历山大：Alexander
Koyré

科恩，伯纳德：Bernard Cohen

科南特，杰姆斯：Jim Conant

克拉克：G. N. Clark

克莱恩，马丁：Martin Klein

克里普克，索尔：Saul Kripke

克利姆巴斯，考斯塔斯：Costas
　　B. Krimbas

克隆比，阿利斯泰尔：Alistair
　　Crombie

孔狄亚克：Condillac

孔多塞：Condorcet

库恩，杰海娜：Jehane R. Kuhn

库恩，莉莎：Liza Kuhn

库恩，纳撒尼尔：Nathaniel
　　Kuhn

库恩，莎拉：Sarah Kuhn

库恩，托马斯：Thomas Kuhn

库仑：Coulomb

蒯因：W. V. O. Quine

拉夫乔伊：Lovejoy

拉格朗日：Lagrange

拉卡托斯，伊姆雷：lmre Lakatos

拉普拉斯：Laplace

拉瓦锡：Lavoisier

夏平：Shapin

休厄尔，威廉：William Whewell

休谟：Hume

休斯，爱德华：Edward Shils

薛定谔：Schrödinger

亚里士多德：Aristotle

伊壁鸠鲁：Epicurus

詹姆士：James

长冈：Nagaoka

译后记

　　《结构之后的路》是库恩去世之后出版的唯一一本书。作为一本文集，这本书集中体现了库恩在《科学革命的结构》出版并引起极大的轰动，从而为他带来意想不到的赞誉和诋毁之后，他所做出的进一步思考，包括阐释和妥协。严格地说，库恩在这本书中的主要工作是阐释，之所以说他妥协，倒不是说他之后的思想有任何后退，而是他不得不用当时的分析哲学家们常用的各种方法、技巧，借助不同的形式化语言，对他的思想做一遍又一遍的重新演绎。从中我们似乎可以隐约看到，库恩在当时的美国哲学界所面临的尴尬局面。库恩在本书第三部分的访谈中，也提到了一些他所遭遇的令他多少有些愤怒的不公。比如他在伯克利升职时，哲学系的资深教授们集体投票，让他去做历史系教授。这让一直认为自己是在用历史的方法做哲学研究的他颇受伤害。

　　虽然这种重新演绎会让人觉得，库恩是以不同的方式重复着他在《科学革命的结构》中讲述的那些事情。但不可否认，这对于很多问题的澄清是很有意义的，而且也在很大程度上推进了他的"范式""不可通约性""常规科学""科学革命"等概念的理解。他关于"不可通约性"的讨论,尤其令我印象深刻。我在翻译的过程中,时常体会到他所说的"严格翻译的不可能性"。英文中的一个单词可以同时包含它所要表达的几种含义,如 function 在一句英文里,可以既有"功能"的意思,又有"函数"的含义。而"功能"和"函数"在中文语境中却是相去甚远的两个词,几乎无法把它们直接关联起来,更找不到一个同时涵盖这两个词含义的对应的中文词。唯一的办法就是取舍。因此,正如库恩所言,不可能存在完美的翻译,因为不同语言就是不可通约的。在这些重要概念的阐释上,库恩除了运用大量科学史的案例,还会举一些小例子,如"希腊人的天空"和"我们的天空"在分类范畴上的区别,"湿兔子""瘸兔子"这些令人忍俊不禁的设想。在我看来,这些生动的例子及其独到的阐释才更加显示出库恩敏锐的洞察力和超出同时代英美分析哲学家的视野。

《结构之后的路》的中译本在 2012 年就已出版,但我一直为书中很多明显的错误而觉得遗憾和惭愧。三个月前,责编吴敏女士联系到我,说要出一个新版,我非常高兴终于有机会可以纠正这些错误了。

在书的修改和校订过程中,首先要感谢吴敏女士的耐心、细致,以及极高的工作效率。也要感谢我的先生和儿子给予我的很多帮助。当我对书中内容有所困惑,尤其在涉及近代物理学专业知识,以及亚里士多德物理学相关词汇的翻译问题时,我可以请教家里的吴教授;而当我遇到英文长句艰涩难以理解之时，我可以请求小吴同学的帮忙。相比之下，小吴同学提供了更多的帮助。他从小通过大量阅读和互动而习得的英文母语能力令我既欣慰又羡慕。这种学习方法在库恩书中所谈的语言习得上也可以找到一些共鸣。

新版除做了大量译文上的修改之外，还增加了"人名译名对照表"和与英文原版对应的页码旁码，以方便读者检索。虽然做了很多改进，但由于我的能力有限，新版中仍会存在很多错误和疏漏。敬请读者朋友们批评指正。

邱慧

2023 年 10 月于清华荷清苑